"十四五"职业教育
河南省规划教材

职业教育电类系列教材

U0734238

模拟电子技术微课版教程

第2版

曾赟 曾令琴 / 主编

丁燕 王磊 / 副主编

ELECTRICITY

人民邮电出版社

北 京

图书在版编目（CIP）数据

模拟电子技术微课版教程 / 曾赟，曾令琴主编. --
2版. -- 北京：人民邮电出版社，2021.11（2024.6重印）
职业教育电类系列教材
ISBN 978-7-115-57718-4

Ⅰ. ①模… Ⅱ. ①曾… ②曾… Ⅲ. ①模拟电路—电
子技术—职业教育—教材 Ⅳ. ①TN710

中国版本图书馆CIP数据核字(2021)第213076号

内 容 提 要

本书是根据职业教育及应用型本科电类各专业的教学要求组织编写的。本书各项目均以思维导图的方式展示重点知识脉络，知识链接中穿插 Multisim 电路仿真应用，引导读者举一反三，在内容取舍、编排和文字表达上都力求解决初学者入门难的问题。全书内容共分 5 个项目：常用半导体器件、小信号放大电路、集成运算放大器、集成运算放大器的应用、直流稳压电源，各项目中的 Multisim 应用基本涵盖了模拟电子技术的基本测试方法和仿真方法。

本书可作为应用型本科、高等职业教育本科、高等职业教育专科的电类各专业及非电类相关专业的模拟电子技术课程教材，也可供从事电子技术方面的工程技术人员参考。

◆ 主　　编　曾　赟　曾令琴
　　副主编　丁　燕　王　磊
　　责任编辑　王丽美
　　责任印制　王　郁　焦志炜

◆ 人民邮电出版社出版发行　北京市丰台区成寿寺路11号
　　邮编　100164　电子邮件　315@ptpress.com.cn
　　网址　https://www.ptpress.com.cn
　　固安县铭成印刷有限公司印刷

◆ 开本：787×1092　1/16
　　印张：13.25　　　　　　2021 年 11 月第 2 版
　　字数：365 千字　　　　2024 年 6 月河北第 3 次印刷

定价：49.80 元

读者服务热线：(010)81055256　印装质量热线：(010)81055316
反盗版热线：(010)81055315
广告经营许可证：京东市监广登字 20170147 号

第2版　前言

为使我国职业教育的发展能更好地适应市场机制的要求，使培养出的人才能更好地满足知识经济时代发展的需求，作为职业技术教育领域的教师，我们肩负着培养多样化人才、传承技术技能、促进就业创业的重要职责。我们深知，教育创新改革，教材必须先行。

本书是为了适应当前职业技术高等教育中模拟电子技术课程的教学改革而编写的。本书的主要特色如下。

1. 内容上以够用、实用为度，重视对学生工程实践能力的培养，进一步夯实实践教学环节，充分彰显应用型人才培养的特色。

2. 本书全面贯彻党的二十大精神，根据专业课程特点融入素质教育内容，达到知识引领、能力培养、价值塑造的教学目标。

3. 本次修订设计了 5 个项目，每个项目均设置了以下几个环节。

➢ 重点知识：利用思维导图帮助学习者梳理知识脉络，了解各知识点之间的逻辑关系，从整体上把握项目内容。

➢ 学习目标：对学习者学习本项目时应达到的知识水平和能力水平提出了具体要求。

➢ 项目导入：以激发学生对项目内容的兴趣为目的而设置的环节，主要以项目中知识的应用为导向说明项目内容的重要性和必要性。

➢ 知识链接：根据项目需要设置项目的知识链接，主要解决本项目要学什么、学它们能做什么、如何做等问题。

➢ 项目小结：对各项目中罗列的知识要点进行概括，引导学习者更好地体会项目知识并加深对项目知识体系的理解。

➢ 技能训练：考虑到高等职业教育的目标是为国家培养更多的"工匠"型人才，课程教学中设置了理实一体化环节，即技能训练，每个项目的技能训练都紧贴项目内容且切实可行，通过技能训练环节可使学生真正理解本项目所要达到的能力目标。

➢ 能力检测题：涵盖了项目中所有知识点，可用来检测学习者对项目内容理解和掌握的程度。

➢ 知识拓展：介绍元件图形符号及电路图识读方法，拓展学生的读图能力。

4. 全书以常用半导体器件开篇，以直流稳压电源为结尾，使学习者站在系统的高度认识模拟电子电路。每个项目均以重点知识开始，知识链接的中间加入"任务训练"环节，以项目小结、技能训练、知识拓展和能力检测题结束。本着"讲透基本原理，打好能力基础，面向工程应用"的原则，书中尽量避免复杂的理论推导，强调概念理解和应用实例，引导学习者举一反三。

5. 本书具有丰富的立体化配套资源，其中以纸质教材和高水平教学课件作为教学主导，以微课视频作为辅助工具，用详细的思考练习题解答和能力检测题解析给教与学带来方便。与本书配套的教学资源如下表所示。

序号	资源名称	数量与内容说明
1	教学PPT	5个，与书中5个教学项目对应
2	微课视频	116个，对应各项目重点、难点知识，便于学生复习与自学
3	教学大纲	8页，课程定位、设计思路、内容、基本要求、学时分配等
4	教学计划	4页，教学任务、内容、要求、学时安排等
5	教案	62页，与书中5个教学项目对应
6	能力检测题解析	24页，书中5个项目的能力检测题参考答案
7	思考与练习题答案	16页，书中5个项目中所有的思考练习题参考答案
8	试题库及答案	8套，与教学内容相对应的试卷

在本书编写过程中，我们力求彰显应用型人才培养的特色，为此，我们提出了指导性的教学学时建议：完成本书全部内容，需要理论教学46学时，实践教学18学时，机动（期中考试）2学时，具体安排和分配如下表所示。

项目	项目内容	理论学时	实践学时	机动学时
项目一	常用半导体器件	10	4	
项目二	小信号放大电路	10	4	
项目三	集成运算放大器	10	2	2
项目四	集成运算放大器的应用	10	4	
项目五	直流稳压电源	6	4	

本书由黄河水利职业技术学院的曾赟、曾令琴任主编，丁燕、王磊任副主编，李景丽、高玲也参与了本书的编写。全书由曾令琴负责统稿。

本书在修订过程中，或许仍会出现一些疏漏和不当之处，敬请同行、专家及使用本书的读者提出宝贵意见，以利于本书在下一次修订中改进。

编者

2023年5月

数字资源列表

目录

绪　论

模拟电子技术是一门应用性、实践性都很强的学科。模拟电子技术领域中涉及了数学、物理学、信息工程、电气工程与自动化控制工程等多种学科。模拟电子技术中深厚的理论基础和广泛的实际应用，使其具有旺盛持久的生命力。模拟电子技术以半导体二极管、半导体三极管和场效应管为关键器件，在功率放大电路、运算放大电路、反馈放大电路、信号运算与处理电路、信号产生电路、电源稳压电路中发挥了极其重要的作用。

0-1　模拟电子技术课程简介

一、模拟电子技术的发展

模拟电子技术的发展经历了 20 世纪初的电子管时期、20 世纪 50 年代的晶体管时期、20 世纪 60 年代的小型集成电路时期及今天的超大规模集成电路时期等几个阶段。前两个阶段称为分立元件阶段，后两个阶段称为集成电路阶段。

0-2　模拟电子技术的发展

1. 分立元件阶段（1904—1959 年）

1904 年，英国的电气工程师弗莱明研制出一种能够用于交流电整流和无线电检波的特殊灯泡——"热离子阀"，从而催生了世界上第一只电子管，也就是人们所说的真空二极管。

弗莱明发明真空二极管的消息传遍整个科学界，也坚定了美国科学家李·德福里斯特发明更先进的无线电检波装置的决心。经过大量的实验，1906 年，李·德福里斯特成功获得了真空三极管的发明专利，并把真空三极管用在了无线电装置里，使得电子管成为真正实用的器件，为通信、广播、电视等技术的发展铺平了道路。真空三极管的问世，很快受到计算机研制者的青睐，因此也成为电子技术发展史上的第一个里程碑。

电子管虽然使人们进入了电子时代之门，但它离人们对未来文明的设想还相差甚远。

随着科技的进步，发明创造也在不断地推陈出新。1947 年 12 月，贝尔实验室的巴丁和布拉顿成功研制出第一只点接触型晶体管。1950 年，美国贝尔实验室的布拉顿、肖克莱、巴丁等人发明了 PN 结型晶体管，由于晶体管具有体积小、重量轻、功耗低、工作可靠性高、寿命长等一系列优点，使它在许多领域中取代了电子管，成为电子科技发展的支柱，晶体管的发明被称作电子技术发展史上的第二个里程碑。

晶体管的发明使科技界的精英们备受鼓舞，人们开始尝试设计高速计算机。但是问题并没有完全解决，因为由晶体管组装的电子设备太笨重了：工程师们设计的电路需要几千米长，连接组件需要上百万个焊点，制造这样一台高速计算机，难度可想而知。至于个人拥有计算

机，更是一个遥不可及的梦想。针对上述情况，美国的杰克·基尔比提出了一个大胆的设想："能不能将电阻、电容、晶体管等电子元件都安置在一个半导体单片上？"

杰克·基尔比将管子、元件和线路集成封装在一起的设想，极大地推动了电子技术的发展历程。1958年9月12日，基尔比研制出世界上第一块集成电路，成功地实现了把电子器件集成在一块半导体材料上的构想。基尔比发明的集成电路在1959年2月取得了专利权，名称为"小型化电子电路"，基尔比也因此被后人称为"集成电路之父"。

2. 集成电路阶段（1959年以后）

基尔比发明"小型化电子电路"的同时，美国加利福尼亚州菲切尔德（仙童）半导体公司的科学奇才诺伊斯提出了用铝连接晶体管的想法。1959年7月，诺伊斯研究出一种二氧化硅的扩散技术和PN结的隔离技术，并创造性地在氧化膜上制作出铝条连线，使元件和导线合成一体，从而为半导体集成电路的平面制作工艺、为工业大批量生产奠定了坚实的基础。与基尔比在锗晶片上研制集成电路不同，诺伊斯在电路中使用了硅——地球上含量最丰富的元素之一，商业化价值更大，成本更低。自此大量的半导体器件被制造并投入商用，风险投资开始出现，半导体初创公司涌现，更多功能更强、结构更复杂的集成电路被发明出来，半导体产业由"发明时代"进入了"商用时代"，集成电路逐步进入了大规模发展的新时期，集成电路的发明因此被誉为电子技术发展史上的第三个里程碑。

集成电路的问世极大地推动了电子技术的发展历程：由最初的小规模集成电路（SSI）发展到中规模集成电路（MSI）、大规模集成电路（LSI）、超大规模集成电路（VLSI），形成了集成度逐渐提高、器件尺寸逐渐减小的趋势。1971年，诺伊斯所在的英特尔（Intel）公司成功地在一块$12mm^2$的芯片上集成了2300个晶体管，制成了一款包括运算器、控制器在内的可编程运算芯片，也就是我们现在所说的中央处理单元（CPU），又称微处理器，这也是世界上第一款微处理器——4004。

目前，单片集成度已经能够达到数千万个元件，从而可将器件、电路与系统融于一体，构成一个集成电子系统，其中计算机的微处理器就是一个典型的实例。大规模集成电路和超大规模集成电路的出现，使电子设备发生了根本变化，电子设备在功能、速率、体积、功耗、可靠性等方面都取得了惊人的成就。一场电子技术的革命已经在当今科技的大环境中掀起，电子技术发展至今，已经进入了"微电子学"时代。这是一个新纪元，也是新一代电子技术的起点。

二、模拟电子技术的发展现状

模拟信号是很多事物工作的方式，也是人类感官感知世界的方式。进入21世纪以来，得益于消费类电子产品的快速发展，模拟电子技术也有了飞速的发展。我们知道，音视频的输入输出都是模拟信号，必须采用模拟的接入，经过数字处理，再变回模拟信号以供人耳及人眼接收。人的听觉、视觉、触觉接收的都是模拟信号，如现实世界的光与声等信号，自然界中的湿度、温度、水的流量、水的流速，压力、弹力等都是模拟信号，要处理这些模拟信号，就离不开模拟电子技术。

0-3 模拟电子技术的发展现状与前景

模拟电子技术的发展进程中，超大规模集成电路的设计已经达到了相当高的水平。现在世界上最小的芯片宽度仅与人类手指相邻两条指纹的距离大小相当，然而集成度却达到了令人难以想象的水平。

模拟电子技术发展现状可简单地归纳为：在器件上多端化、集成化；在分析方法上系统

化、通用化、计算机辅助化；在综合上有源化、最佳化、可集成化；在体系上从线性扩展到非线性、从无源扩展到有源、从单元分立扩大到电路系统的集成；新的研究方向迭起，新的研究成果不断。模拟电子技术已成为现代科学技术基础理论中一门有着广阔发展前景的引人注目的学科。

三、模拟电子技术的发展前景

模拟电子技术发展的历史虽短，但应用领域却是较深、较广的，它不仅是现代化社会的重要标志，还是人类探索宇宙宏观世界和微观世界的技术基础。当前，世界已经进入了一个以微电子和光电子技术为基础的信息时代，随着微电子技术、纳米电子技术和光电子技术的不断发展和逐渐成熟，对微观世界中物质运动规律的研究必将给人类科技带来巨大的变革，我们的网速会更快，电子设备会更小，质量和精度却会更高，计算机的运算速度会更快，计算机、电视机的图像显示会更加清晰，这些又会带动航天产业、服务业、国防、通信以及医学等相关产业的发展，最终带动整个人类社会实现巨大的进步。

未来的电子技术开发方式必然是高度层次化、综合化和自动化的，新器件的涌现和新的开发方式离不开基础的模拟电子技术，模拟电子技术的发展必然和数字电子技术相互依存、相互促进，随着发展不断地更新和完善。

四、模拟电子技术的学习方法

教育家黄炎培倡导"手脑并用""学做合一"的教育思想。模拟电子技术恰好就是一门应用性、实践性都很强的学科，在学习过程中，学习者应结合理论知识，高度重视技能活动，不断钻研、攻坚克难，争当新一代的大国工匠。

0-4 模拟电子技术的学习方法

深刻理解和掌握模拟电子技术课程中元件的特性，是学好模拟电子技术的重要基石；理解二极管、三极管的工作特性，是学好模拟电子技术的关键；以放大电路分析法和集成应用电路分析法作为学习主线，站在工程应用的角度看待模拟电子技术，学习就不是难事。

（1）对半导体诸多概念的正确理解是学好模拟电子技术的基础，应重视和认真对待。

（2）对放大电路的"放大"以及放大电路的"静动分离分析法"应深刻理解、重点掌握。

（3）理解三极管的"电流放大"和放大电路的"电压放大"的区别和联系，才能掌握"放大"的含义。

（4）放大是为集成打基础的，归根结底集成电路的应用才是模拟电子技术最终的学习目标。

（5）深刻理解虚短和虚断两个重要概念，掌握集成应用电路的工程估算。

（6）重视用 Multisim 8.0 电路仿真软件辅助模拟电子技术的学习，将达到事半功倍的效果。

项目一　常用半导体器件

　　模拟电子技术的基础知识是常用半导体器件，常用半导体器件的技术基础是本征半导体、杂质半导体、PN 结等诸多概念。半导体器件中的二极管、双极型三极管以及场效应管（即单极型三极管），是构成模拟电子电路的基本器件，也是读者了解模拟电子世界的第一步。

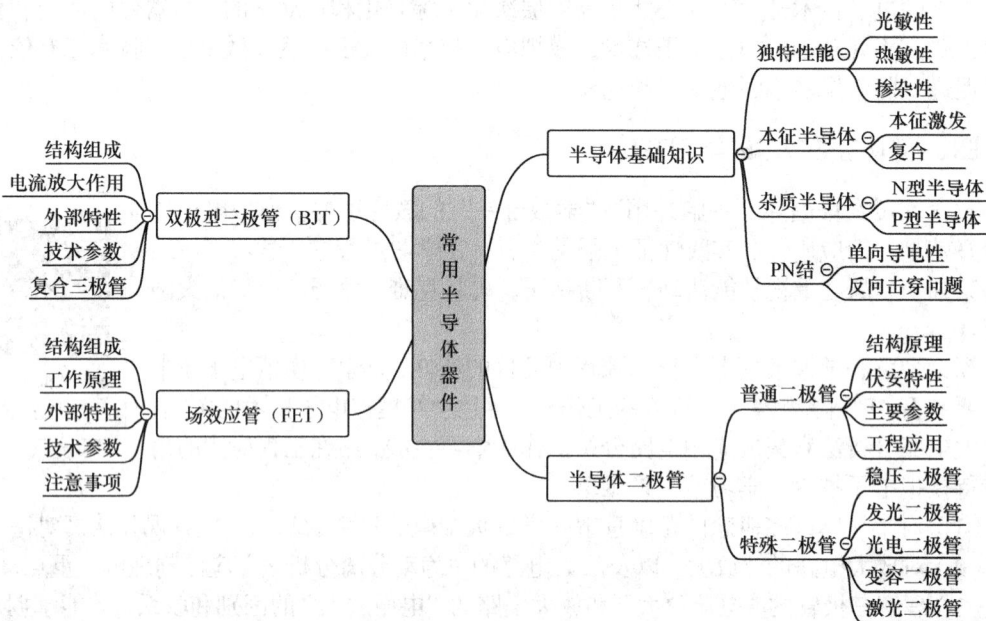

常用半导体器件思维导图：

- 双极型三极管（BJT）
  - 结构组成
  - 电流放大作用
  - 外部特性
  - 技术参数
  - 复合三极管
- 场效应管（FET）
  - 结构组成
  - 工作原理
  - 外部特性
  - 技术参数
  - 注意事项
- 半导体基础知识
  - 独特性能
    - 光敏性
    - 热敏性
    - 掺杂性
  - 本征半导体
    - 本征激发
    - 复合
  - 杂质半导体
    - N型半导体
    - P型半导体
  - PN结
    - 单向导电性
    - 反向击穿问题
- 半导体二极管
  - 普通二极管
    - 结构原理
    - 伏安特性
    - 主要参数
    - 工程应用
  - 特殊二极管
    - 稳压二极管
    - 发光二极管
    - 光电二极管
    - 变容二极管
    - 激光二极管

学 习 目 标

💡知识目标

　　1. 了解半导体的独特性能，理解本征半导体、本征激发和本征复合等概念。

　　2. 理解杂质半导体、N 型半导体、P 型半导体、PN 结等概念，深刻理解 PN 结的单向导电性，掌握雪崩击穿、齐纳击穿以及热击穿对 PN 结造成的影响以及应对措施。

　　3. 了解二极管的结构原理，理解并掌握二极管的伏安特性，了解二极管在工程实际中的应用，理解各种特殊二极管的工作特点，掌握各种特殊二极管的工程应用。

　　4. 了解双极型三极管（BJT）的结构组成，理解其电流控制原理以及电流放大作用，掌握其输入、输出特性以及主要技术参数，了解复合三极管。

　　5. 了解场效应管（FET）的结构组成，理解其导电沟道的形成、电流放大作用以及压控概念，掌握其输出特性及其分区，熟悉绝缘栅型场效应管（MOS管）的技术参数以及使用注意事项。

能力目标

1. 具有应用万用表检测二极管极性及判断单向导电性和性能好坏的能力。
2. 具有应用万用表检测三极管极性及判断性能好坏的能力。
3. 具有在网络上查阅关于二极管、三极管及 MOS 管相关知识的能力。

素质目标

塑造正确的人生观、价值观，养成不畏艰苦、迎难而上、踏实肯干、团结协作、包容友爱、遵纪守法、识大体、顾大局的优秀品格。

项目导入

半导体是信息技术的核心和基础，是推动信息技术发展的"发动机"。目前，半导体已经进入我们生活的方方面面，在各行各业发挥着难以想象的作用。小到收音机，大到飞机、舰船，其中很多零部件都要使用半导体，如果没有半导体，我们将失去信息化和电气化的绝大多数成果。

为了正确和有效地运用图 1.1 所示的实用电子线路板上的二极管、三极管和场效应管等半导体器件，相关工程技术人员须对这些器件的结构原理及其外引线表现出来的电压、电流关系和性能等有一个起码的认识。

项目一的任务，就是让读者在了解半导体的特殊性能、PN 结的形成及其单向导电性的基础上，进一步了解电子技术中的主要元件有哪些，它们能够应用于哪些场合，常用元件是如何工作的，如何用常用元件构成各种满足人们需要的电路等问题。通过对本项目的学习，读者将得到这些问题的答案。

图 1.1　实用电子线路板

知识链接

1.1　半导体基础知识

半导体的导电性能虽然介于导体和绝缘体之间，但是却能够引起人们的极大兴趣，这与半导体材料自身存在的一些独特性能是分不开的。同一块半导体在不同外界情况下，其导电能力会有非常大的差别，有时像导体，有时又像绝缘体。利用半导体的这种独特性能，人们研制出各种类型的电子器件。

1.1.1　半导体的独特性能

例如，有些半导体对温度的反应特别灵敏：当周围环境温度升高时，其导电能力显著增加；温度下降时，其导电能力随之明显下降。利用半导体的这种热敏性，人们可以把它制成自动控制用的热敏元件，如市场上销售的双

1-1　半导体的独特性能

金属片、铜热电阻、铂热电阻、热电偶及半导体热敏电阻等。其中以半导体热敏电阻为探测元件的温度传感器应用非常广泛。

还有一些半导体对光照敏感。当有光线照射在这些半导体上时，它们表现出像导体一样很强的导电能力；当无光照时，它们又变得像绝缘体那样不导电。利用半导体的这种光敏性，人们又研制出各种自动控制用的光电元件，如基于半导体光电效应的光电转换传感器，广泛应用于精密测量、光通信、计算技术、摄像、夜视、遥感、制导、机器人、质量检查、安全报警以及其他测量和控制装置等。

半导体材料除了具有上述的热敏性和光敏性外，还有一个显著的特点——掺杂性：若在纯净的半导体中掺入微量的某种杂质元素，例如在单晶硅中掺入百万分之一的三价元素硼，单晶硅的电阻率可由 $2 \times 10^3 \Omega \cdot m$ 减小到 $4 \times 10^{-3} \Omega \cdot m$ 左右，即导电能力增至掺杂杂质元素之前的几十万乃至几百万倍。正是利用半导体的这些独特性能，人们制成了半导体二极管、稳压管、晶体管、场效应管及晶闸管等不同的电子器件。

1.1.2 本征半导体

1. 本征半导体的概念

在半导体物质中，目前用得最多的材料是硅和锗。物质的化学性质通常是由原子结构中最外层的电子数目决定的，半导体的导电性当然也取决于最外层电子数目。我们把物质结构中的最外层电子称为价电子。在硅和锗的原子结构中，最外层电子的数目都是 4，因此被称为四价元素，图 1.2 所示的"+4"表示原子核所带正电荷量，它与核外电子所带负电荷量相等，整个原子呈电中性。

1-2　本征半导体

天然的硅和锗材料是不能制成半导体器件的，必须经过提纯工艺将它们提炼成纯净的单晶体。单晶体的晶格结构完全对称，原子排列得非常整齐，故常称为晶体。单晶硅共价键结构示意图如图 1.3 所示，图示单晶硅中每个原子的最外层价电子，都两两成为相邻两个原子所共有的价电子，每一对价电子同时受到两个相邻原子核的吸引而被紧紧地束缚在一起，组成了共价键结构（图 1.3 中套住两价电子的虚线环），单晶体中的各原子靠共价键的作用紧密联系在一起。这种经过提纯工艺后，形成具有共价键结构的单晶体称为本征半导体。

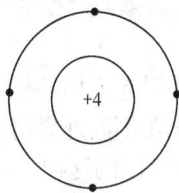

图 1.2　硅和锗原子的简化模型

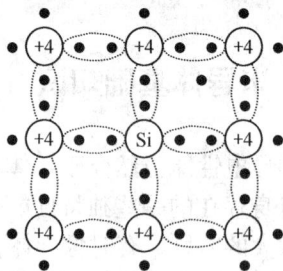

图 1.3　单晶硅共价键结构示意图

2. 本征激发和复合

从共价键整体结构来看，每个单晶硅原子外面都有 8 个价电子，很像绝缘体的"稳定"结构。也正是由于这种结构，本征半导体中的价电子没有足够的能量是不易脱离共价键的。

实际上，共价键中的 8 个价电子并不像绝缘体中的价电子那样被原子核束缚得很紧。当温度升高或受到光照后，共价键中的一些价电子就会由于热运动加剧而获得足够的能量，挣脱共价键的束缚游离到晶体中，成为可移动的自由电子，这种由于光照、辐射、温度等热激发而使共价键中的价电子游离到空间成为自由电子载流子的现象称为本征激发，如图 1.4 所示。

本征激发的同时，游离走的价电子在共价键上留下一个空位（一般称其为空穴），这个空穴很快会被相邻原子中的价电子跳进填补，这些价电子填补空穴的同时，它们又会留下一些新的空穴，这些新的空穴又会被邻近共价键中的另外一些价电子跳进填补上，这些价电子仍会留下新的空穴让相邻价电子来填补……如此在本征半导体又形成了一种新的电荷迁移现象：价电子定向连续填补空穴的复合运动，如图 1.5 所示。

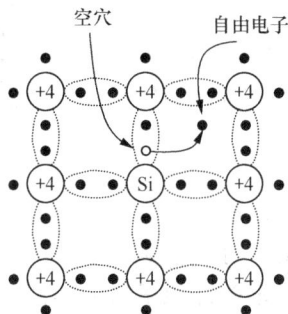

图 1.4　本征激发现象　　　　　　　　　　图 1.5　复合现象

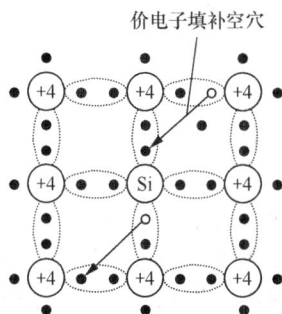

复合的结果是产生了另一种载流子——空穴载流子。复合不同于本征激发，本征激发产生的自由电子载流子带负电，在电场作用下，自由电子载流子将逆着电场力的方向形成定向迁移；而复合产生的空穴载流子，在电场作用下，空穴载流子则顺着电场方向形成定向迁移。注意：空穴（共价键中的空位）本身是不能移动的，由于运动具有相对性，共价键中价电子依次"跳进"空穴进行填补，也可看作空穴依次反方向移动，所以人们虚拟出了沿电场方向定向迁移的空穴载流子的运动。这就好比电影院的座位，当第一个座位空着时，后面的人依次向前挪动，看起来就像空位向后挪动一样。

本征激发和复合在一定温度下同时进行并维持动态平衡，因此自由电子和空穴两种载流子的浓度基本相等且不变。当温度升高时，本征激发产生的自由电子载流子增多，复合的机会也增加了，当温度不再继续升高时，最后两种载流子的运动仍会达到一个新的动态平衡状态。温度越高，两种载流子的数目就会越多，半导体的导电性能也就越好，即半导体中的两种载流子数量与温度的高低、辐射或光照强弱等热激发因素有关。在温度接近热力学零度（即 $-273℃$）时，共价键中的电子被束缚得很紧，无法产生自由电子载流子和空穴载流子，相当于绝缘体；在常温（即 $25℃$）下，虽然少数价电子能够挣脱共价键的束缚而产生自由电子载流子和空穴载流子，但此时这两种载流子的数目仅为每立方米单晶硅总电子数的 $1/10^{13}$，因此常温下半导体的导电能力仍然很低。

3. 温度对电子-空穴对的影响

半导体具有光敏性和热敏性。当半导体受到光照、辐射或外界温度显著升高的影响时，半导体中会有较多的价电子挣脱共价键的束缚成为自由电子载流子和空穴载流子，从而使半导体的导电能力较为明显地增强。大约温度每升高 8℃，单晶硅中的电子-空穴对的浓度就会增加一倍；温度每升高 12℃，单晶锗中的电子-空穴对的浓度约增加一倍。显然，温度是影响半导体导电性能的重要因素。

1.1.3　半导体的导电机理

金属导体中存在着大量的自由电子载流子，载流子是形成电流的原因。在外电场环境中，金属导体中的自由电子载流子在电场力的作用下定向移动形成电流，即金属导体内部只有自由电子一种载流子参与导电。

半导体由于本征激发产生了自由电子载流子，由于复合产生了空穴载流子，因此，当外电场作用于半导体时，就会有两种载流子同时参与导电形成电流。这一点正是半导体与金属导体在导电机理上的本质差别，同时也是半导体导电方式的独特之处。

1.1.4　杂质半导体

本征半导体中虽然有自由电子和空穴两种载流子同时参与导电，但由于数量不多，因而导电能力仍然不能和导体相比。但是，在本征半导体中掺入微量的某种杂质元素后，半导体的导电能力将极大地增强。

1-3　杂质半导体

1. N 型半导体

N 型半导体晶体结构如图 1.6 所示，即在硅（或锗）晶体中掺入少量的五价元素磷（或砷、锑），本征硅（或锗）中的共价键结构基本不变，只是共价键结构中某些位置上的硅（或锗）原子被磷原子取代。当这些掺杂的磷原子与相邻的 4 个硅原子组成共价键时，多余的一个价电子就会被挤出共价键结构，使得磷原子核对它的吸引束缚作用变得很弱，常温下这个多余的电子比其他共价键上的电子更容易挣脱共价键的束缚成为自由电子，而失去一个电子的杂质原子则成为不能移动的带正电离子，因为这个杂质正电离子是定域的，所以不能参与导电。

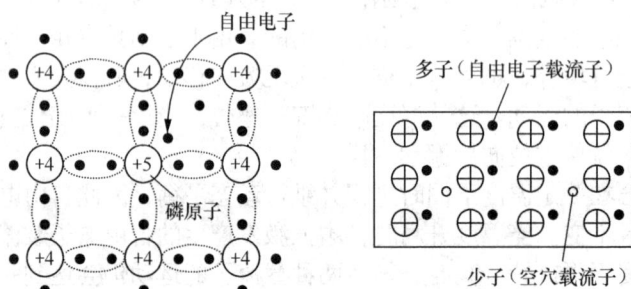

图 1.6　N 型半导体晶体结构

掺入五价元素的杂质半导体中，除了热运动使一些共价键断裂而产生自由电子载流子和空穴载流子外，一个杂质原子本身又多出一个自由电子，虽然还是存在两种载流子，但自由电子载流子的浓度远大于空穴载流子的浓度。常温下，当本征硅中的杂质数量等于硅原子数量的 10^{-6} 时，自由电子载流子的数目将增加几十万倍，使半导体的导电性能显著提高。值得注意的是，杂质元素中多余价电子挣脱原子核束缚成为自由电子后，在它们原来的位置上并不能形成空穴，因此掺入五价元素的杂质半导体中，自由电子载流子的数量相对空穴载流子多得多，故把自由电子称为多数载流子，简称多子；而把空穴载流子称为少数载流子，简称少子，不能移动的杂质离子带正电。显然，多子是由掺杂工艺生成的，其数量取决于掺杂浓度；少子是由于本征激发和复合产生的，其数量取决于热激发的程度。

由于掺入五价杂质元素的半导体中，导电主流是带负电的自由电子载流子，因此把这种多电子的杂质半导体称为电子型半导体，习惯上又把电子型半导体称为 N 型半导体。

2．P 型半导体

P 型半导体晶体结构如图 1.7 所示。

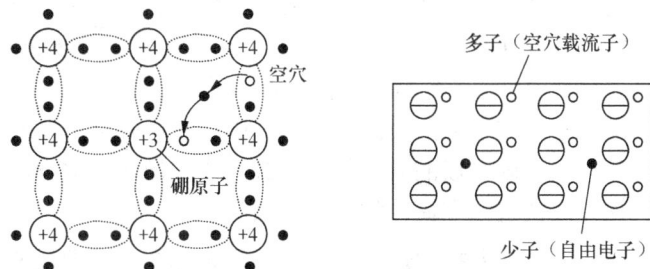

图 1.7 P 型半导体晶体结构

从结构图可看出，掺入三价杂质元素硼（或铟、镓）的单晶体中，空穴载流子的数量大于自由电子载流子的数量，因此空穴载流子为多子；由本征激发和复合产生的电子-空穴对数量相对较少，为少子，不能移动的杂质离子带负电。掺入三价杂质元素的半导体中，由于空穴载流子数量大于自由电子载流子的数量而被称为空穴型半导体，电子技术中习惯称为 P 型半导体。

一般情况下，杂质半导体中多数载流子的数量可达到少数载流子数量的 10^{10} 倍或更多，因此，杂质半导体比本征半导体的导电能力强几十万倍。这也是半导体器件受到青睐的最主要的原因之一。

需要指出的是：N 型半导体和 P 型半导体虽然都有一种载流子占多数，但多出的载流子数目与杂质离子所带电荷数目始终平衡，即整块杂质半导体上既没有失电子，也没有得电子，此时整个晶体仍然呈电中性。

1.1.5 PN 结及其单向导电性

杂质半导体的导电能力相比本征半导体有极大的增强，但它们并不能称为半导体器件。在电子技术中，PN 结是一切半导体器件的"元概念"和技术起始点。

单一的 N 型半导体和 P 型半导体只能起到电阻的作用。但是，若采用不同的掺杂工艺，在一块完整的半导体硅片的两侧分别注入三价元素和五价元素，使其一边形成 N 型半导体，另一边形成 P 型半导体，那么在两种半导体的交界面上就会形成一个 PN 结，PN 结能够使半导体的导电性能受到控制，是构成各种半导体器件的技术基础。

1．PN 结的形成

由于 P 区的多子是空穴，少子是自由电子；N 区的多子是自由电子，少子是空穴，因此在 P 区和 N 区的交界面两侧明显地存在两种载流子的浓度差。由于有浓度差，P 区的多子（空穴载流子）和 N 区的多子（自由电子载流子）都会从浓度高的区域向浓度低的区域扩散，从而使交界处 N 区的多子复合掉了 P 区多子，于是在 P 区和 N 区的交界处出现了一个带电杂质离子区——空间电荷区，如图 1.8 所示。

1-4 PN 结的形成

空间电荷区中的载流子均被扩散的多子复合掉了，或者说在扩散过程中被消耗殆尽，因此有时又把空间电荷区称为耗尽层。

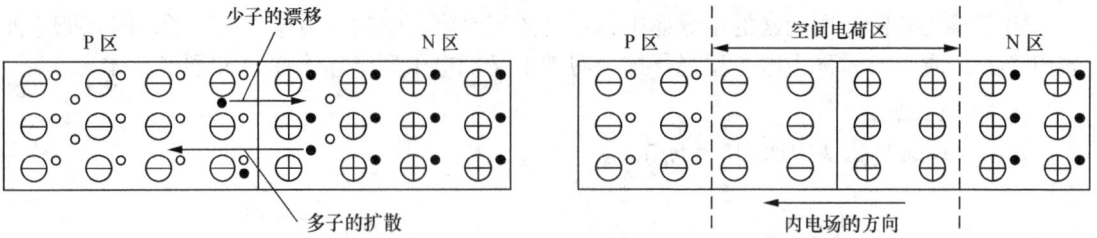

图 1.8　PN 结的形成过程

空间电荷区内定域的带电离子是形成内电场的原因。内电场的方向是从带正电的 N 区指向带负电的 P 区。显而易见，内电场的方向与多数载流子扩散运动的方向相反，内电场对扩散运动起阻挡作用，因此又把空间电荷区称为阻挡层。

在 PN 结形成的过程中，随着扩散运动的增强，复合掉的多子数量增多，空间电荷区逐渐加宽。而空间电荷区的加宽，又使得内电场对扩散运动的阻挡作用增强，从而对 N 区和 P 区中少子的漂移起推动作用，少子的漂移运动方向正好与扩散运动的方向相反。从 N 区漂移到 P 区的空穴补充了原来交界面上 P 区失去的空穴，从 P 区漂移到 N 区的电子补充了原来交界面上 N 区失去的电子，即漂移运动的结果是使空间电荷区变窄。多子的扩散和少子的漂移既相互联系，又相互矛盾。

在初始阶段，扩散运动占优势，随着扩散运动的进行，空间电荷区不断加宽，内电场逐步加强；内电场的加强又阻碍了扩散运动，这使得多子的扩散逐步减弱。扩散运动的减弱显然伴随着漂移运动的不断加强。最后，当扩散运动和漂移运动达到动态平衡时，形成一个稳定的空间电荷区，这个相对稳定的空间电荷区就叫作 PN 结。

空间电荷区内基本不存在导电的载流子，因此导电率很低，相当于介质。在 PN 结两侧的 P 区和 N 区则导电率相对较高，类似于导体。由此可见，PN 结具有电容效应，这种效应称为 PN 结的结电容。

2. PN 结的单向导电性

PN 结在无外加电压的情况下，扩散运动和漂移运动处于动态平衡状态，PN 结的宽度固定不变。如果在 PN 结两端加上电压，扩散运动与漂移运动的动态平衡就会被破坏。

（1）PN 结正向偏置

当把电源电压的正极与 P 区引出端相连，负极与 N 区引出端相连时，PN 结为正向偏置（见图 1.9），简称 PN 结正偏。PN 结正偏时，外电场的方向是从 P 区指向 N 区，与 PN 结内电场的方向相反，外电场驱使 P 区的空穴进入空间电荷区抵消一部分负空间电荷，同时 N 区的自由电子进入空间电荷区抵消一部分正空间电荷，从而使空间电荷区变窄，内电场被削弱。内电场的削弱使多子的扩散运动得以增强，形成较大的扩散电流（扩散电流即通常所说的导通电流，主要由多子的定向移动形成）。在一定范围内，外电场越强，正向电流越大，PN 结对正向电流呈现的电阻越小，PN 结的这种低阻状态在电子技术中称为 PN 结正向导通。

（2）PN 结反向偏置

把电源的正、负极位置换一下，即 P 区接电源负极，N 区接电源正极，即构成 PN 结反向偏置（见图 1.10），简称 PN 结反偏。PN 结反偏时，外电场与空间电荷区的内电场方向一致，这同样会破坏扩散运动与漂移运动的平衡状态。外电场驱使空间电荷区两侧的空穴和自

由电子移走，使空间电荷区变宽，内电场继续增强，造成多子扩散运动难于进行，同时加强了少子的漂移运动，形成由 N 区流向 P 区的反向电流。但是，常温下少子恒定且数量不多，故反向电流极小，极小的电流说明 PN 结的反向电阻极高，通常可以认为 PN 结不导电，处于截止状态，这种情况在电子技术中称为 PN 结的反向阻断。

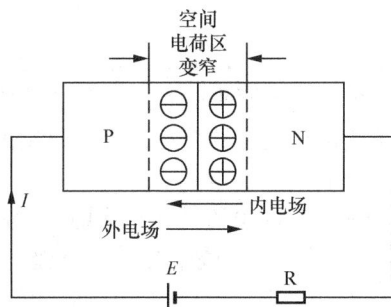

图 1.9　PN 结正向偏置

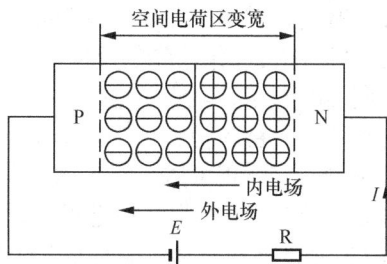

图 1.10　PN 结反向偏置

当外加反向电压在一定范围内变化时，反向电流几乎不随外加电压的变化而变化。这是因为反向电流是由少子漂移形成的，在热激发下，少子数量增多，PN 结反向电流增大。换言之，只要温度不发生变化，少子的浓度就不变，即使反向电压在允许的范围内增加再多，也无法使少子的数量增加，这里反向电流趋于恒定，因此反向电流又称为反向饱和电流。

注意：反向电流是造成电路噪声的主要原因之一，因此，在设计电子电路时，通常要考虑温度补偿问题。

PN 结的上述"正向导通，反向阻断"作用，说明 PN 结具有单向导电性。PN 结的单向导电性是它构成半导体器件的主要工作机理。

1.1.6　PN 结的反向击穿问题

PN 结反向偏置时，在一定的电压范围内，流过 PN 结的电流很小，通常可忽略不计。但是，当反偏电压超过某一数值时，反向电流将骤然增大，这种现象称为 PN 结反向击穿。PN 结的反向击穿有热击穿和电击穿两种情况，其中电击穿包括雪崩击穿和齐纳击穿。

1-6　PN 结的反向
击穿问题

1. 雪崩击穿

当 PN 结反向电压增加时，空间电荷区中的内电场随之增强。在强电场作用下，少子漂移速度加快，动能增大，致使它们在快速漂移运动过程中与中性原子相碰撞，更多的价电子脱离共价键的束缚形成新的电子-空穴对，这种现象称为碰撞电离。新产生的电子-空穴对在强电场作用下，再去碰撞其他中性原子，又产生新的电子-空穴对。如此连锁反应使得 PN 结中载流子的数量剧增，因而流过 PN 结的反向电流也就急剧增大，这种击穿称为雪崩击穿。雪崩击穿发生在掺杂浓度较低、外加反向电压较高的情况下。掺杂浓度低使 PN 结阻挡层比较宽，少子在阻挡层内漂移的过程中与中性原子碰撞的机会比较多，发生碰撞电离的次数也比较多。同时因掺杂浓度较低，阻挡层较宽，产生雪崩击穿的电场相对较强，即外加反向电压较高，一般出现雪崩击穿的电压至少要在 7V 以上。

2. 齐纳击穿

当 PN 结两端的掺杂浓度很高，且 PN 结制作得很薄时，PN 结内载流子与中性原子碰撞的机会大为减少，因而不会发生雪崩击穿。但正因为 PN 结很薄，即使所加反向电压不大，对很薄的 PN 结来说也相当于处于强电场中，这个强电场足以把空间电荷区内的中性原子的价电子从共价键中拉出来，产生大量的电子-空穴对，使 PN 结反向电流剧增，出现反向击穿现象，这种场效应的击穿称为齐纳击穿。齐纳击穿发生在高掺杂的 PN 结中，相应的击穿电压较低，一般小于 5V。

综上所述，雪崩击穿是一种碰撞击穿，齐纳击穿是一种场效应击穿。电击穿过程通常是可逆的，当加在 PN 结两端的反向电压降低后，PN 结仍可恢复到原来的状态而不会造成永久损坏。利用电击穿时电流变化很大、但 PN 结两端电压变化却很小的特点，人们研制出工作在反向击穿区的稳压管。

虽然电击穿过程可逆，但是当反向击穿电压持续增加、反向电流持续增大时，PN 结的温度也会持续升高，升高至一定程度时，电击穿将转变性质变为热击穿，热击穿过程不可逆，会造成 PN 结的永久损坏，应尽量避免其发生。

思考与练习

1. 半导体具有哪些独特性能？在导电机理上，半导体与金属导体有何区别？
2. 何谓本征半导体？什么是本征激发？什么是复合？
3. N 型半导体和 P 型半导体有何不同？各有何特点？它们是半导体器件吗？
4. 何谓 PN 结？PN 结具有什么特性？
5. 电击穿和热击穿有何不同？试述雪崩击穿和齐纳击穿的特点。

任务训练：检测 PN 结单向导电性

电子技术中常见的二极管，其核心部分就是一个 PN 结。我们选用图 1.11（a）所示的二极管实物作为检测对象，选用图 1.11（b）所示指针式万用表作为检测工具，来检测一下 PN 结的单向导电性。

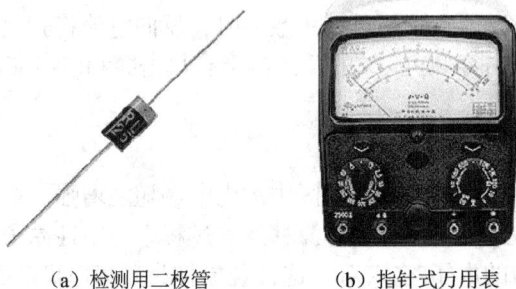

（a）检测用二极管　　　　（b）指针式万用表

1-7　二极管的检测

图 1.11　二极管和指针式万用表

（1）选择 R×1k 欧姆挡，红表笔插在万用表的"+"端，相当于与万用表内部电池的负极相连；黑表笔插在万用表的"-"端，相当于与万用表内部电池的正极相连。

（2）把两表笔分别与二极管的两个电极相搭接，观察万用表指针的偏转情况。

如果像图 1.12（a）所示指针偏转幅度很大，说明二极管中通过了较大的电流，阻值很小，根据 PN 结的单向导电性可知，此时二极管的 PN 结正向偏置。

如果像图 1.12（b）所示指针基本不动，说明二极管中基本上没有电流通过，阻值趋近无穷大，根据 PN 结的单向导电性可知，二极管的 PN 结为反向偏置。

（3）把两表笔位置互换，观察万用表指针的偏转情况。

若出现与上述相反的现象，说明二极管的 PN 结正常；

如果互换前后检测情况都如图 1.12（a）所示，说明该二极管的 PN 结已经击穿损坏；

如果互换前后检测情况都如图 1.12（b）所示，则表明二极管内部 PN 结已经老化不通。

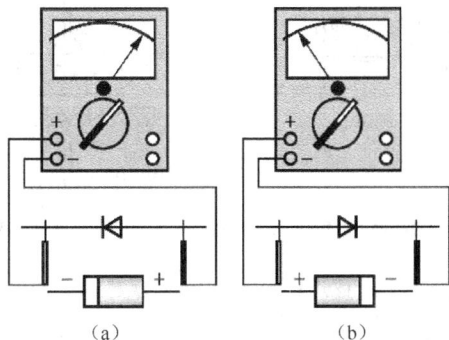

（a）　　　　　　　　　　　（b）

图 1.12　用指针式万用表检测 PN 结的单向导电性

1.2　半导体二极管

1.2.1　二极管的结构类型

半导体二极管（简称二极管）实际上就是由一个 PN 结外引两个电极构成的。半导体二极管按材料的不同可分为硅二极管和锗二极管；按结构不同又可分为点接触型、面接触型和平面型 3 类。

1-8　二极管的结构
类型

1. 点接触型二极管

点接触型二极管如图 1.13（a）所示。将一根很细的金属触丝热压在锗或硅的半导体晶片［如图 1.13（a）中的 N 型锗片］表面，通以脉冲电流，使金属触丝一端与半导体晶片牢固地烧结在一起，形成一个 PN 结，金属触丝为正极，半导体晶片为负极。由于是点接触，因此只允许通过不超过几十毫安的较小电流，不能使用大电流或整流。但点接触型二极管的高频性能好，适用于高频小功率场合，如收音机中的高频检波电路、脉冲电路及计算机中的高速开关元件等。

2. 面接触型二极管

面接触型二极管如图 1.13（b）所示。面接触型二极管是一种特制的硅二极管，一般用合金方法制成较大的 PN 结，由于其结面积较大，因此结电容量也大，它不仅允许通过几安至几十安的较大电流，而且性能稳定可靠，多用于开关电路、脉冲电路以及低频大功率整流电路等。

3. 平面型二极管

平面型二极管如图 1.13（c）所示。这类二极管采用二氧化硅作保护层，可使 PN 结不受污染，而且大大减小了 PN 结两端的漏电流，由于半导体表面制作得很平整，故而得名平面型二极管。平面型二极管的质量较好，批量生产中产品性能比较一致。结面积较小的平面型二极管常用作高频管或高速开关管，结面积较大的平面型二极管常用作大功率调整管。

目前，大容量的整流元件一般都采用硅管。二极管的型号中，通常硅管用 C 表示，如 2CZ31 表示用 N 型硅材料制成的管子型号；锗管一般用 A 表示，如 2AP1 表示用 N 型锗材料制成的管子型号。

普通二极管的电路图形符号如图 1.13（d）所示，P 区引出的电极为正极（阳极），N 区引出的电极为负极（阴极）。

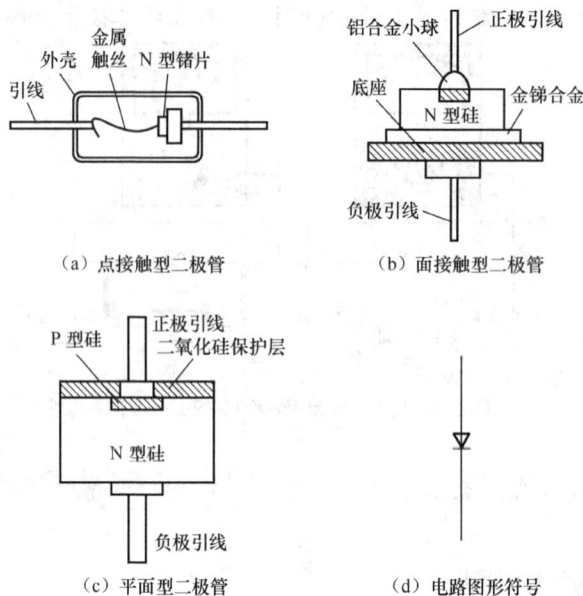

（a）点接触型二极管　　　　（b）面接触型二极管

（c）平面型二极管　　　　（d）电路图形符号

图 1.13　半导体二极管的结构类型及电路图形符号

1.2.2　二极管的伏安特性

1-9　二极管的伏安特性

二极管的伏安特性曲线如图 1.14 所示。

观察二极管的伏安特性曲线，当二极管两端的正向电压较小时，通过二极管的电流基本为零。这说明较小的正向电压电场还不足以克服 PN 结内电场对扩散运动的阻挡作用，二极管仍呈现高阻态，基本上处于截止状态，我们把这段区域称为死区。通常硅管的死区电压约为 0.5V，锗管的死区电压约为 0.1V。

继续观察二极管的特性曲线。当外加正向电压超过死区电压后，PN 结的内电场作用将被大大削弱或抵消，此时二极管导通，正向电流由零迅速增大。处于正向导通区的普通二极管，正向电流在一定范围内变化时，其管压降基本不变，硅管为 0.6～0.8V，其典型值通常取 0.7V；锗管为 0.2～0.3V，其典型值常取 0.3V，这些数值表明二极管的正向电流大小通常取决于半导体材料的电阻。在二极管的正向导通区（死区电压至导通压降的一段电压范围），二极管中通过的正向电流与二极管两端所加正向电压具有一一对应关系，正向导通区内二极管两端所加电压过高时，必然造成正向电流过大使二极管过热而损坏，所以二极管正偏工作时，通常需加分压限流电阻。

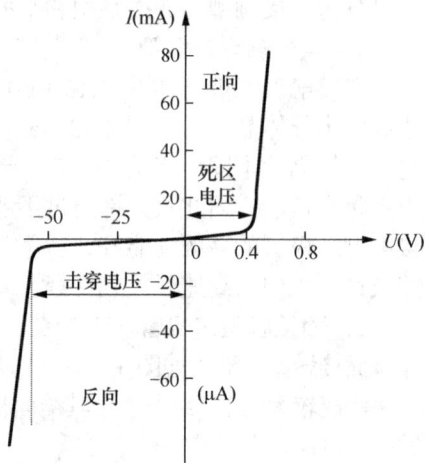

图 1.14　二极管的伏安特性曲线

　　观察二极管的反向伏安特性。在外加反向电压低于反向击穿电压 U_{BR} 的范围内，二极管的工作区域称为反向截止区。在反向截止区内，通过二极管的反向电流是半导体内部少子的漂移运动形成的，只要二极管工作环境的温度不变，少子的数量就保持恒定，因此少子又被称为反向饱和电流。反向饱和电流的数值很小，在工程实际中通常近似视为零值。但是，半导体少子构成的反向电流对温度十分敏感，当由于光照、辐射等原因使二极管所处环境温度上升时，反向电流将随温度的升高而大大增大。

　　反向电压继续增大至超过反向击穿电压 U_{BR} 时，反向电流会骤然剧增，特性曲线骤降，二极管失去其单向导电性，进入反向击穿区。二极管进入反向击穿区将发生电击穿现象，由于电击穿过程通常可逆，只要设置某种保护措施限制二极管中通过的反向电流或降低加在二极管两端的反向电压，二极管一般就不会造成永久损坏。但是如果在不采取任何措施的情况下继续增大反向电压，反向电流将进一步增大，致使消耗在二极管 PN 结上的功率超过 PN 结所能承受的限度，这时二极管将因过热而烧毁，这种破坏现象称为二极管发生热击穿，热击穿过程不可逆，极易造成二极管的永久损坏。

　　综上所述，二极管的特性曲线共分为 4 个区：死区、正向导通区、反向截止区和反向击穿区。

1.2.3　二极管的主要技术参数

　　二极管的参数很多，有些参数仅仅表示管子性能的优劣，而另一些参数则属于至关重要的极限参数，熟悉和理解二极管的主要技术参数，可以帮助我们正确使用二极管。

1-10　二极管的主要技术参数

1. 最大耗散功率 P_{max}

　　二极管的最大耗散功率用它的极限参数 P_{max} 表示，数值上等于通过管子的电流与加在管子两端的电压的乘积。过热是电子器件的大敌，二极管能耐受住的最高温度决定它的极限参数 P_{max}，使用二极管时一定要注意，功率不能超过此值，如果超过则二极管将烧损。

2. 最大整流电流 I_{DM}

　　在实际应用中，二极管工作在正向范围时的压降近似为一个常数，所以它的最大耗散功率通常用最大整流电流 I_{DM} 表示。最大整流电流是指二极管长期安全使用时，允许流过二极管的最大正向平均电流值，也是二极管的重要参数。

　　点接触型二极管的最大整流电流通常在几十毫安以下；面接触型二极管的最大整流电流可达 100 mA；对大功率二极管而言可达几安。在二极管使用过程中，电流若超出此值，可能引起 PN 结过热而使管子烧坏。因此，大功率二极管为了降低结温，增加管子的负载能力，通常都要把管子安装在规定散热面积的散热器上使用。

3. 最高反向工作电压 U_{RM}

　　最高反向工作电压 U_{RM} 是指二极管反向偏置时，允许加在二极管上的最大电压瞬时值。若二极管工作时的反向电压超过了 U_{RM} 值，二极管有可能被反向击穿而失去单向导电性。为确保安全，手册上给出的最高反向工作电压 U_{RM} 通常为反向击穿电压的 50%～70%，即留有余量。

4. 反向电流 I_R

　　二极管未击穿时的反向电流值称为反向电流 I_R。I_R 值越小，二极管的单向导电性越好。

反向电流 I_R 随温度的变化而发生的变化较大，这一点要特别加以注意。

5. 最高工作频率 f_M

最高工作频率 f_M 的值由 PN 结的结电容大小决定。二极管的工作频率若超过该值，则二极管的单向导电性能变差。

除上述参数外，二极管的参数还有最高使用温度、结电容等。在实际应用中，要认真查阅半导体器件手册，合理选择二极管。

1.2.4　二极管的 5 个典型应用实例

几乎在所有的电子电路中，都要用到半导体二极管，二极管是诞生最早的半导体器件之一，在许多电路中都起着重要的作用，应用范围十分广泛。

1. 二极管整流电路

利用二极管的单向导电性，可以把交变的正弦波变换成单一方向的脉动直流电。

1-11　二极管整流电路

图 1.15（a）所示为一个单相半波整流电路。图中变压器 Tr 的输入电压为单相正弦交流电压，波形如图 1.15（b）所示。变压器的输出端和二极管 VD 相串联后与负载电阻 R_L 相接。由于二极管具有单向导电性，只有变压器 Tr 的输出电压正半周大于死区的部分，才能使二极管 VD 导通，其余输出均被二极管阻断，因此，负载 R_L 上获得的电压如图 1.15（c）所示，是单向半波整流电压，电路实现了对输入的半波整流。

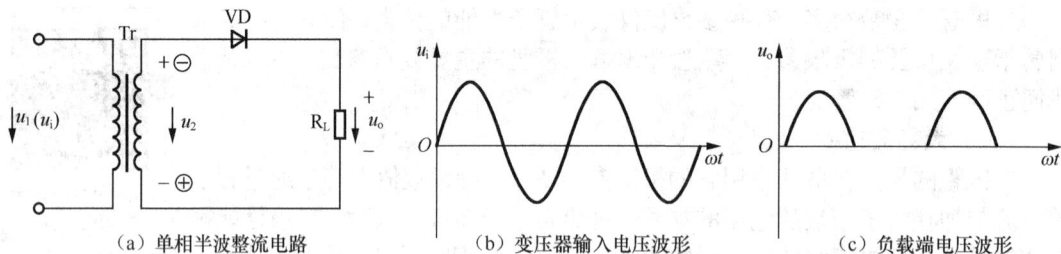

（a）单相半波整流电路　　　　（b）变压器输入电压波形　　　　（c）负载端电压波形

图 1.15　单相半波整流电路及其输入、输出电压波形

图 1.16（a）所示为单相全波整流电路。图 1.16（b）所示为电路输入的正弦交流电压波形。

当变压器 Tr 输出正半周时，二极管 VD_1 导通、VD_2 截止，电流由变压器次级上引出端经 VD_1、负载 R_L，回到变压器次级中间引出端，R_L 上得到了第一个输出电压正向半波；变压器 Tr 输出负半周时，二极管 VD_2 导通、VD_1 截止，电流由变压器次级下引出端经 VD_2、负载 R_L 回到变压器次级中间引出端，R_L 上得到了第二个输出电压正向半波。如此不断循环往复，负载 R_L 两端就得到一个如图 1.16（c）所示的单向整流电压，实现了对输入的全波整流。

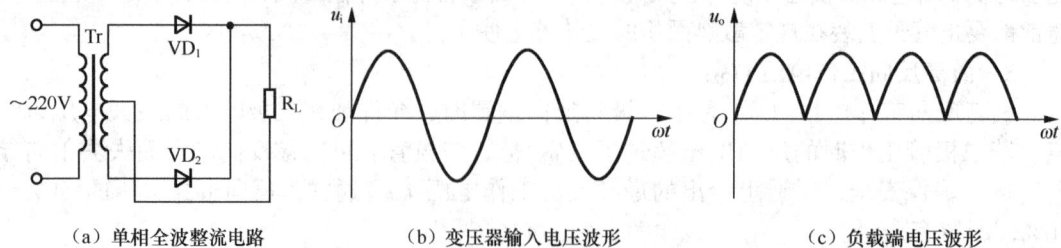

（a）单相全波整流电路　　　　（b）变压器输入电压波形　　　　（c）负载端电压波形

图 1.16　二极管单相全波整流电路及输入、输出电压波形

图 1.17（a）所示为桥式全波整流电路。图 1.17（b）所示为电路输入的正弦交流电压波形。

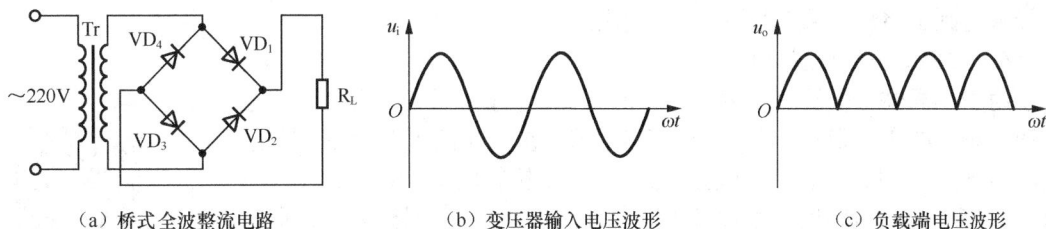

（a）桥式全波整流电路   （b）变压器输入电压波形   （c）负载端电压波形

图 1.17　桥式全波整流电路及输入、输出电压波形

当变压器 Tr 输出正半周时，二极管 VD$_1$、VD$_3$ 导通，VD$_4$、VD$_2$ 截止，电流由变压器次级上引出端经 VD$_1$、负载 R$_L$、VD$_3$ 回到变压器次级下引出端，R$_L$ 上得到了第一个输出电压正向半波；变压器 Tr 输出负半周时，二极管 VD$_2$、VD$_4$ 导通，VD$_3$、VD$_1$ 截止，电流由变压器次级下引出端经 VD$_2$、负载 R$_L$、VD$_4$ 回到变压器次级上引出端，R$_L$ 上得到了第二个输出电压正向半波。如此不断循环往复，负载 R$_L$ 两端就得到一个如图 1.17（c）所示的单方向的输出电压，从而实现了对输入的全波整流。

2. 二极管钳位电路

图 1.18 所示为二极管钳位电路，此电路利用了二极管正向导通时压降很小的特性。限流电阻 R 的一端与直流电源 $U(+)$ 相连，另一端与二极管阳极相连，二极管阴极连接端子为电路输入端 A，阳极向外引出的 F 点为电路输出端。

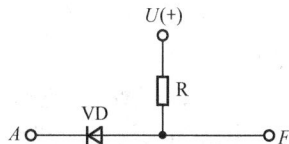

图 1.18　二极管钳位电路

1-12　二极管钳位电路

当图 1.18 中 A 点电位为 0 时，二极管 VD 正向导通，按理想二极管来分析，即二极管正向导通时压降为 0，则输出端 F 的电位被钳制在 0V，$V_F \approx 0$。当 A 点电位较高，不能使二极管导通时，电阻上无电流通过，输出端 F 的电位就被钳制在 $U(+)$。

3. 二极管双向限幅电路

在图 1.19 所示的二极管双向限幅电路中，二极管正向导通后，其正向压降基本保持不变（硅管为 0.7V，锗管为 0.3V）。利用这一特性，二极管在电路中作为限幅元件，可以把信号幅度限制在一定范围内。利用二极管正向导通时压降很小且基本不变的特点，还可以组成各种限幅电路。

1-13　二极管双向限幅电路

【例 1.1】　图 1.19（a）所示为二极管双向限幅电路。已知 $u_i=1.41\sin\omega t$V，图中 VD$_1$、VD$_2$ 均为硅管，导通时管压降 $U_D=+0.7$V。试画出输出电压 u_o 的波形。

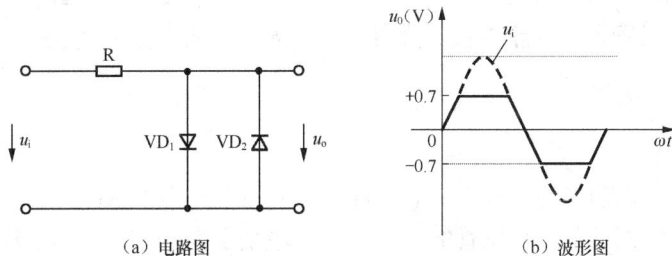

（a）电路图   （b）波形图

图 1.19　二极管双向限幅电路

【解】　由图 1.19（a）可知，$u_i>U_D$ 时，二极管 VD$_1$ 导通、VD$_2$ 截止，输出 $u_o=U_D=+0.7$V；当 $u_i<-U_D$ 时，二极管 VD$_2$ 导通、VD$_1$ 截止，输出 $u_o=-U_D=-0.7$V；当输入电压在 ±0.7V 之间时，两个二极管都不能导通，因此，电阻 R 上无电流通过，$u_o=u_i$。

由上述分析结果可画出输出电压波形，如图 1.19（b）所示。显然，图示电路中的两个二极管起到了将输出限幅在±0.7V 的作用。

4. 二极管开关电路

由于半导体二极管具有单向导电的特性，在正向偏压下 PN 结导通，在导通状态下的电阻很小，约为几十至几百欧；在反向偏压下，则呈截止状态，其电阻很大，一般硅管的电阻在 10MΩ 以上，锗管的电阻也有几十千欧至几百千欧。利用这一特性，二极管将在电路中起到控制电流接通或关断的作用，成为一个理想的电子开关。

图 1.20 所示为二极管开关电路。假设电路的输入电压为低电平，且 $V_{CC}-u_i$ 大于二极管的死区电压，则二极管 VD 正向偏置而呈导通状态。导通时二极管电阻很小，因此正向电流急剧增长，此时的二极管相当于一个闭合的电子开关。理想状态下，可忽略二极管的管压降，此时就相当于理想开关。

当二极管开关电路的输入电压为高电平，且 $V_{CC}-u_i$ 小于二极管死区电压时，二极管 VD 反向偏置而呈截止状态。截止状态下二极管的电阻很大，电流基本不能通过而约等于 0。此时二极管相当一个断开的电子开关。

工程实际中，为避免当正向电流突然增大时导致二极管烧损事故，常常要在二极管开关电路中串联一个限流电阻 R。

1-14　二极管开关电路

5. 二极管检波电路

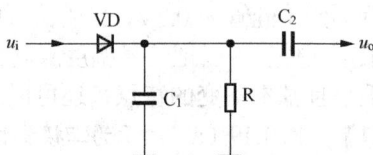

图 1.21 所示为二极管检波电路，核心元件是二极管 VD，当交流音频调幅信号 u_i 加到检波二极管两端时，正半波导通，负半波截止，检波二极管负载电阻 R 上得到了正半周的音频调幅信号，对调幅信号中的高频载波信号而言，其频率很高，C_1 对它的容抗很小而呈通路状态，于是被 C_1 旁路到地端，起到高频滤波的作用；对音频调幅信号中的音频信号而言，由于滤波电容 C_1 的容量很小，对音频信号产生的容抗很大，相当于开路，所以不能被 C_1 旁路到地端，而是通过检波电路与输出端电容 C_2 耦合，送到后级电路中进一步处理。

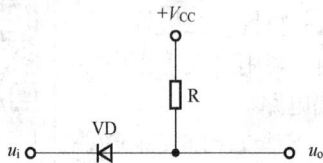

1-15　二极管检波电路

图 1.20　二极管开关电路　　　图 1.21　二极管检波电路

除此之外，二极管还应用于滤波、元件保护以及在脉冲与数字电路中用作开关元件等。

1.2.5　特殊二极管

1. 稳压二极管

稳压二极管（简称稳压管）是电子电路特别是电源电路中常见的元件之一。与普通二极管不同的是，稳压管的正常工作区域是反向齐纳击穿区，故而也称为齐纳二极管，其实物及电路图形符号如图 1.22 所示。由于稳压管的反向击穿可逆，因此工作时不会发生"热击穿"。

（1）稳压管的伏安特性

稳压管是由硅材料制成的特殊面接触型晶体二极管，其伏安特性与普通

1-16　稳压二极管

二极管相似，但其反向击穿特性曲线较普通二极管更加陡直，说明其反向电压基本不随反向电流变化而变化，这就是稳压管的伏安特性，如图 1.23 所示。

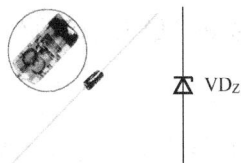

图 1.22 稳压管实物及电路图形符号　　　　图 1.23 稳压管的伏安特性

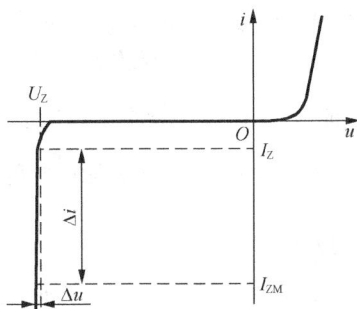

由稳压管的伏安特性曲线可看出：稳压管反向电压小于其稳压值 U_Z 时，反向电流很小，可认为在这一区域内反向电流基本为 0。当反向电压增大至其稳压值 U_Z 时，稳压管进入反向击穿工作区。在反向击穿工作区，通过管子的电流虽然变化较大（常用的小功率稳压管，反向工作区电流一般为几毫安至几十毫安），但管子两端的电压却基本保持不变。利用这一特点，把稳压管接入稳压电路，只要输入反向电压在不超过 U_Z 的范围内变化，则负载电压一直稳定在 U_Z。

（2）稳压管稳压电路

图 1.24 所示为稳压管稳压电路，电路中的 R 为限流电阻，R_L 为负载电阻，当电源电压波动或其他原因造成电路各点电压变动时，稳压管可保证负载两端的电压基本不变。

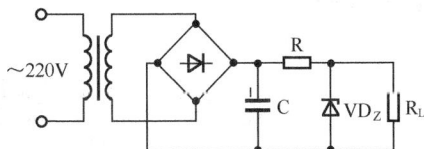

图 1.24 稳压管稳压电路

稳压管与其他普通二极管的最大不同之处就是它的反向击穿可逆，当去掉反向电压时，稳压管也随即恢复正常。但任何事物都不是绝对的，如果反向电流超过稳压管的允许范围，稳压管同样会发生热击穿而损坏。因此，在实际电路中，为确保稳压管工作于可逆的齐纳击穿状态而不会发生热击穿，使用时稳压管一般需串联分压限流电阻，以确保工作电流不超过最大稳定电流 I_{ZM}。

稳压管常用在小功率电源设备中的整流滤波电路之后，起到稳定直流输出电压的作用。除此之外，稳压管还常用于浪涌保护电路、电视机过压保护电路、电弧控制电路、手机电路等。例如，在手机电路中所用的受话器、振动器都带有线圈，当这些电路工作时，由于线圈的电磁感应常会导致一个个很高的反向峰值电压，如果不加以限制就会引起电路损坏，而用稳压管构成浪涌保护电路后，就可以防止反向峰值电压引起的电路损坏。

描述稳压管特性的主要参数为稳压值 U_Z 和最大稳定电流 I_{ZM}。

稳压值 U_Z 是稳压管正常工作时的额定电压值。由于半导体生产的离散性，手册中的 U_Z 往往给出的是一个电压范围值。例如，型号为 2CW18 的稳压管，其稳压值为 10～12V。这种型号的某个管子的具体稳压值是这个范围内的某一个确定的数值。

（3）稳压管的技术参数

① 最大稳定电流 I_{ZM}：是稳压管的最大允许工作电流。在使用时，实际电流不得超过该值，一旦超过，稳压管将出现热击穿而损坏。

② 稳定电流 I_Z：指工作电压等于 U_Z 时的稳定工作电流值。

③ 耗散功率 P_{ZM}：反向电流通过稳压管的 PN 结时，会产生一定的功率损耗使 PN 结的结温升高。P_{ZM} 是稳压管正常工作时能够耗散的最大功率。它等于稳压管的最大工作电流与相应工作电压的乘积，即 $P_{ZM}=U_ZI_{ZM}$。如果稳压管工作时消耗的功率超过了这个数值，管子将会损坏。常用的小功率稳压管的 P_{ZM} 一般为几百毫瓦至几瓦。

④ 动态电阻 r_z：指稳压管端电压的变化量与相应电流变化量的比值，即 $r_z = \dfrac{\Delta U_z}{\Delta I_z}$。稳压管的动态电阻越小，反向伏安特性曲线越陡，稳压性能越好。稳压管的动态电阻值一般在几欧至几十欧。

2. 发光二极管

半导体发光二极管（LED）是一种把电能直接转换成光能的固体发光元件，发明于 20世纪 60 年代，在随后的数十年中，其基本用途是作为收录机等电子设备、仪器的指示灯，或是组成文字显示或数字显示器件。

发光二极管与普通二极管一样，是由 PN 结组成的，也具有单向导电性。当给发光二极管加上正向电压后，从 P 区注入 N 区的空穴和由 N 区注入 P区的电子，在 PN 结附近数微米内分别与 N 区的电子和 P 区的空穴复合，产生自发辐射的荧光。砷化镓二极管发红光，磷化镓二极管发绿光或黄光，氮化镓二极管发蓝光。

1-17 发光二极管

半导体发光二极管的电路图形符号与普通二极管相似，只是旁边多了两个箭头，如图 1.25（c）所示。

（a）实物　　　　（b）结构　　　　（c）电路图形符号

图 1.25　发光二极管实物图、结构图及电路图形符号

发光二极管属于功率控制器件，因此正向偏置的导通电压比普通二极管高，至少需要 1.3V 以上，发光二极管的工作电流一般在几毫安至几十毫安。由于发光二极管有发射准单色光、尺寸小、寿命长和价格低廉的特性，因此它除了被广泛用作电子设备的通断指示灯外，还常用于快速光源、光电耦合器中的发光元件、光学仪器的光源和数字电路的数码显示或图形显示的七段式或阵列式器件等领域。

随着近年来发光二极管发光效能的逐步提升，时至今日，它能发出的光已包括可见光、红外线和紫外线，光度也提高到相当的量值。随着技术的不断进步，发光二极管凭借其轻、薄、短、小的特性，借助其封装类型的耐摔、耐振及特殊的发光光形，被广泛地应用于显示器和照明。

有资料显示，近年来开发出的用于照明的新型发光二极管照明灯，又称作 LED 灯，耗能仅为白炽灯的十分之一，是节能灯的四分之一，可连续使用 10 万小时，且寿命比普通白炽灯泡长 100 倍，因此广受用户欢迎。LED 灯还有一个突出特点，就是反应速度快，只要接通电源，LED 灯马上就会点亮，另外，由 LED 灯组成的屏幕或者画面经常千变万化，说明 LED 灯可以进行高速开关工作，频繁开关会直接导致白炽灯灯丝断裂，但 LED 灯不会，

这也是 LED 灯受欢迎的重要原因。LED 灯属于冷光源，不会产生太多的热量，内部也不含汞等重金属材料，这些都体现了 LED 灯环保的特点，当今世界人们对环保的重视程度越来越高，所以更多的人愿意选择环保的 LED 灯。

1-18　光电二极管

3．光电二极管

光电二极管和普通二极管一样，也是由一个 PN 结组成的半导体器件，同样具有单向导电特性。但在电路中光电二极管不是作整流元件，而是把光信号转换成电信号的光电传感器件。

光电二极管的实物及电路图形符号如图 1.26 所示。

普通二极管在反向电压作用时处于截止状态，只能通过极其微弱的反向电流。而光电二极管为了便于接收入射光照，在设计和制作时电极面积尽量做得小一些，PN 结的结面积尽量做得大一些，而且结深较浅，一般小于 1μm。光电二极管正常工作是在反向偏置下的反向截止区，

图 1.26　光电二极管的实物及电路图形符号

光电二极管的管壳上有一个能射入光线的"窗口"，这个"窗口"用有机玻璃透镜封闭，入射光通过透镜正好照射在管芯上。没有光照时，光电二极管的反向电流很小，一般小于 0.1μA，称为暗电流；有光照时，携带能量的光子进入 PN 结后，把能量传给共价键上的束缚电子，使部分价电子获得能量后挣脱共价键的束缚成为电子-空穴对，称为光生载流子，光生载流子形成的光电流可迅速增大到几十微安。光电流的大小与光照强度成正比，光照强度越大，光电流越大，这种特性称为"光电导"。如果在外电路中接上负载，负载上就获得了电信号，而且这个电信号随着光强的变化而相应变化。

光电二极管可将光信号转换成电信号，广泛应用于各种遥控系统、光电开关、光探测器，以及以光电转换的各种自动控制仪器、触发器、光电耦合、编码器、特性识别、过程控制、激光接收等方面。在机电一体化时代，光电二极管已成为必不可少的电子元件。

4．变容二极管

变容二极管是特殊二极管的一种，变容二极管是利用 PN 结之间的结电容可变原理制成的半导体器件，工作在反向截止区。

工程实际中，利用变容二极管的结电容随反偏电压的变化而变化的特点（反偏电压越大，则结电容越小），在反偏高频条件下，变容二极管可取代可变电容使用，通常用于高频技术中的调谐回路、振荡电路、锁相环路，或在电视机高频头的频道转换和调谐电路中作为可变电容使用，正常工作时应反向偏置。变容二极管制造所用材料多为硅或砷化镓单晶，并采用外延工艺技术制成。

1-19　变容二极管

5．激光二极管

激光二极管的基本结构：在发光二极管的结间安置一层具有光活性的半导体，如图 1.27（b）所示。PN 结上面的白色层有经过抛光的里外两个平行端面，外面是高反射端面，里面是部分反射端面；左右两个端面没有抛光而相对粗糙，用以消除主方向外其他方向的激光作用。4 个端面形成一个光谐振腔。

1-20　激光二极管

激光二极管的发光原理：当 PN 结正向偏置时，P 区和 N 区的高能态空穴载流子和自由电子载流子分别向对方跃迁发生自发辐射；自发辐射产生的光子又会激发高能态的粒子向低能态跃迁而产生受激辐射，导致更多的光子被释放；激活物质所发出的受激辐射光

在两个反射端面之间来回反射，不断引起新的受激辐射，使其不断被放大。当受激辐射放大的增益大于光谐振腔内的各种损耗并满足一定的阈值条件时，就可从 PN 结发出具有良好谱线的相干光——激光。

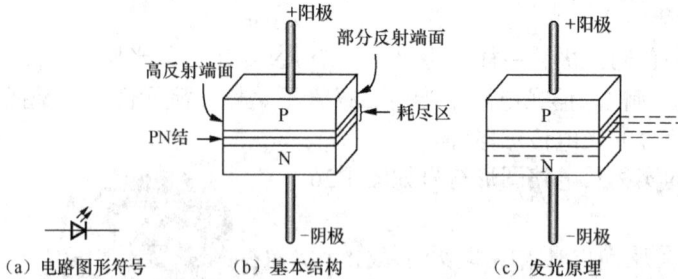

图 1.27　激光二极管的电路图形符号、基本结构与发光原理

激光二极管发出激光的强弱取决于激光二极管输入电流的大小。因为输出光的功率与输入电流之间多为线性关系，所以激光二极管可以采用模拟或数字电流直接调制输出光的强弱，从而省掉昂贵的调制器，使激光二极管的应用更加经济实惠。

激光二极管包括单异质结激光二极管、双异质结激光二极管和量子阱激光二极管。其中量子阱激光二极管具有阈值电流低、输出功率高的优点，是市场应用的主流产品。

激光二极管的应用非常广泛，在计算机的光盘驱动器、激光打印机中的打印头、条形码扫描仪、激光测距、激光医疗、光通信、激光指示等小功率光电设备中得到了广泛的应用，在舞台灯光、激光手术、激光焊接和激光武器等大功率设备中也得到了应用。

思考与练习

1. 二极管的伏安特性曲线上共分几个工作区？试述各工作区的电压、电流关系。

2. 普通二极管进入反向击穿区后是否一定会被烧损？为什么？

3. 反向截止区的电流具有什么特点？为何又称为反向饱和电流？

4. 试判断图 1.28 所示电路中的二极管各处于什么工作状态，设各二极管的导通电压为 0.7V，求输出电压 U_{AO}。

5. 把一个 1.5V 的干电池直接正向连接到二极管的两端，有可能出现什么问题？

6. 理想二极管电路如图 1.29 所示。已知输入电压 $u_i=10\sin\omega t$ V，试画出输出电压 u_o 的波形。

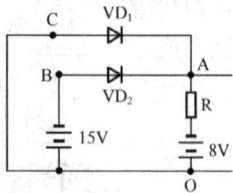

1-21　二极管电路分析法

图 1.28　思考与练习题 4 图

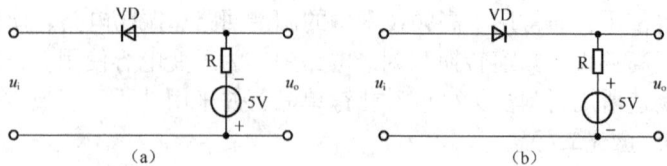

图 1.29　思考与练习题 6 图

任务训练：检测光电二极管

光电二极管的管芯主要用硅材料制作。检测光电二极管的好坏可用以下 3 种方法。

（1）用电阻测量法检测光电二极管

① 将万用表置于欧姆 R×1k 挡位。

② 在没有光照的情况下检测时，将万用表的两个表笔分别与光电二极管的两个电极相

接触，测量电阻。

③ 然后调换两个表笔的位置，再次测量电阻。

如果两次测量的结果分别为 10kΩ 左右和无穷大阻值，那么光电二极管是好的（因为光电二极管的正向电阻应为 10kΩ 左右，反向电阻在无光照时为无穷大）。如果测量光电二极管的反向电阻达不到无穷大，说明该管具有漏电流现象。此时可判断出光电二极管两个电极的正负。

④ 把光电二极管置于变光灯下，改变灯的亮度，分别检测不同亮度下的反向电阻。

可观测到反向电阻值随光照强度的增加而逐渐减小，如果反向电阻在 1kΩ 至几千欧之间变化，则管子是好的；如果反向电阻始终显示无穷大或 0，那么管子是坏的。

（2）用电压测量法检测光电二极管

① 把指针式万用表接在直流 1V 左右的挡位。

② 将红表笔接光电二极管正极，黑表笔接负极，即把光电二极管反向偏置。

③ 将光电二极管放在阳光下或白炽灯下照射，观察万用表的电压读数值，如果电压在 0.2～0.4V 的范围内变化，则光电二极管是好的（电压与光照强度成正比）。

（3）用短路电流测量法检测光电二极管

① 把指针式万用表打在直流 50μA 挡位或 500μA 挡位。

② 将红表笔接光电二极管正极，黑表笔接负极。

③ 将光电二极管放在阳光下或白炽灯下照射，如果观察到万用表的读数值可达数十到数百微安，则说明光电二极管是好的。

1.3　双极型三极管

双极型三极管（Bipolar Junction Transistor，BJT，又称为晶体三极管或晶体管）是组成各种电子线路的核心器件。BJT 的问世使 PN 结的应用发生了质的飞跃。

1-22　BJT 的结构组成

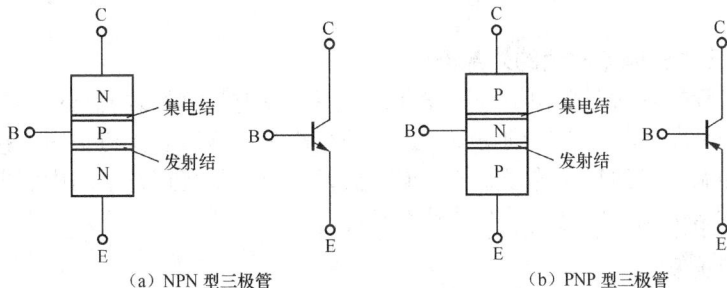

1.3.1　双极型三极管的结构组成

由于双极型三极管工作时多数载流子和少数载流子同时参与导电，因而得名。双极型三极管按照 PN 结的组合方式，可分为 PNP 型和 NPN 型两种，其结构示意图和电路图形符号如图 1.30 所示。

（a）NPN 型三极管　　　　　　　（b）PNP 型三极管

图 1.30　两种双极型三极管的结构示意图和电路图形符号

双极型三极管按频率高低又可分为高频管、低频管；根据功率大小可分为大功率管、中功率管和小功率管；按照材料的不同可分为硅管和锗管；等等。

双极型三极管无论何种类型，其基本结构都包括发射区、基区和集电区。其中发射区和集电区类型相同，或为 P 型或为 N 型，而基区或为 N 型或为 P 型，因此，发射区和基区之间、基区和集电区之间必然各自形成一个 PN 结。由 3 个区分别向外各引出一个铝电极，由发射区引出的铝电极称为发射极，由基区引出的铝电极叫作基极，由集电区引出的铝电极叫作集电极。即一只三极管内部有 3 个区、2 个 PN 结和 3 个外引铝电极。

图 1.30（a）所示为 NPN 型三极管的结构示意图和电路图形符号，图 1.30（b）所示为 PNP 型三极管的结构示意图和电路图形符号。当前国内生产的硅三极管多为 NPN 型（3D 系列），锗三极管多为 PNP 型（3A 系列）。国产管的型号中，每一位都有特定含义。例如，3AX31，第一位 3 代表三极管（2 代表二极管）；第二位代表材料和极性，A 代表 PNP 型锗材料，B 代表 NPN 型锗材料，C 代表 PNP 型硅材料，D 代表 NPN 型硅材料；第三位表示用途，X 代表低频小功率管，D 代表低频大功率管，G 代表高频小功率管，A 代表高频大功率管；型号末尾的数字是产品的序号，序号不同，各种指标略有差异。

注意：二极管和三极管型号的第二位意义基本相同，而第三位含义不同。对于二极管来说，第三位的P代表检波管，W代表稳压管，Z代表整流管。进口三极管又与上述有所不同，需要读者在具体使用过程中注意查阅相关资料。

1.3.2 双极型三极管的电流放大作用

三极管的特性不同于二极管，三极管在模拟电子技术中的基本功能是电流放大。

1-23 BJT 的电流放大作用

1. 双极型三极管内部结构特点

若要让三极管起电流放大作用，把两个 PN 结简单地背靠背连在一起是不行的。因此，首先应在三极管的内部结构上考虑满足电流放大的条件。

制造三极管时，为了有足够的电子供发射，有意识地在三极管内部的发射区（e 区）进行较高浓度的掺杂；而发射出来的电子为了减少其在基区的复合数量，以尽量减小基极电流，需把基区（b 区）的掺杂浓度降至很低且制作得很薄，厚度仅为几到几十微米；为使发射到集电结边缘的电子能够顺利地被集电区收集而形成较大的集电极电流，使集电区的掺杂浓度介于发射区和基区之间，且把集电区体积做得较大。这样形成的结构使得发射区和基区之间的 PN 结（发射结）的结面积较小，集电区和基区之间的 PN 结（集电结）的结面积较大，这种结构特点保证了三极管实现电流放大的关键内部条件。

显然，由于各区内部结构上的差异，双极型三极管的发射极和集电极在使用中是绝不能互换的。

2. 双极型三极管电流放大的外部条件

双极型三极管的发射区面积小且高掺杂，作用是发射足够的载流子；集电区掺杂浓度低且面积大，作用是顺利收集扩散到集电区边缘的载流子；基区制作得很薄且掺杂浓度最低，作用是传输和控制发射到基区的载流子。但双极型三极管要真正在电路中起电流放大作用，还必须遵循发射结正偏、集电结反偏的外部条件。

（1）发射结正偏

发射结正向偏置时，发射区和基区的多子很容易越过发射结互相向对方扩散，但因发射区载流子浓度远大于基区的载流子浓度，因此通过发射结的扩散电流（即发射极电流 I_E）基本上是发射区向基区扩散的多子形成的。

另外，由于基区的掺杂浓度较低且很薄，从发射区注入基区的大量多子，只有极少一部

分与基区中的多子相复合，复合掉的载流子又会由基极电源不断地予以补充，这是形成基极电流 I_B 的原因。

（2）集电结反偏

在基区被复合掉的载流子仅为发射区发射载流子中的极少数，剩余大部分发射载流子由于集电结反偏而无法停留在基区，绝大多数载流子继续向集电结边缘扩散。集电区掺杂浓度虽然低于发射区，但高于基区，且集电结的结面积较发射结大很多，因此这些聚集到集电结边缘的载流子在反向结电场作用下，很容易被收集到集电区，从而形成集电极电流 I_C。双极型三极管内部载流子运动与外部电流的形成如图 1.31 所示。

根据自然界的能量守恒定律及电流的连续性原理，双极型三极管的发射极电流 I_E、基极电流 I_B 和集电极电流 I_C 遵循基尔霍夫电流定律（KCL 定律），即

图 1.31　双极型三极管内部载流子运动与外部电流的形成

$$I_E = I_B + I_C \qquad (1\text{-}1)$$

双极型三极管的集电极电流 I_C 稍小于 I_E，但远大于 I_B，I_C 与 I_B 的比值在一定范围内基本保持不变。基极电流有微小的变化时，集电极电流将发生较大的变化。例如，I_B 由 40μA 增加到 50μA 时，I_C 将从 3.2mA 增大到 4mA，即

$$\beta = \frac{\Delta I_C}{\Delta I_B} = \frac{(4-3.2)\times 10^{-3}}{(50-40)\times 10^{-6}} = 80 \qquad (1\text{-}2)$$

式（1-2）中的 β 值称为三极管的电流放大倍数。不同型号、不同用途的三极管的 β 值相差也较大，多数三极管的 β 值通常在几十至一百多的范围。

综上所述，在双极型三极管中，两种载流子同时参与导电，微小的基极电流 I_B 可以控制较大的集电极电流 I_C，故而把双极型三极管称作电流控制型器件（CCCS）。

由于双极型三极管分为 NPN 型和 PNP 型两种类型，所以在满足发射极正偏、集电极反偏的外部条件时，对于 NPN 型三极管，外部 3 个引出电极的电位必定为：$V_C > V_B > V_E$；对于 PNP 型三极管，3 个外引电极的电位应为：$V_E > V_B > V_C$。

1.3.3　双极型三极管的外部特性

1. 输入特性

在图 1.32 所示的实验电路中，当集电极与发射极之间电压 u_{CE} 为常数时，输入电路中的基极电流 i_B 与发射结端电压 u_{BE} 之间的关系曲线 $i_B = f(u_{BE})$ 称为三极管的输入特性曲线，如图 1.33 所示。

假如实验电路中的三极管是硅管，当 $u_{CE} \geq 1\text{V}$ 时，集电结已处反向偏置，内电场也足够大，且基区又很薄，足以把从发射区扩散到基区的绝大多数载流子拉入集电区。继续增大 u_{CE} 并保持 u_{BE} 不变时，i_B 基本稳定。即 $u_{CE} > 1\text{V}$ 以后的输入特性曲线基本上与 $u_{CE} = 1\text{V}$ 的特性曲线相重合。因此，通常以 $u_{CE} \geq 1\text{V}$ 的这条输入特性曲线（见图 1.33）作为三极管的输入特性。

由图 1.33 可看出，三极管的输入特性与二极管的正向伏安特性相似，也存在一段死区，原因是三极管的输入端是发射结，只有在发射结外加电压大于 PN 结的死区电压时，三极管

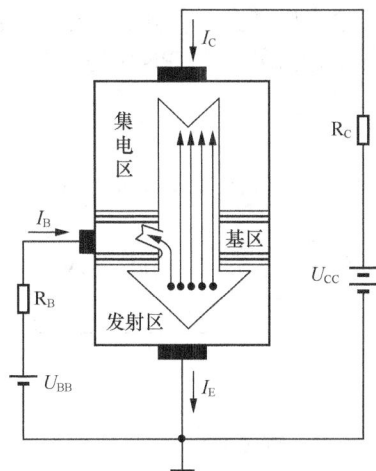

1-24　BJT 的输入特性

才会产生基极小电流 i_B。通常硅管的死区电压约为 0.5V，锗管的死区电压不超过 0.2V。在正常工作情况下，NPN 型硅管的 u_{BE} 典型值为 0.7V，PNP 型锗管的 u_{BE} 典型值为 0.3V。

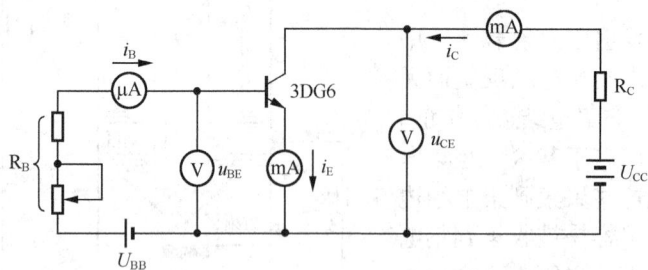

图 1.32　测量三极管特性的实验电路

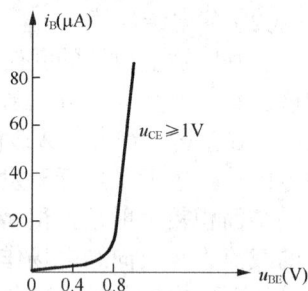

图 1.33　3DG6 三极管的输入特性曲线

2. 输出特性

三极管的基极电流 i_B 为某一常数时，输出回路中集电极电流 i_C 与三极管集电极和发射极之间的电压 u_{CE} 之间的关系特性 $i_C = f(u_{CE})$ 称为输出特性。不同的基极电流 i_B，可得到不同的输出特性，所以三极管的输出特性曲线是一簇曲线。

当 $i_B = 100\mu A$ 时，在 u_{CE} 超过一定的数值（约 1V）以后，从发射区扩散到基区的多数载流子数量大致一定。这些多数载流子的绝大多数被拉入集电区而形成集电极电流，以至于当 u_{CE} 继续增高时，集电极电流 i_C 也不再有明显的增加。集电极电流不随 u_{CE} 的增大而变化的现象，说明集电极电流在三极管电流放大时具有恒流特性。

1-25　BJT 的输出特性

当基极电流 i_B 减小时，如 $i_B = 80\mu A$，$i_B = 60\mu A$，…，$I_B = 20\mu A$ 等情况下，对应的集电极电流 i_C 也随之减小，输出特性曲线依次下移，如图 1.34 所示。

在特性曲线中，i_B 是 μA 级，i_C 是 mA 级，不同的基极电流对应不同的集电极电流，但是集电极电流要比基极电流变化大得多，当基极电流减小到 0 时，集电极电流也基本为 0。即输出特性充分反映了双极型三极管工作于放大状态下的以小控大作用。

观察图 1.34 还可看出，输出特性曲线上划分出了放大、截止和饱和 3 个工作区域。

（1）放大区：输出特性曲线近于平顶部分的是放大区。放大区有两个特点：一是三极管在放大区遵循 $i_C = \beta i_B$，即集电极电流 i_C 的大小主要受基极电流 i_B 的控制。二是随着三极管输出电压 u_{CE}

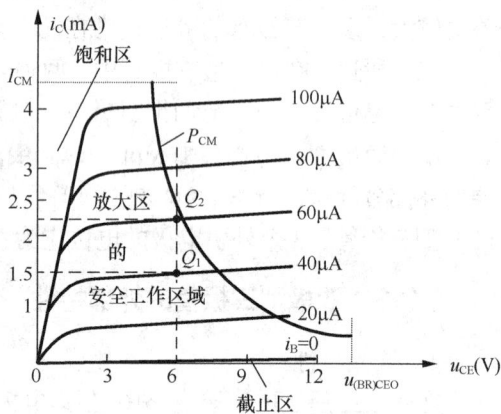

图 1.34　3DG6 三极管的输出特性曲线

的增加，曲线微微上翘。这是因为 u_{CE} 增加时，基区有效宽度变窄，使载流子在基区复合的机会减少，在 i_B 不变的情况下，i_C 将随 u_{CE} 略有增加。三极管工作于放大区的典型外部特征是：发射结正偏，集电结反偏。

（2）截止区：输出特性曲线中 $i_B = 0$ 以下区域称为截止区。在截止区内，NPN 型硅管 $u_{BE} < 0.5V$ 时，开始截止，在工程实际中为了截止可靠，常使 $u_{BE} \leqslant 0$。所以三极管工作在截止区的显著特征是：发射结电压为零或管子反向偏置。

（3）饱和区：输出特性曲线与纵轴之间的区域称为饱和区。在饱和区，因 i_B 的变化对 i_C

的影响较小，所以三极管的放大能力大大下降，两者不再符合以小控大的 β 倍数量关系。

三极管工作在饱和区的显著特点是：发射结和集电结均正偏，饱和区内通常有 $u_{CE}<1V$。

1.3.4　双极型三极管的主要技术参数

为保证三极管的安全及防止其性能变差或烧损，规定了三极管正常工作时电流、电压和功率的极限值，使用时要求不能超过任一极限值。常用的极限参数如下。

1. 集电极最大允许电流 I_{CM}

当集电极电流增大时，三极管的 β 值就要减小。当 $I_C=I_{CM}$ 时，三极管的 β 值通常下降到正常额定值的三分之二。因此把 I_{CM} 称为集电极最大允许电流。显然，当 $I_C>I_{CM}$ 时，说明三极管的电流放大能力下降，但并不意味三极管一定会因过流而损坏。

1-26　BJT 的主要
技术参数

2. 集电极-发射极反向击穿电压 $U_{(BR)CEO}$

三极管基极开路时，集电极与发射极之间的最大允许电压称为集电极-发射极反向击穿电压，简称集射极反向击穿电压。为保证三极管的安全与电路的可靠性，一般取集电极电源电压为

$$U_{CC} \leqslant \left(\frac{1}{2} \sim \frac{2}{3}\right) U_{(BR)CEO} \tag{1-3}$$

3. 集电极最大允许耗散功率 P_{CM}

三极管工作时，管子两端的压降为 U_{CE}，集电极流过的电流为 I_C，管子的耗散功率 $P_C=U_{CE} \times I_C$。因为在使用中，如果温度过高，三极管的性能恶化甚至损坏，所以集电极损耗有一定的限制，规定集电极消耗的最大功率不能超过最大允许耗散功率 P_{CM} 值。如果超过 P_{CM} 值，则三极管一定会因过热而损坏。在图 1.34 所示的输出特性曲线上作出的 P_{CM} 是一条双曲线，P_{CM} 弧线以内的平顶区域才是三极管的安全工作区。P_{CM} 值的大小通常与管子的散热条件有关，增加散热片可提高 P_{CM} 值。

1.3.5　复合三极管

1-27　复合三极管

在一个管壳内装有两个以上的电极系统，且每个电极系统各自独立通过电流，实现各自的功能，这种三极管称为复合三极管（简称复合管，又称为达林顿管），如图 1.35 所示。换言之，复合三极管就是用两只三极管按一定规律组合而成的，它可等效成一只三极管。

由图 1.35 可以看出，复合三极管的组合方式有 4 种：图 1.35（a）所示为 NPN 管加 NPN 管构成的 NPN 型复合三极管；图 1.35（b）所示为 PNP 管加 PNP 管构成的 PNP 型复合三极管；图 1.35（c）所示为 NPN 管加 PNP 管构成的 NPN 型复合三极管；图 1.35（d）所示为 PNP 管加 NPN 管构成的 PNP 型复合三极管。前两种是同极性接法，后两种是异极性接法。显然复合三极管也有 NPN 型和 PNP 型两种，复合三极管的类型与第一只管子相同。

以图 1.35（a）为例说明复合三极管的电流放大能力

$$i_c = i_{c1} + i_{c2} = \beta_1 i_b + \beta_2(1+\beta_1)i_{b1} = (\beta_1 + \beta_2 + \beta_1\beta_2)i_b \tag{1-4}$$

由式（1-4）可以看出，复合三极管的电流放大系数比普通三极管大得多。

由于复合三极管具有很强的电流放大能力，所以用复合三极管构成的放大电路具有更高的输入电阻。鉴于复合三极管的这种特点，它常常被用于音频功率放大电路、电源稳压电路、大电流驱动电路、开关控制电路、电动机调速电路及逆变电路等。

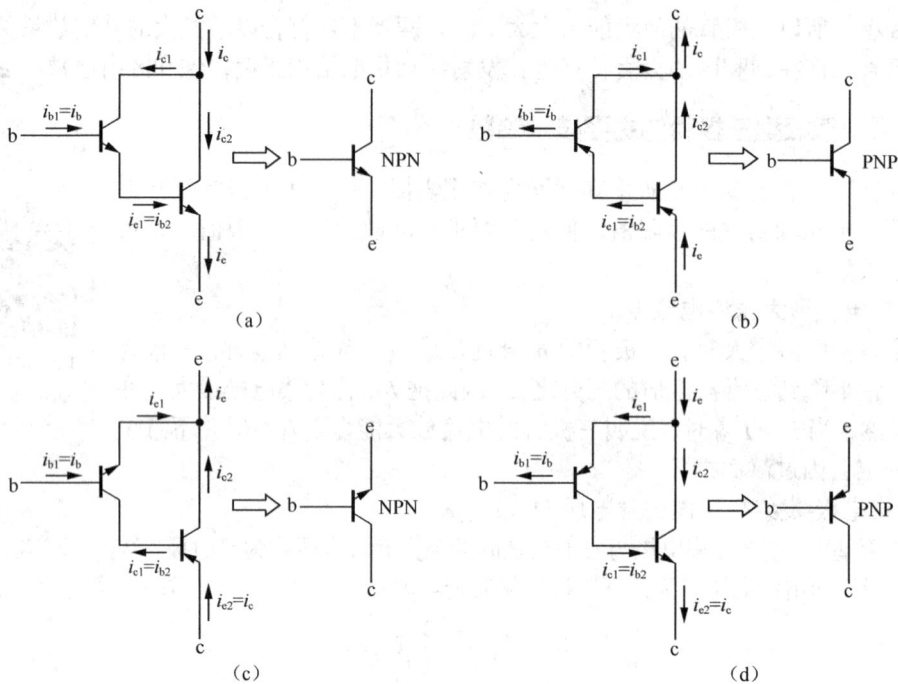

图 1.35　复合三极管

思考与练习

1. 双极型三极管的发射极和集电极是否可以互换使用？为什么？

2. 三极管在输出特性曲线的饱和区工作时，其电流放大系数是否也等于 β？

3. 使用三极管时，只要①集电极电流超过 I_{CM} 值；②耗散功率超过 P_{CM} 值；③集射极电压超过 $U_{(BR)CEO}$ 值，三极管就必然损坏。上述说法哪个是对的？

4. 用万用表测量某些三极管的管压降得到下列几组数据，说明每个管子是 NPN 型还是 PNP 型，是硅管还是锗管，它们各工作在什么区域。

① $U_{BE}=0.7V$，$U_{CE}=0.3V$；

② $U_{BE}=0.7V$，$U_{CE}=4V$；

③ $U_{BE}=0V$，$U_{CE}=4V$；

④ $U_{BE}=-0.2V$，$U_{CE}=-0.3V$；

⑤ $U_{BE}=0V$，$U_{CE}=-4V$。

5. 为什么使用复合三极管？复合三极管和普通三极管相比，有何特点？

学思融合： 科技兴则民族兴，科技强则国家强，核心科技是国之重器。核心技术并不是那么容易引进的，不是一蹴而就的，需要国人不忘初心，砥砺前行。2021 年，我国半导体存储器生产线大规模扩产，并带动全球存储器设备投资。作为未来的电子工程技术人员，我们必须对半导体及其常用器件有初步的了解和认识，为在实际工程中正确使用半导体器件打下基础。

中国科学院院士
——谢希德

任务训练：检测三极管的类型和极性

图 1.36（a）所示为检测用三极管实物，图 1.36（b）所示为检测时用的指针式万用表。

（a）　　　　　　　　（b）

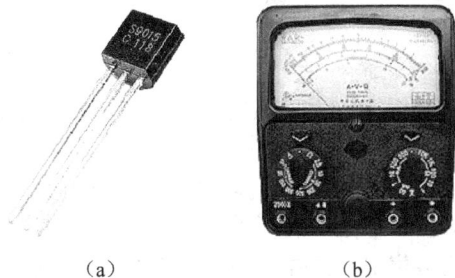

图 1.36　三极管和指针式万用表

（1）判别管子的类型和基极

选用万用表欧姆挡的 R×1k 挡位，红表笔连接万用表内部电池的负极（即接在万用表的"+"端），黑表笔连接万用表内部电池的正极（即接在万用表的"−"端）。先用黑表笔与假设为基极的引脚相接触，红表笔接触另外两个引脚，观察万用表指针偏转情况。如此重复上述步骤测 3 次，其中必有一次万用表指针偏转度都很大（或都很小）的情况，则对应黑表笔（或红表笔）接触的电极就是基极，且管子是 NPN 型（或 PNP 型）。

原理：根据 PN 结的单向导电性能，如果黑表笔接触的恰好为基极，则在红表笔与另外两极相接触时指针必定摆动都很大（或基本不动），此时说明两个 PN 结均处导通（或截止）状态，由于黑表笔与电源正极相连，所以两个 PN 结应是正向偏置（或反向偏置），此时可判断出管子类型为NPN 型（或 PNP 型）。

（2）判别集电极和发射极

选用万用表欧姆挡的 R×1k 挡位，电路连接如图 1.37 所示。让万用表的黑表笔与假设的集电极接触，红表笔与假设的发射极相接触，而用人体电阻代替基极偏置电阻 R_B，另一只手捏住三极管的基极，另一只手与假设的集电极接触（注意两只手不能相

图 1.37　用万用表检测三极管的电路连接

碰），观察万用表的指针偏转情况；接下来调换红、黑表笔，两只手仍然是一只捏住已经测出的基极，另一只与黑表笔连接的电极接触，继续观察万用表指针的偏转情况，其中万用表指针偏转较大的假设电极是正确的。

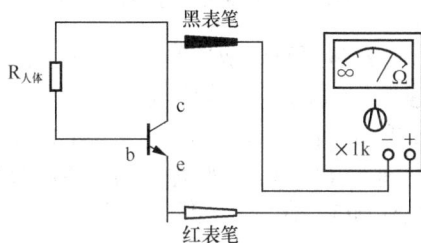

这是利用了三极管的电流放大原理。三极管的集电区和发射区虽然同为 N 型半导体（或P 型半导体），但由于掺杂浓度和结面积不同，使用中不能互换。如果把集电极当作发射极使用，管子的电流放大能力将大大降低。因此，只有三极管发射极和集电极连接正确时的 β 值较大（表针摆动幅度大）；如果假设错误，β 值将小得多（指针偏转较小）。

（3）电流放大系数 β 值的估算

选用欧姆挡的 R×1k 挡位，对 NPN 管，红表笔接发射极，黑表笔接集电极，测量时，观察用手捏住基极和集电极（两极不能接触）和把手放开两种情况下，万用表指针摆动的大小幅度，比较结果可做出判断：指针摆动越大，β 值越高。

1.4　场效应管

场效应管（Field Effect Transistor，FET）也称为单极型晶体管、单极型三极管。场效应

管是一种较新的半导体器件、在集成电路中应用广泛。

1.4.1 场效应管概述

场效应管与双极型三极管相比，无论是内部的导电机理，还是外部的特性曲线，二者都截然不同。场效应管属于一种较为新型的半导体器件，尤为突出的是：场效应管具有高达 $10^7 \sim 10^{15}\Omega$ 的输入电阻，几乎不取用信号源提供的电流，因而具有功耗小、体积小、重量轻、热稳定性好、制造工艺简单且易于集成化等优点。这些优点扩展了场效应管的应用范围，尤其在大规模和超大规模的数字集成电路中得到了更为广泛的应用。

根据结构的不同，场效应管可分为结型场效应管（Junction Field-Effect Transistor，JFET）和绝缘栅型场效应管（Insulated Gate Field-Effect Transistor，IGFET）两大类。其中，JFET 利用半导体内的电场效应控制管子输出电流的大小，IGFET 则利用半导体表面的电场效应来控制漏极输出电流的大小。两种管子都是利用电场效应原理工作的，起到以小控大作用，因此电子技术中常称其为场效应管。

两类场效应管中，绝缘栅型场效应管制造工艺更为简单，更便于集成化，且性能优于结型场效应管，因而在集成电路及其他场合获得了更广泛的应用。本书仅以绝缘栅型场效应管为例，介绍场效应管的结构组成和工作原理。

1.4.2 场效应管的结构组成

绝缘栅型场效应管按其工作状态的不同可分为增强型场效应管（也称增强型 MOS 管）和耗尽型场效应管（也称耗尽型 MOS 管）两种类型，各类都有 N 沟道和 P 沟道之分。图 1.38 所示的场效应管由于其栅极和其他电极之间相互绝缘，因此称其为绝缘栅型场效应管。绝缘栅场效应管采用了金属铝作为引出电极，以二氧化硅（Oxide）作为其绝缘介质，这样的半导体（Semiconductor）器件，习惯上简称为 MOS 管。

1-29 N 沟道增强型场效应管的结构组成

图 1.38（a）所示为 N 沟道增强型 MOS 管结构示意图，它以一块掺杂浓度较低、电阻率较高的 P 型硅半导体薄片作为衬底，并在其表面覆盖一层很薄的二氧化硅绝缘层，再将二氧化硅绝缘层刻出两个窗口，通过扩散工艺在 P 型硅中形成两个高掺杂浓度的 N^+ 区，并用金属铝向外引出两个电极，分别称为漏极 D 和源极 S，然后在半导体表面漏极和源极之间的绝缘层上制作一层金属铝，由此向外引出的电极称为栅极 G，最后在衬底上引出一个电极 B 作为衬底引线，这样就构成了 N 沟道增强型 MOS 管。

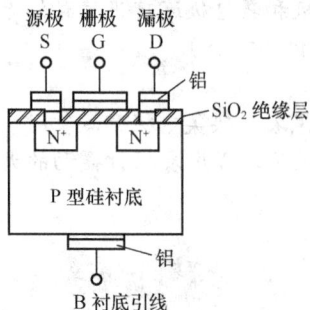

（a）N 沟道 MOS 管结构示意图　　（b）N 沟道增强型 MOS 管的电路图形符号　　（c）N 沟道耗尽型 MOS 管的电路图形符号

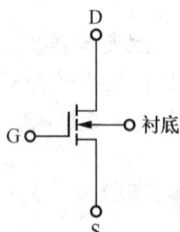

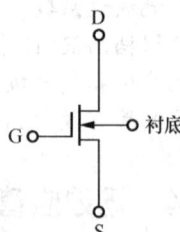

图 1.38　场效应管结构示意图

N 沟道增强型 MOS 管的电路图形符号如图 1.38（b）所示，N 沟道耗尽型 MOS 管的电路图形符号如图 1.38（c）所示。观察电路图形符号可看出：增强型 MOS 管中与衬底箭头相连的是虚线，耗尽型 MOS 管中与衬底箭头相连的是实线；衬底箭头指向向里时为 N 沟道 MOS 管，若衬底箭头指向背离虚线（或实线），则为 P 沟道 MOS 管（结型场效应管的电路图形符号可自行查阅相关资料）。

1.4.3　场效应管的工作原理

以 N 沟道增强型 MOS 管为例，由图 1.39（a）可以看出，MOS 管的源极和衬底是接在一起的（大多数管子在出厂前已连接好），增强型 MOS 管的源区（N^+）、衬底（P 型）和漏区（N^+）三者之间形成了两个背靠背的 PN^+ 结，漏区和源区被 P 型硅衬底隔开。当栅极和源极之间的电压（即栅源电压）U_{GS}=0 时，不管漏极和源极之间的电压（即漏源电压）U_{DS} 极性如何，总有一个 PN^+ 结反向偏置，此时反向电阻很高，不能形成导电沟道；若栅极悬空，即使在漏极和源极之间加上电压 U_{DS}，也不会产生漏极电流 I_D，MOS 管处于截止状态。

1-30　场效应管的工作原理

1. 导电沟道的形成

如果在栅极和源极形成的输入端加入正向电压 U_{GS}，情况就会发生变化，如图 1.39（b）所示。

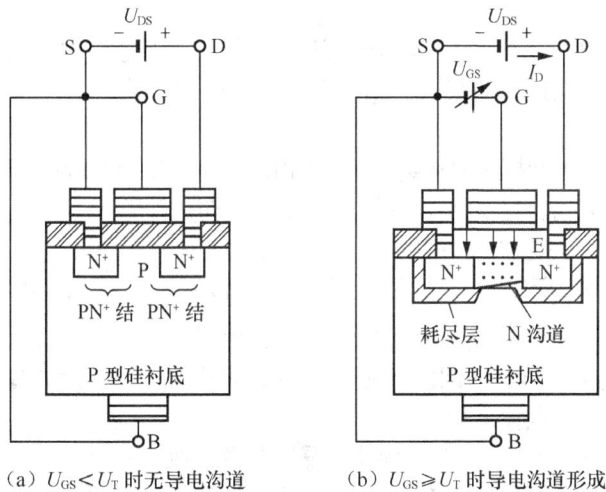

（a）$U_{GS}<U_T$ 时无导电沟道　　（b）$U_{GS}≥U_T$ 时导电沟道形成

图 1.39　N 沟道增强型 MOS 管导电沟道的形成

当 MOS 管的输入电压 $U_{GS}≠0$ 时，栅极铝层和 P 型硅衬底间相当于以二氧化硅（SiO_2）层为介质的平板电容器。由于 U_{GS} 的作用，在介质中产生一个垂直于半导体表面、由栅极指向 P 型硅衬底的电场。因为 SiO_2 绝缘层很薄，即使 U_{GS} 很小，也能让该电场达到 $10^5 \sim 10^6$V/cm 数量级的强度。这个强电场排斥空穴吸引电子，把靠近 SiO_2 绝缘层一侧的 P 型硅衬底中的多子空穴排斥开，留下不能移动的负离子形成耗尽层；若 U_{GS} 继续增大，耗尽层将随之加宽；同时 P 型硅衬底中的少子自由电子载流子受到电场力的吸引向上运动到达表层，除填补空穴形成负离子的耗尽层外，还在 P 型硅衬底表面形成一个 N 型薄层，称为反型层，该反型层将两个 N^+ 区连通，于是，在漏极和源极之间形成了一个 N 型导电沟道。我们把形成导电沟道时的栅源电压 U_{GS} 称为开启电压，用 U_T 表示。

2. 可变电阻区

很明显，在 $0<U_{GS}<U_T$ 的范围内，漏-源极之间的 N 沟道尚未连通，管子处于截止状态，漏极电流 $I_D=0$。若 U_{GS} 一定，且 U_{DS} 从 0 开始增大，当 $U_{GD}=U_{GS}-U_{DS}<U_{GS(off)}$ 时，即在 U_{DS} 很小的情况下，U_{DS} 的变化直接影响整个沟道的电场强度，在此区域内随着 U_{DS} 的增大，I_D 快速增大。当 U_{DS} 继续增大到 $U_{GD}=U_{GS}-U_{DS}=U_{GS(off)}$ 时，导电沟道在漏极一侧出现了夹断点，称为预夹断。对应预夹断状态的漏源电压 U_{DS} 和漏极电流 I_D 称为饱和电压和饱和电流，这种情况下，U_{DS} 的变化直接影响着 I_D 的变化，导电沟道相当于一个受控电阻，阻值的大小与 U_{GS} 相关。U_{GS} 越大，管子的输出电流 I_D 变得越大，r_{ds} 阻值越小。利用管子的这种特性，可把 MOS 管作为一个可变电阻使用。

1-31 场效应管的特性曲线

3. 恒流区

当 $U_{GS}\geq U_T$ 且在漏源间加正向电压 U_{DS} 时，便会产生漏极电流 I_D。当 U_{DS} 使沟道产生预夹断后仍继续增大，夹断区将随之延长，而且 U_{DS} 增大的部分几乎全部用于克服夹断区对 I_D 的阻力。这时从外部看，I_D 几乎不随 U_{DS} 的增大而变化，管子进入恒流区，在恒流区，I_D 的大小仅由 U_{GS} 的大小决定。场效应管用于放大作用时，就工作在此区域。在线性放大区，场效应管的输出大电流 I_D 受输入小电压 U_{GS} 的控制，因此常把 MOS 管称为电压控制型器件。MOS 管工作在放大区的条件应符合 $U_{DS}\geq U_{GS}-U_{GS(off)}$（即 $U_{GD}<U_{GS(off)}$）。

4. 截止区

当 $U_{GD}<U_{GS(off)}$ 时，管子的导电沟道完全夹断，漏极电流 $I_D=0$，场效应管截止；当 $U_{GS}<U_T$ 时，管子导电沟道没有形成，$I_D=0$，管子处于截止状态。

5. 击穿区

随着 U_{DS} 的增大，当漏栅间 PN 结上的反向电压 U_{DG} 增大使 PN 结发生反向雪崩击穿时，I_D 急剧增大，管子进入击穿区，如果不加以限制，就会烧毁管子。

由上述分析可知，因为场效应管导电沟道形成后，只有一种载流子参与导电，所以这种管子称为单极型三极管。单极型三极管中参与导电的载流子是多数载流子，由于多数载流子不受温度变化的影响，因此单极型三极管的热稳定性要比双极型三极管好得多。

如果在制造中将衬底改为 N 型半导体，漏区和源区改为高掺杂的 P^+ 型半导体，即可构成 P 沟道 MOS 管，P 沟道 MOS 管也有增强型和耗尽型之分，其工作原理的分析步骤与上述分析类似。MOS 管的输出特性及分区如图 1.40 所示。

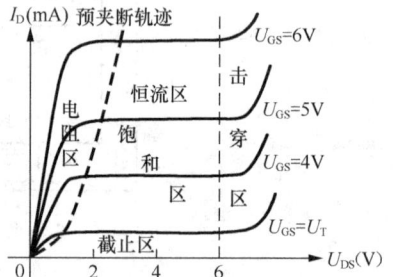
图 1.40 MOS 管的输出特性及分区

1.4.4 场效应管的主要技术参数

1. 开启电压 U_T

开启电压是增强型 MOS 管的参数，栅源电压 U_{GS} 小于 U_T 的绝对值时，MOS 管不能导通。

2. 输入电阻 R_{GS}

场效应管的栅源输入电阻 R_{GS} 的典型值，对于绝缘栅型 MOS 管，R_{GS} 在 $1\sim100M\Omega$。由于高阻态，所以基本可以认为场效应管的输入栅极电流等

1-32 场效应管的主要技术参数

于零。

3. 最大漏极功耗 P_{DM}

最大漏极功耗可由 $P_{DM}=U_{DS} I_D$ 决定，与双极型三极管的 P_{CM} 相当，管子正常使用时不得超过此值，否则将会由于过热而造成管子损坏。

从上述极限参数的分析可知，MOS 管的参数类似于双极型三极管，只是 MOS 管有非常高的输入电阻。另外，双极型三极管的击穿原理是 PN 结击穿，在有限流电阻的情况下，电击穿过程可逆；而 MOS 管的击穿机理是栅极下面的二氧化硅绝缘层被击穿，这种过程是不可逆的。

1.4.5 场效应管的使用注意事项

1-33 场效应管的
使用注意事项

场效应管在使用中需要注意的事项如下。

（1）在 MOS 管中，有的产品将衬底引出（即管子有 4 个引脚），以便用户视电路需要而任意连接。这时 P 型硅衬底一般应接 U_{GS} 的低电位，即保证二氧化硅绝缘层中的电场方向自上而下；N 型硅衬底通常应接高电位，即保证二氧化硅绝缘层中的电场方向自下而上。但在特殊电路中，当源极的电位很高或很低时，为了减轻源衬间电压对管子导电性能的影响，可将源极与衬底连在一起（大多产品出厂时已经把衬底与源极连在一起）。

（2）当衬底和源极未连在一起时，场效应管的漏极和源极可以互换使用，互换后其伏安特性不会发生明显变化。若 MOS 管在出厂时已将源极和衬底连在一起，则管子的源极与漏极就不能再对调使用，这一点在使用时必须加以注意。

（3）场效应管的栅源电压不能接反，但可以在开路状态下保存。为保证其衬底与沟道之间恒为反偏。一般 N 沟道 MOS 管的衬底 B 极应接电路中的最低电位。还要特别注意可能出现栅极感应电压过高而造成绝缘层击穿的问题，因为 MOS 管的输入电阻很高，使得栅极的感应电荷不易泄放，在外界电压影响下，容易导致在栅极中产生很高的感应电压，造成管子击穿事故。所以，MOS 管在不使用时应避免栅极悬空及减少外界感应，储存时，务必将 MOS 管的 3 个电极短接。

（4）当把管子焊到电路中或从电路板上取下时，应先用导线将各电极绕在一起；所用电烙铁必须有外接地线，以屏蔽交流电场，防止损坏管子，特别是焊接 MOS 管时，最好断电后利用其余热焊接。

思考与练习

1. 双极型三极管和 MOS 管的导电机理有什么不同？为什么称双极型三极管为电流控制型器件？为什么称 MOS 管为电压控制型器件？

2. 当 U_{GS} 为何值时，N 沟道增强型 MOS 管导通？当 U_{GD} 等于何值时，漏极电流表现出恒流特性？

3. 双极型三极管和 MOS 管的输入电阻有何不同？

4. MOS 管在不使用时，应注意避免什么问题？否则会出现何种事故？

5. 为什么说 MOS 管的热稳定性比双极型三极管的热稳定性好？

任务训练：检测场效应管的类型和极性

（1）将万用表打在 R×1k 挡位，任选两个电极与红、黑表笔相接触，分别测出它们正、

反方向的电阻值。如果所测两个电极的正、反向电阻值相等，且均为几千欧时，则这两个电极分别是漏极 D 和源极 S（对场效应管而言，漏极和源极结构完全相同且可互换），剩下的电极就是栅极 G。

（2）将万用表的黑表笔（或红表笔）任意接触一个电极，另一表笔依次去接触其余的两个电极，测其电阻值。会有如下几种情况：

若出现两次测得的电阻值近似相等时，则黑表笔所接触的电极为栅极，其余两电极分别为漏极和源极；

若两次测出的电阻值均很大，说明两次测量的均为 PN 结的反向电阻，可以判定是 N 沟道场效应管，且黑表笔接的是栅极；

若两次测出的电阻值均很小，说明测量的是 PN 结正向电阻值，判定为 P 沟道场效应管，黑表笔接的也是栅极。

若不出现上述情况，可以调换黑、红表笔按上述方法继续进行测试，直到判别出栅极为止。

项 目 小 结

1. 半导体的导电能力主要取决于其内部空穴和自由电子这两种载流子数目的多少。提高半导体导电能力最有效的方法是对半导体进行掺杂，根据掺入的杂质不同分为 N 型半导体和 P 型半导体。当 N 型半导体和 P 型半导体结合在一起时，它们的交界面就会形成一个空间电荷区（或称耗尽层），称为 PN 结。PN 结具有单向导电性，是制造半导体器件的技术起始点。

2. 由一个 PN 结经封装并引出两个电极后就构成二极管。二极管的主要部分就是 PN 结，所以具有单向导电性，二极管应用广泛，主要应用有稳压电路、钳位电路、限幅电路、开关电路、滤波电路等。

3. 特殊二极管和普通二极管一样具有单向导电性，同时它们又具有自身的特殊性能。稳压二极管正常工作在齐纳击穿区，利用它在反向击穿状态下的恒压特性构成稳压电路；发光二极管可将电能转换为光能，属于功率型器件，因此正向导通压降较普通二极管高；光电二极管可将光能转换为电能，正常工作时在反向截止区；变容二极管工作时相当于一个可变电容，正常工作在反向截止区；激光二极管用于产生相干的单色光信号。

4. 由两个相互影响的 PN 结构成双极型三极管（BJT），分 NPN 型和 PNP 型两种类型。BJT 具有电流放大作用，是电流控制型器件。BJT 可用输入特性和输出特性表征三极管的性能，其中输出特性用得较多。输出特性上分为 3 个工作区：当发射结正偏、集电结反偏时，BJT 工作在放大区；当发射结和集电结都正偏时，BJT 工作在饱和区；当发射结电压小于死区电压时，BJT 工作在截止区。实际应用中要注意掌握三极管的选用原则。

5. MOS 管按沟道多子的不同可分为 N 沟道和 P 沟道两种类型。MOS 管同样具有电流放大作用，但属于电压控制型器件。MOS 管的输出特性曲线可分为可变电阻区、恒流区、截止区和击穿区。MOS 管在使用时应注意根据主要技术参数合理选用，还需掌握其使用注意事项。

6. 本项目中，要求读者掌握二极管、三极管的检测方法。

技能训练 1：常用电子仪器的使用

一、训练要求

1. 认识和了解电子毫伏表、函数信号发生器及双踪示波器的面板布置。

2. 初步掌握用电子毫伏表和双踪示波器测量交流信号波幅值、周期和频率的方法；学会应用低频信号发生器产生各类信号波的方法。

3. 了解模拟电子电路的实训手段。

二、训练涉及的器材和工具

1. 函数信号发生器简介

函数信号发生器产品类型很多,各实验室所使用的型号也各不相同。函数信号发生器是电子线路的常用仪器。不论什么型号的函数信号发生器,通常都能产生正弦波、方波、三角波、脉冲波和锯齿波等 5 种不同的波形信号。图 1.41 所示为函数信号发生器。

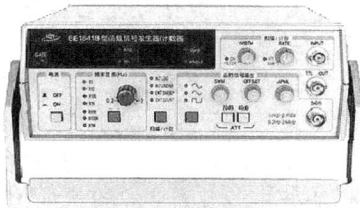

图 1.41　函数信号发生器

函数信号发生器产生的信号频率一般都能在 0.2Hz～1MHz 甚至更高频率的范围内任意调节,型号不同的函数信号发生器频率调节的方法各不相同,应根据各实验室购买产品的说明书进行频率调节。

函数信号发生器输出信号的幅度调节通常在峰-峰值为 10mV～10V(50Ω),20mV～20V(1MΩ)的范围内,一般可以用电子毫伏表连接函数信号发生器的输出数据端子进行测量和调节,电子毫伏表测量的数据为信号的有效值。

总之,函数信号发生器可为电子实验电路提供一个一定波形、一定频率和一定幅度的输入信号。

2. 电子毫伏表简介

图 1.42 所示的电子毫伏表是一种用于测量频率范围较宽广的电子线路电压有效值的仪器。它具有输入阻抗高、灵敏度高和测量频率宽等优点,也是电子线路测量中的常用仪器。

电子线路测量技术中之所以使用电子毫伏表而不用普通电压表,是因为普通电压表只能测量工频交流电,在测量电子线路频率范围很宽的电压有效值时会出现很大的误差,即普通电压表受频率影响。而电子毫伏表在测量频率宽广的电子线路电压有效值时,不受其影响。

电子毫伏表的频率响应通常在 10Hz～1MHz,测量范围在 3mV～300V,精度通常可达到 ±3%。

3. 双踪示波器

双踪示波器是一种便携式常用电子仪器(带宽通常为 20MHz),其产品外形如图 1.43 所示。

双踪示波器不能产生信号,但是它能够合理、准确地显示信号踪迹。双踪示波器可以同时显示实验电路中的输入、输出两个信号波形的踪迹,通过选择周期挡位合理地显示信号的宽度,通过选择幅度挡位可以合理地显示信号的高度,并且从挡位选择上正确读出信号的周期和幅度。

图 1.42　电子毫伏表

图 1.43　双踪示波器产品图

三、训练内容及步骤

1. 认识实验台的布置及函数信号发生器、双踪示波器、电子毫伏表等常用电子仪器，熟悉其面板布置。

2. 将函数信号发生器与电源连通。根据产品说明书按实验要求调出一定波形、一定频率、一定幅度的信号波。

3. 把电子毫伏表与电源相连接。选择合适的挡位，对函数信号发生器产生的信号波进行测量，调节函数信号发生器，直到使信号幅度满足实验要求的信号有效值为止。

4. 将双踪示波器与实验台电源相接通，把示波器探针与示波器内置电源引出端相连，观察屏幕上内置电源的波形（方波），屏幕上横向方格指示的为波形的周期，内置电源周期为 1ms；屏幕上纵向方格指示的为内置电源电压的幅度值，内置电源电压的峰-峰值为 2V。如屏幕上方波的波形显示与内置电源的相等，则示波器可以正常测试使用。如指示值与实际值有差别，应请指导教师帮助查找原因。

5. 按照信号的频率选择合适的周期挡位，按照信号的有效值选择合适的幅度挡位，让双踪示波器的某一踪与信号接通，观察示波器中显示的信号踪迹，并根据挡位读出信号的周期和幅度。

6. 调节函数信号发生器产生波形的输出频率时，应以频率显示数码管的显示数值为基本依据，分别调节出表 1-1 中要求的频率值。

7. 分析实验数据的合理性，如果没有问题可以让指导教师审阅，合格后实验结束，断开电源，拆卸连接导线，将设备复位。

8. 实训根据表 1-1 进行。（函数信号发生器实训中统一产生正弦波）

表 1-1　　　　　　　　　常用电子仪器使用的测量数据

电子毫伏表读出的电压	0.5V	2.0V	100mV
函数信号发生器产生的信号频率	500Hz	1000Hz	1500Hz
双踪示波器 "VOLT/div" 挡位值×峰-峰波形格数			
电压峰-峰值 U_{P-P}（V）			
根据双踪示波器的显示计算出的波形有效值（V）			
双踪示波器 "TIME/div" 挡位值×周期格数			
信号周期 T（ms）			
信号频率 $f=1/T$（Hz）			

四、训练思考题

1. 电子实验中为什么要用电子毫伏表来测量电子电路中的电压？为什么不能用万用表的电压挡或交流电压表来测量？

2. 用双踪示波器观察波形时，要满足下列要求，应调节哪些旋钮？

要求：移动波形位置，改变周期格数，改变显示幅度，测量直流电压。

五、实训报告

根据实训过程完成实训报告。

技能训练 2：认识 Multisim 8.0 仿真软件

利用计算机仿真软件在虚拟环境下"通电"工作，并用各种虚拟仪器进行测量，对电路进行分析的方法称为电路仿真。电路仿真技术可以实现电路原理图的输入、实际电路的仿真分析以及印制电路板制作的高度自动化，大大提高了电子设计人员的工作效率，因此，电路仿真技术是电子工程技术人员必须学习和掌握的。

电子仿真软件 Multisim 8.0 比较成熟和稳定，功能相当强大，具有 17 台虚拟仪器仪表和一个实时测量探针，基本能够进行各种电子电路的分析和仿真实验，是众多电子仿真软件中的佼佼者，也是加拿大 IIT 公司在开拓电子仿真软件领域中的一个里程碑。

一、Multisim 8.0 操作界面的组成及特点

1. Multisim 8.0 操作界面的组成

Multisim 8.0 与其他应用程序一样，有一个标准的操作界面，主要由主菜单栏、系统工具栏、设计工具栏、主元件库、虚拟电路工作窗口、仿真开关、虚拟仪器库及使用元件型号清单 8 个基本部分组成，如图 1.44 所示。

1-34　认识 Multisim 8.0

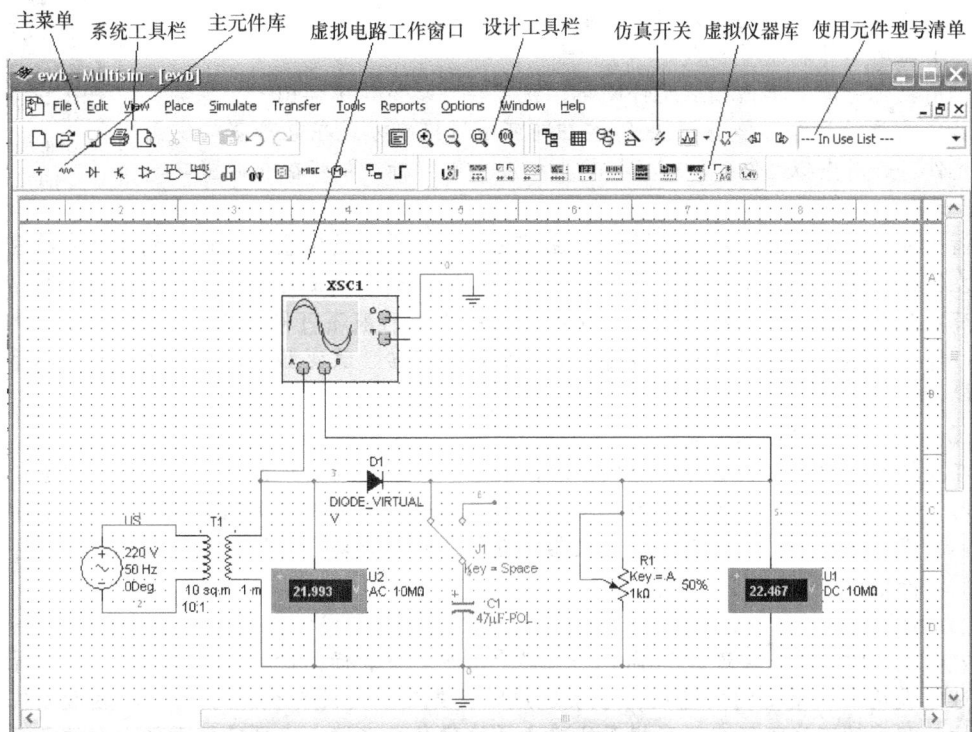

图 1.44　Multisim 8.0 操作界面

显然，Multisim 8.0 主界面是以图形为主，采用菜单、工具栏和热键相结合的方式，具有一般 Windows 应用软件的界面风格。用户可以根据自己的习惯和熟悉程度，通过对各部分的操作实现对电路图的输入、编辑，并根据需要对电路进行相应的观测和分析。此外，用户还可以通过菜单或工具栏改变主窗口的视图内容。

2. Multisim 8.0 的特点

① 在 Multisim 8.0 中可以构建仿真电路，并且根据构建电路的需求直接调出各种元件及测量仪器。

② 在 Multisim 8.0 中可以设计仿真电路环境，实现快速连线。

③ 所有的虚拟信号都可以通过计算机输出到实际的硬件电路上。

④ 所有硬件电路产生的结果都可以再反馈到计算机中进行处理和分析。

3. Multisim 8.0 可完成的仿真

① 应用 Multisim 8.0 可对器件进行建模及仿真。其中模拟器件包括二极管、三极管、功率管等；数字器件包括 74 系列、CMOS 系列集成电路等。

② 应用 Multisim 8.0 可进行电路的构建及仿真，包括单元电路、功能电路的构建及相应软件调试的仿真。

③ 应用 Multisim 8.0 可进行虚拟仪表仪器的仿真，各种虚拟仪表仪器的基本功能与工程实际中的同类仪器仪表原理相同，在计算机仿真环境和实际环境中进行使用精确度相当高。Multisim 8.0 就是一种"把实验室装进计算机中"的应用软件。

二、应用 Multisim 8.0 建立电路和仿真

1. 建立电路

建立电路有两种方法，一是用主菜单中的放置元件（Place）命令方式，二是用快捷方式，通常选用第二种方法。

（1）调用元件和设置参数

若用主元件库，单击相应元件图标，就可在电路窗口中弹出一个菜单，选择其中需要的元件，单击"OK"按钮即可通过拖曳方式在电路窗口建立一个元件。若用虚拟元件库，可直接单击相应元件图标，即可在电路窗口建立一个元件。

1-35　电路的建立和仿真

调出及建立元件后，用鼠标左键按住可拖曳元件至合适位置，元件上的参数字符也可用鼠标左键按住拖曳至任意位置。若要显示元件参数，则可双击元件，弹出一个参数对话框，用户可以在对话框中修改元件参数（实际元件的参数一般不可修改）。若用鼠标右键单击元件图，即可显示一个可以对元件进行复制、剪切、旋转、改变颜色、改变字形尺寸以及编辑符号的对话框。

（2）调用虚拟仪器及设置

在虚拟仪器库中单击所需仪器按钮后，就可以拖曳该仪器至操作窗口合适的位置。双击该仪器，会出现一个仪器的面板图，在仪器面板图上用户可以选择测量项目和设置量程等。右键单击仪器图，则显示一个可以对仪器图进行复制、剪切、旋转、改变颜色、改变字形和尺寸的对话框。

（3）连线

自动连线时，单击要连线的其中一个端子，然后将鼠标指针移至连线的另一个端子，单击即可完成两个端子之间的连线；手动连线时，先单击连线中的一个端子，然后按住鼠标左键按照需要的连线路径走，在拐弯处单击并按住鼠标左键，直到连接至另一个端子后单击鼠标左键结束。用鼠标右键双击连线，弹出一个对话框，如图 1.45 所示。

在此对话框中可以设置和修改连线的编号。右键单击连线，在弹出的菜单中可以对连线进行删除或者改变连线颜色。

2. 电路仿真的方法

进行电路仿真时，单击窗口界面上方的仿真开关，然后双击仪器，就可以显示仪器面板图，从仪器面板图上可以观察动态波形或读数。在仿真运行时电路参数不可改变，若需改变电路参数，可再单击一次仿真开关停止仿真，之后再对参数进行修改。

Multisim 8.0 提供的分析方法有 15 种，单击设计工具栏中的分析方法图标，即可显示分析方法菜单，如图 1.46 所示。

在电路仿真中，读者可根据需要自行选择菜单中的分析方法。

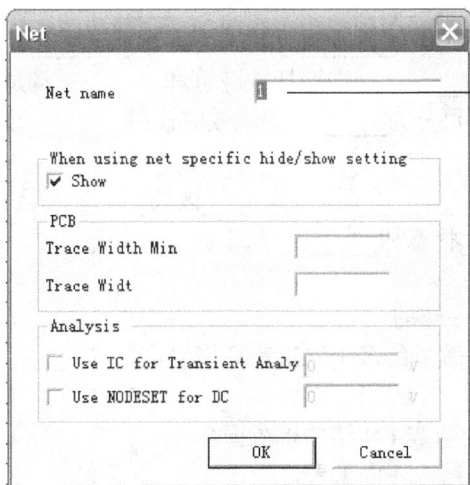

图 1.45　设置和改变连线编号对话框

DC Operating Point	直流工作点分析
AC Analysis	交流分析
Transient Analysis	瞬态分析
Fourier Analysis	傅里叶分析
Noise Analysis	噪声分析
Distortion Analysis	失真分析
DC Sweep	直流扫描分析
Sensitivity	灵敏度分析
Parameter Sweep	参数扫描分析
Temperature Sweep	温度扫描分析
Pole Zero	零极点分析
Transfer Function	转移函数分析
Worst Case	最坏情况分析
Monte Carlo	蒙特卡罗分析
Trace Width Analysis	轨迹宽度分析
Stop Analysis	

图 1.46　分析方法菜单

能力检测题

一、填空题

1. 半导体之所以受到人们的青睐，是因为它具有＿＿＿＿＿＿性、＿＿＿＿＿＿性和＿＿＿＿＿＿性的独特性能。

2. 具有共价键结构的单晶体称为＿＿＿＿＿＿半导体；这种半导体受到热激发时，产生自由电子载流子的现象称为本征＿＿＿＿＿＿，产生空穴载流子的现象称为本征＿＿＿＿＿＿。

3. 掺入五价杂质元素的单晶体，形成＿＿＿＿＿＿型半导体，其多子是＿＿＿＿＿＿载流子，少子是＿＿＿＿＿＿载流子，不能移动的离子带＿＿＿＿＿＿电；掺入三价杂质元素的单晶体，形成＿＿＿＿＿＿型半导体，其多子是＿＿＿＿＿＿载流子，少子是＿＿＿＿＿＿载流子，不能移动的离子带＿＿＿＿＿＿电。

4. P 区和 N 区交界处形成的内电场称作＿＿＿＿＿＿结，具有＿＿＿＿＿＿导电性。内电场发生的电击穿包括＿＿＿＿＿＿击穿和＿＿＿＿＿＿击穿两种，电击穿具有＿＿＿＿＿＿性。

5. 二极管的伏安特性曲线分为＿＿＿＿＿＿区、＿＿＿＿＿＿区、＿＿＿＿＿＿区和＿＿＿＿＿＿区 4 个工作区。

6. 二极管的核心部分就是＿＿＿＿＿＿。当二极管正向偏置时，对扩散电流呈现的电阻很＿＿＿＿＿＿；当二极管反向偏置时，对扩散电流呈现的电阻很＿＿＿＿＿＿。因此二极管具有＿＿＿＿＿＿性。

7. 稳压管正常工作在＿＿＿＿＿＿区，光电二极管正常工作在＿＿＿＿＿＿区，发光二极管正常工作在＿＿＿＿＿＿区，变容二极管正常工作在＿＿＿＿＿＿区。

8. 因稳压管电路的正偏电源电压总是大于稳压管的稳定电压值，所以必须在稳压管电路中串接＿＿＿＿＿＿，以防止稳压管由于过流而损坏。

9. 发光二极管是功率型器件，因此其导通压降至少要大于＿＿＿＿＿＿V。

10. 双极型三极管（BJT）是以＿＿＿＿＿＿极小电流控制＿＿＿＿＿＿极大电流的＿＿＿＿＿＿控制型器件。

11. BJT 基极和发射极之间的电压 u_{BE} 随基极电流 i_B 变化的关系称为它的＿＿＿＿＿＿特性；BJT 集电极和发射极之间电压的 u_{CE} 随集电极电流 i_C 变化的关系称为它的＿＿＿＿＿＿特性。

12. BJT 的输出特性曲线可分为_____区、_____区和_____区 3 个工作区。

13. BJT 若要工作在放大状态，需满足的外部条件是_____结正偏，_____结反偏。

14. 场效应管（单极型三极管）根据结构的不同，可分为_____型场效应管和_____型场效应管，根据导电沟道掺杂类型的不同，又可分为_____沟道场效应管和_____沟道场效应管；绝缘栅型场效应管根据工作方式的不同，还可分为_____型场效应管和_____型场效应管。

15. 场效应管无论类型如何，均有 3 个工作区：_____区、_____区和_____区；场效应管的主要工作状态有_____状态、_____状态和_____状态。

二、判断正误题

1. 半导体的导电机理和金属导体的导电机理是一样的。（　　）

2. 本征半导体受到热激发而产生的电子-空穴对数量的多少取决于环境温度。（　　）

3. 杂质半导体中多子的数量取决于环境温度。（　　）

4. PN 结如果发生雪崩击穿或是齐纳击穿，都会造成 PN 结的永久损坏。（　　）

5. 当 PN 结的内电场和外电场方向相同时，PN 结为正向偏置。（　　）

6. 二极管只要处于正向偏置，就一定会导通。（　　）

7. 变容二极管工作时起可变电容的作用，其电容量的多少正比于电源电压。（　　）

8. 发光二极管正常工作在正向导通区，其正向导通电压必须大于 0.7V。（　　）

9. 光电二极管正常工作对应正向偏置，其光电流的大小正比于光照强度。（　　）

10. 采用复合三极管的目的，实质上就是为了进一步增大管子的电流放大能力。（　　）

11. 场效应管输出特性的坐标原点至预夹断的一段区域称为可变电阻区。（　　）

12. 一个场效应管正常工作时，两种载流子同时参与导电。（　　）

三、单项选择题

1. 本征半导体中掺入五价杂质元素后，形成 N 型半导体，其定域离子（　　）。
   A. 带正电　　　　B. 带负电　　　　C. 不带电　　　　D. 无法判断

2. 在掺杂半导体中，少子的浓度主要取决于（　　）。
   A. 温度　　　　B. 晶体缺陷　　　　C. 掺杂浓度　　　　D. 半导体工艺

3. 在掺杂半导体中，多子的浓度主要取决于（　　）。
   A. 温度　　　　B. 晶体缺陷　　　　C. 掺杂浓度　　　　D. 半导体工艺

4. 当 PN 结外加正向电压时，扩散电流（　　）漂移电流。
   A. 大于　　　　B. 小于　　　　C. 等于　　　　D. 无法判断

5. 当环境温度升高后，二极管的反向电流（　　）。
   A. 增大　　　　B. 减小　　　　C. 保持不变　　　　D. 无法判断

6. 稳压管正常工作是在（　　）。
   A. 死区　　　　B. 正向导通区　　　　C. 反向截止区　　　　D. 反向击穿区

7. 理想二极管的正向电阻值约为（　　）。
   A. 100Ω　　　　B. 200Ω　　　　C. 0Ω　　　　D. ∞

8. 场效应管栅源之间的电阻比晶体管基射极之间的电阻（　　）。
   A. 大得多　　　　B. 小得多　　　　C. 差不多　　　　D. 无法比较

9. 用于放大时，场效应管工作在特性曲线的（　　）。
   A. 可变电阻区　　　　B. 恒流区　　　　C. 截止区　　　　D. 击穿区

10. 场效应管正常工作时，只有（　　）参与导电。

    A. 少子
                  B. 多子

    C. 自由电子载流子
         D. 空穴载流子

11. 某场效应管的开启电压 $U_T=2V$，则该管是（　　）。

    A. N 沟道增强型 MOS 管
        B. P 沟道增强型 MOS 管

    C. N 沟道耗尽型 MOS 管
        D. P 沟道耗尽型 MOS 管

12. P 沟道增强型场效应管中参加导电的载流子是（　　）。

    A. 自由电子和空穴
        B. 自由电子

    C. 空穴
              D. 前 3 种都不是

13. N 沟道耗尽型场效应管中参加导电的载流子是（　　）。

    A. 自由电子和空穴
        B. 自由电子

    C. 空穴
              D. 前 3 种都不是

四、简答题

1. 何谓本征半导体？什么是电子-空穴对？

2. 电子-空穴对产生的原因是什么？其数量的多少取决于什么？

3. 多子产生的原因是什么？其数量的多少取决于什么？

4. 硅二极管和锗二极管的导通压降相同吗？分别是多少？

5. 二极管中的反向电流为什么又称为反向饱和电流？

6. 什么是导电的原因？什么是形成电场的原因？

五、分析计算题

1. 图 1.47 所示的电路中，二极管按理想二极管处理。

① 已知图 1.47（a）、（b）两电路中的输入 $u_i=10\sin314tV$，试在输入波形的基础上画出输出 u_o 的波形；

② 判断图 1.47（c）、（d）两电路中二极管是导通还是截止，并计算电压 U_{AB}，设两图中二极管均为硅管，导通压降为 0.7V。

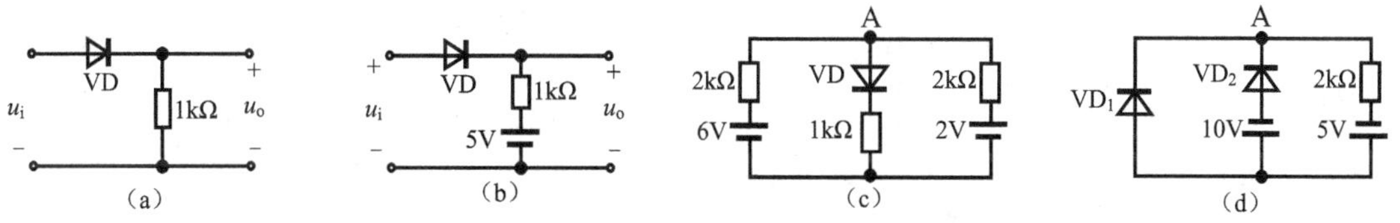

图 1.47　分析计算题 1 电路

2. 测得放大状态下的双极型三极管各电极对地电位为：A 管，$V_X=12V$，$V_Y=11.7V$，$V_Z=6V$；B 管，$V_X=-5.2V$，$V_Y=-1V$，$V_Z=-5.5V$。确定两管的电极以及类型。

3. 工作在放大状态中的双极型三极管两个电极的电流如图 1.48 所示，求另一个电极的电流，并在图上标出实际方向；判断管子的 3 个电极并标在图中，画出双极型三极管的符号。

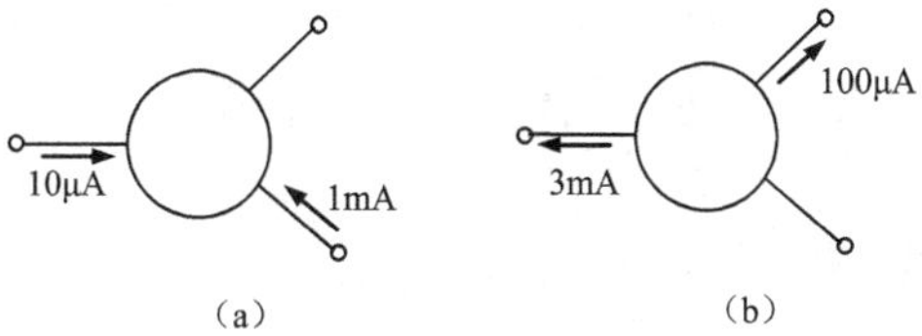

图 1.48　分析计算题 3 图

4. 测得放大状态下双极型三极管的 3 个电极对地电位数值分别如下，试判断它们是硅管还是锗管，是 NPN 型还是 PNP 型，并确定 3 个电极。

（1）V_1=2.5V，V_2=6V，V_3=1.8V。

（2）V_1=-6V，V_2=-3V，V_3=-2.7V。

（3）V_1=-1.7V，V_2=-2V，V_3=0V。

（4）V_1=-7V，V_2=-2V，V_3=-2.3V。

（5）V_1=0.7V，V_2=0V，V_3=5V。

（6）V_1=-1.3V，V_2=-10V，V_3=-2V。

5. 如果在电路中测得双极型三极管的 3 个电极对地电位如图 1.49 所示，试判断管子类型。

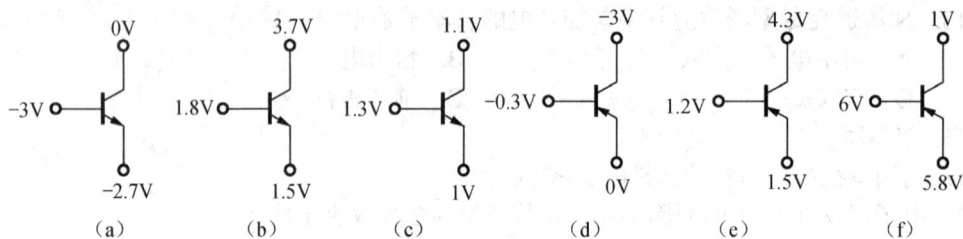

图 1.49 分析计算题 5 电路

项目二 小信号放大电路

小信号放大电路可分为低频和高频两种。高频小信号放大电路主要用在频段较高的领域，如接收天线；低频小信号放大电路主要用在频段相对较低的领域，如音响电路。本项目主要介绍低频小信号放大电路。

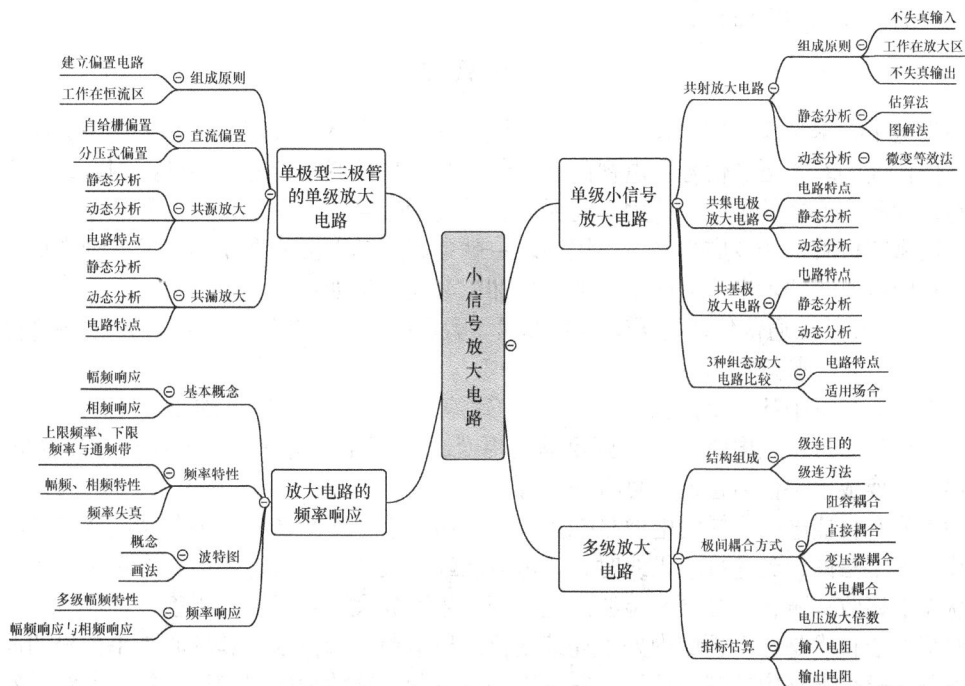

学 习 目 标

知识目标

1. 了解并掌握放大电路的概念和实质。

2. 了解单级放大电路的组态，理解单级放大电路的组成及工作原理。

3. 了解静态和动态的概念，理解静态分析中的图解法，掌握静态分析的估算法和动态分析的微变等效法。

4. 理解双极型三极管 3 种组态放大电路的特点及适用场合。

5. 正确理解单极型三极管放大电路的工作原理，熟练掌握其输出特性，正确理解 MOS 管和双极型三极管的异同点。

6. 了解多级放大电路的结构组成，熟悉多级放大电路的级间耦合方式，掌握多级放大电路放大倍数的估算。

7. 了解放大电路的频率特性。

📚 能力目标

1. 具有应用常用电子仪器检测和调试放大电路静态工作点的能力。
2. 具有正确判断三极管工作状态的能力。
3. 具有用示波器观察信号波形，判断信号截止失真、饱和失真波形的能力，并掌握消除失真的能力。

📚 素质目标

提升"励志、成才、爱国、报国"的政治素养，培养研究求实的科学态度与不畏困难、刻苦钻研的责任感和使命感。

项 目 导 入

模拟电子技术是现代信息技术的基础。模拟信号是自然界最基本的信号之一，如通信和移动通信传播的基本语音信号、电视的视频信号和音响的音频信号、各种控制系统工作时需要传感器检测和变换的温度、压力、光照强度等物理信号，均属于模拟信号的范畴。

双极型三极管、场效应管的主要用途之一就是利用其电流放大作用组成各种类型的放大电路，从而将电子技术中传输的微弱电信号加以放大。例如：

（1）通信和移动通信传播的语音信号都属于微弱电信号，如果对这些信号不加调制和"放大"，根本传输不到远距离处；

（2）工业测量中从温度传感器、压力传感器等接收到的电信号也都非常微弱，只有将这些微弱的信号通过放大电路"放大"到足够的幅度，才能进行测量或是用模拟数字转换器（A/D转换器）转换成数字信号送入计算机中处理；

（3）收音机或电视广播的电波是把播音员的声音信号或图像信号加载到高频信号载波上由天线发射出去的，到达接收天线时，其电波已经大大减弱，而且大多含有噪声，为了在良好的状态下接收信号，也必须在检波前把高频信号"放大"到足够的强度。

模拟电子技术是在电领域中处理连续变化的模拟信号的技术，其核心就是信号的放大。放大电路是模拟电路中的基本单元，它可以构成各种复杂放大电路和线性集成电路。例如，日常生活中使用的收音机、电视机、精密的测量仪器或复杂的自动控制系统，都需要将天线接收到的或是从传感器得到的微弱电信号加以放大，以便推动扬声器或测量装置的执行机构工作。因此这些电子设备中都包含各种各样的放大电路。

本项目介绍的低频小信号放大电路在实际工程技术中的应用十分广泛，学习和掌握放大电路，对电子工程技术人员而言十分必要。

知 识 链 接

2.1 单级小信号放大电路

单级小信号放大电路一般指工作频率在 20Hz～20kHz、电压与电流较小、仅含有一个三极管（本节中的三极管指双极型三极管，单极型三极管的单级放大电路在 2.2 节介绍）的放大电路。本书后续的表述中，将单级小信号放大电路简称为单级放大电路。

2.1.1　单级放大电路的基本组态

单级放大电路的功能是利用三极管的控制作用，把输入的微弱电信号不失真地放大到所需的数值，将直流电源的能量部分地转换为按输入信号规律变化且有较大能量的输出信号。因此，放大电路实质上就是一种用较小的能量控制较大能量的能量转换装置。

电子技术中以三极管为核心元件，利用三极管的以小控大作用，可组成各种形式的放大电路。其中基本放大电路共有 3 种组态：共发射极（简称共射）放大电路、共集电极放大电路和共基极放大电路，如图 2.1 所示。

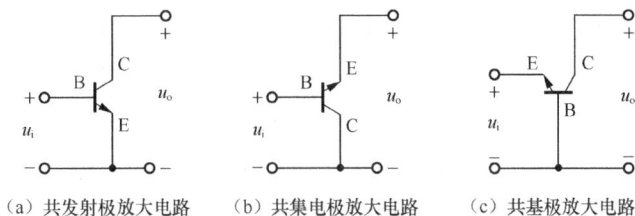

（a）共发射极放大电路　　（b）共集电极放大电路　　（c）共基极放大电路

图 2.1　基本放大电路的 3 种组态

无论何种组态的放大电路，构成电路的主要目的都是相同的：让输入的微弱小信号通过放大电路后，输出时其信号幅度显著增强。

2.1.2　共射放大电路

共射放大电路对输入的信号电压具有放大和倒相作用。

1. 共射放大电路的组成原则

共射放大电路的组成原则如下。

（1）放大电路必须设置直流电源，以保证放大电路的核心元件三极管发射结正偏，集电结反偏，工作在线性放大区。

（2）输入回路的设置应使输入信号尽量不衰减地耦合到三极管的输入电极，并形成变化的基极小电流 i_B，进而产生三极管的电流控制关系，转变成集电极大电流 i_C 的变化。

（3）输出回路的设置应保证三极管放大后的电流信号能够转换成负载需要的电压形式。

（4）信号通过放大电路时不允许出现失真。

需要理解的是：输入的微弱小信号通过放大电路，输出时幅度得到较大增强，并非来自三极管自身的电流放大能力，其能量来自放大电路中的直流电源。三极管只是在放大的过程中起到了对直流电源提供的能量的控制作用，使之转换成放大的信号能量，并传递给负载。

2. 共射放大电路各部分的功能

图 2.2（a）所示为双电源的固定偏置共射放大电路，电路中各元件的作用如下。

（1）三极管 VT

三极管是放大电路的核心元件。它利用其基极小电流控制集电极较大电流的作用，使输

2-1　共射放大电路的组成原则

2-2　共射放大电路各部分的功能

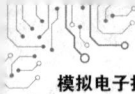

入的微弱电信号通过直流电源 U_{CC} 提供的能量，获得一个能量较强的输出电信号。

（2）集电极电源 V_{CC}

在实际应用中，通常采用图 2.2（b）所示的单电源的固定偏置共射放大电路，在这个电路图中，直流电源常用 V_{CC} 表示，V_{CC} 的作用有两个：一是为放大电路提供能量，二是保证三极管的发射结正偏，集电结反偏。交流信号下的 V_{CC} 呈交流接地状态，V_{CC} 的数值一般为几伏至几十伏。

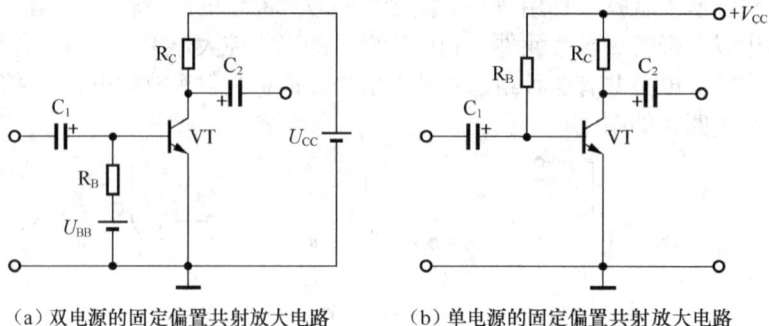

（a）双电源的固定偏置共射放大电路　　　（b）单电源的固定偏置共射放大电路

图 2.2　双电源和单电源的固定偏置共射放大电路

（3）集电极电阻 R_C

R_C 的阻值一般为几千欧到几十千欧。其作用是将集电极的电流变化转换成三极管集电极与发射极之间的电压变化，以满足放大电路所接负载对放大电压的要求。

（4）固定偏置电阻 R_B

放大电路的直流电源 V_{CC} 通过 R_B 可产生一个直流量 I_B，作为输入小信号 i_b 的载体，使 i_b 能够不失真地通过三极管进行放大和传输。R_B 的阻值一般为几十千欧至几百千欧，主要作用是保证三极管的发射结正偏。

（5）耦合电容 C_1 和 C_2

C_1 和 C_2 在电路中的作用是通交隔直。电容器的容抗 X_C 与频率 f 成反比关系，因此在直流情况下，电容相当于开路，使放大电路与信号源、负载之间可靠隔离；在电容量足够大的情况下，耦合电容对规定频率范围内的交流输入信号呈现的容抗极小，可近似视为短路，从而让交流信号无衰减地通过。在实际应用中，C_1 和 C_2 均选择容量较大、体积较小的电解电容器，其容量一般为几微法至几十微法。放大电路连接电解电容器时，应注意电解电容器的极性不能接错。

（6）公共端和电源

放大电路中的公共端用"⊥"标出，作为电路的参考点。按电子电路的习惯画法，$+V_{CC}$ 表示电源正极的电位。

3. 共射放大电路的工作原理

共射放大电路内部实际上是一个交、直流共存的电路，直流分量反映的是直流通道的情况，交流分量反映的是交流通路的情况。

（1）规定

放大电路中各电压、电流的直流分量及其注脚均采用大写英文字母表示；交流分量及其注脚均采用小写英文字母表示；交直流叠加量用英文小写字母，注脚则采用大写英文字母。例如，基极电流的直流分量用 I_B 表示；交流分量用 i_b 表示；交直流叠加量用 i_B 表示，如图 2.3 所示。

2-3　共射放大电路的工作原理

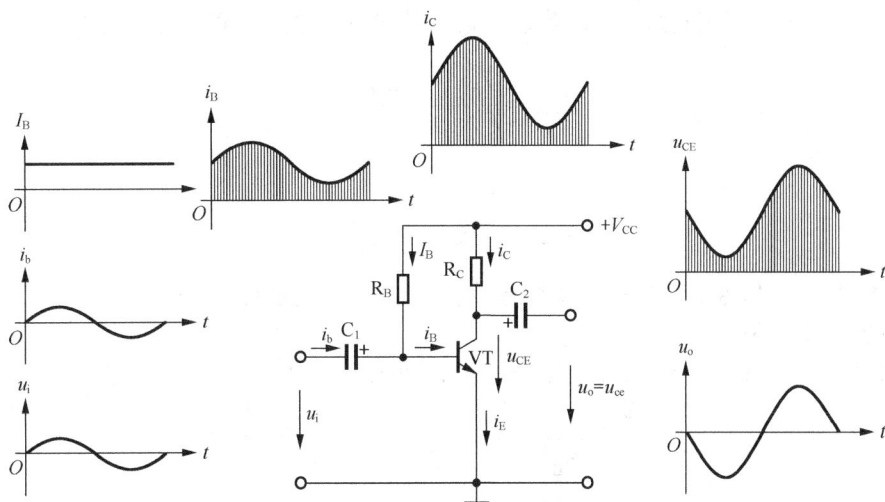

图 2.3　固定偏置共射放大电路的工作原理

（2）工作原理

输入信号电压 u_i 通过耦合电容 C_1 变化为输入小信号电流 i_b，i_b 加载到直流量 I_B 上以后进入三极管的基极，在直流电源 V_{CC} 的作用下，三极管的以小控大能力得以实现：输出的 $i_C = \beta i_b$，i_C 通过集电极电阻 R_C 时，将变化的电流转换为变化的电压：$u_{CE} = V_{CC} - i_C R_C$。且 i_C 增大时，u_{CE} 减小，i_C 减小时，u_{CE} 增大，即 u_{CE} 与 i_C 为反相关系。经过电容 C_2 时，u_{CE} 中的直流分量被滤掉，成为输出电压 u_o。若电路中各元件的参数选取适当，u_o 的幅度将比 u_i 幅度大很多且频率不变，即输入的小信号 u_i 被放大了。

可见，放大电路在对输入小信号进行传输和放大的过程中，无论是输入信号电流、放大后的集电极电流，还是三极管的输出电压，都是加载在放大电路内部产生的直流量上的，最后经过耦合电容 C_2，滤掉了直流量，从输出端提取的只是放大后的交流信号。

分析放大电路时，通常采用静动分离分析法：静指静态分析，就是画出放大电路的直流通路，对其求出放大电路的静态工作点；动指动态分析，让放大电路中的直流电源电压为零，画出仅在输入交流小信号作用下的交流通道，利用交流通道求出放大电路的性能指标。

2-4　固定偏置共射放大电路的静态分析

4．静态分析

（1）静态分析的基础知识

① 静态分析的目标：求解放大电路合适的静态工作点——I_{BQ}、I_{CQ}、U_{CEQ}，使放大电路能够不失真地传输和放大输入的微弱小信号。

② 静态分析的意义：确认三极管工作在线性放大区，为动态分析打基础。

③ 静态分析的方法：估算法、图解法。

（2）固定偏置共射放大电路的静态分析

静态分析的估算法通常应先画出放大电路的直流通路。以图 2.3 所示的放大电路为例介绍估算法。

静态时，输入交流小信号为零，耦合电容 C_1、C_2 相当于开路。由此画出等效的直流通路，如图 2.4 所示。

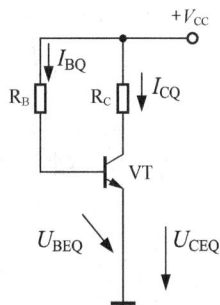

图 2.4　固定偏置共射放大电路的直流通路

由图 2.4 所示的直流通路，可求出固定偏置共射放大电路的静态工作点 Q

$$\left.\begin{array}{l} I_{BQ} = \dfrac{V_{CC} - U_{BEQ}}{R_B} \\[3mm] I_{CQ} = \beta I_{BQ} \\[3mm] U_{CEQ} = V_{CC} - I_{CQ}R_C \end{array}\right\} \qquad (2\text{-}1)$$

【例 2.1】 已知图 2.3 所示电路中的 V_{CC}=10V，R_B=250kΩ，R_C=3kΩ，β=50，试求该放大电路的静态工作点 Q。

【解】 画出电路静态时的直流通路，如图 2.4 所示。利用式（2-1）可得

$$I_{BQ} = \frac{V_{CC} - U_{BEQ}}{R_B} = \frac{10 - 0.7}{250 \times 10^3} = 37.2\,(\mu A)$$

$$I_{CQ} = \beta I_{BQ} = 50 \times 37.2 = 1.86\,(mA)$$

$$U_{CEQ} = V_{CC} - I_{CQ}R_C = 10 - 1.86 \times 3 = 4.42\,(V)$$

以上 I_{BQ}、I_{CQ}、U_{CEQ} 在三极管输出特性曲线上的交点即静态工作点。

问题提出：不设置静态工作点行吗？

如果不设置静态工作点，当传输的信号是交变的正弦量时，输入信号中小于和等于三极管死区电压的部分就不可能通过三极管进行放大，由此会造成传输信号产生严重的截止失真，如图 2.5 所示。

结论：为保证传输信号不失真地输入放大电路中得到放大，必须设置静态工作点。

固定偏置共射放大电路存在很大的缺点，即温度 $T\uparrow \rightarrow I_C\uparrow \rightarrow Q\uparrow \rightarrow U_{CE}\downarrow \rightarrow V_C\downarrow$，当 V_C 下降至小于 V_B 时，三极管的集电结也将变为正偏，放大电路出现饱和失真。为此，人们研制出在环境温度发生变化时能够自动调节电路静态工作点的分压式偏置共射放大电路。

（3）分压式偏置共射放大电路的组成

为保证信号传输过程中不受温度影响，分压式偏置共射放大电路在发射极加入了反馈环节，通过反馈环节有效地抑制温度对静态工作点的影响。其电路如图 2.6 所示。

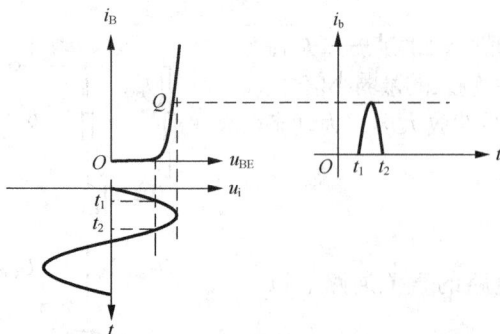

2-5　设置静态工作点的必要性

2-6　分压式偏置共射放大电路的组成

图 2.5　设置静态工作点的必要性分析

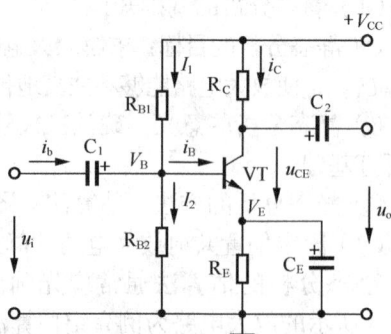

图 2.6　分压式偏置共射放大电路

分压式偏置共射放大电路与固定偏置共射放大电路相比，基极由一个固定偏置电阻改接为两个分压式偏置电阻，分压式偏置的名称也由此而来。

分压式偏置共射放大电路设置 R_{B1}、R_{B2} 上通过的电流 I_1、I_2 较三极管基极电流 I_B 大很多，通常都满足 $I_1 \approx I_2 \gg I_B$ 的小信号条件。小信号条件下，可近似地把 R_{B1} 和 R_{B2} 视为串联，串联电阻可以分压，根据分压公式可确定基极电位

$$V_B \approx \frac{R_{B2}}{R_{B1}+R_{B2}}V_{CC} \tag{2-2}$$

从电路结构上看，放大电路的基极电位 V_B 只与直流电源和分压电阻有关，与放大电路的三极管及参数无关。当温度发生变化时，只要 V_{CC}、R_{B1} 和 R_{B2} 固定不变，V_B 值就是确定的，不会受温度变化的影响。

在分压式偏置共射放大电路中，发射极上串入的电阻 R_E 称为射极反馈电阻，反馈电阻两端并联的 C_E 称为射极旁路滤波电容，这一并联组合引入的目的就是稳定放大电路的静态工作点。

（4）分压式偏置共射放大电路的静态分析

以图 2.6 所示的分压式偏置共射放大电路为例进行静态分析。

静态情况下，电路中的各电容都以开路处理，由此可得到图 2.7 所示的分压式偏置共射放大电路的直流通路。

2-7 分压式偏置共射放大电路的静态分析

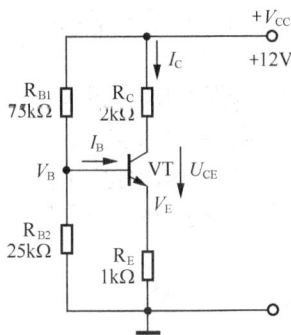

图 2.7 分压式偏置共射放大电路的直流通路

① 估算法。估算静态工作点时，一般硅管净输入电压 U_{BE} 取 0.7V，锗管净输入电压 U_{BE} 取 0.3V。

a. 用式（2-2）求出基极电位 V_B。

b. 根据图 2.7 所示的直流通路求出电路的静态工作点。

2-8 估算法求解静态工作点

$$\left.\begin{aligned} I_{CQ} &\approx I_{EQ} = \frac{V_B - U_{BE}}{R_E} \\ I_{BQ} &= \frac{I_{CQ}}{\beta} \\ U_{CEQ} &= V_{CC} - I_C(R_C + R_E) \end{aligned}\right\} \tag{2-3}$$

【例 2.2】 估算图 2.6 所示的分压式偏置共射放大电路的静态工作点。已知电路中各参数分别为：$V_{CC}=12V$，$R_{B1}=75k\Omega$，$R_{B2}=25k\Omega$，$R_C=2k\Omega$，$R_E=1k\Omega$，$\beta=57.5$。

【解】首先画出放大电路的直流通路，如图 2.7 所示，由式（2-2）先求得基极电位

$$V_B \approx \frac{R_{B2}}{R_{B1}+R_{B2}}V_{CC} = \frac{25}{75+25}\times 12 = 3(\text{V})$$

由式（2-3）可求得静态工作点

$$I_{CQ} \approx I_{EQ} = \frac{V_B - U_{BE}}{R_E} = \frac{3-0.7}{1} = 2.3(\text{mA})$$

$$I_{BQ} = \frac{I_{CQ}}{\beta} = \frac{2.3}{57.5} = 0.04(\text{mA}) = 40(\mu\text{A})$$

$$U_{CEQ} = V_{CC} - I_C(R_C + R_E) = V_{CC} - I_{CQ}(R_C + R_E) = 12 - 2.3(2+1) = 5.1(\text{V})$$

由此得出电路的静态工作点 $Q = \{40\mu\text{A}，2.3\text{mA}，5.1\text{V}\}$。

② 图解法。利用三极管的输入、输出特性曲线求解静态工作点的方法称为图解法。

图解法是分析非线性电路的一种基本方法，它能直观地分析和了解静态值的变化对放大电路的影响。用图解法求解静态工作点的一般步骤如下。

a. 按已选好的管子型号描绘出管子的输入、输出特性曲线。

b. 在输出特性曲线上画出直流负载线。

c. 确定合适的静态工作点。

图解法分析的具体求解步骤如下。

2-9 图解法求解
静态工作点

首先可由电子手册或三极管图示仪查出相应管子的输出特性曲线，绘制出来。在输出特性曲线上令 $I_C=0$，得出 $U_{CE}=V_{CC}-I_C（R_C+R_E）=V_{CC}$ 的一个特殊点；再令 $U_{CE}=0$，得出 $I_C=V_{CC}/（R_C+R_E）$ 的另一个特殊点，用直线将两点相连即得到直流负载线。

直流负载线与三极管输出特性曲线的平顶部分有许多交点，其中能够最大化传输信号的交点即为合适的静态工作点，如图 2.8 所示。根据传输信号最大化原则可选择图 2.8 中 $I_{BQ}=40\mu\text{A}$ 与直流负载线的交点作为静态工作点 Q，Q 在横轴及纵轴上的投影分别为 U_{CEQ} 和 I_{CQ}。

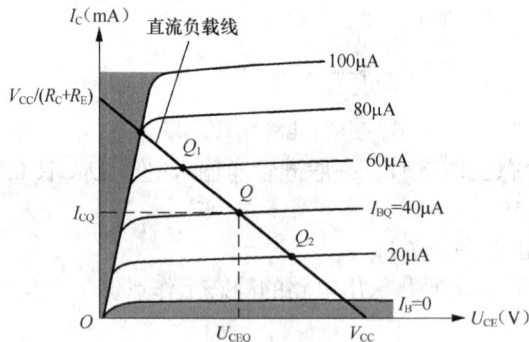

图 2.8 图解法确定静态工作点 Q

显然，I_B 的大小直接影响静态工作点的位置。因此，在给定的 V_{CC} 和 R_C 不变的情况下，静态工作点的合适与否取决于基极电流 I_B。

2-10 Q 点的高低
对放大电路的影响

当 I_B 比较大（如 60μA）时，静态工作点由 Q 点沿直流负载线上移至 Q_1 点，Q_1 点的位置距离饱和区较近，因此易使信号正半周进入三极管的饱和区而造成输入信号在传输和放大过程中饱和失真；当 I_B 较小（如 20μA）时，静态工作点由 Q 点沿直流负载线下移至 Q_2 点，由于 Q_2 点距离截止区较近，因此易使输入信号负半周进入三极管的截止区而造成输入信号在传输和放大过程中截止失真。即静态工作点设置得合适与否，将直接影响信号的传输和放大质量。

除基极电流对静态工作点的影响外,影响静态工作点的因素还有电压波动、三极管老化和温度的变化等。这些因素当中以温度变化对静态工作点的影响最为严重。当环境温度发生变化时,几乎所有的三极管参数都要随之改变,如图 2.9 中的虚线所示。这时,三极管内部的载流子运动加剧,直接引起三极管集电极电流 I_C 增大,进而导致静态工作点 Q 沿直流负载线上移至 Q_1 处,造成放大电路的饱和失真。

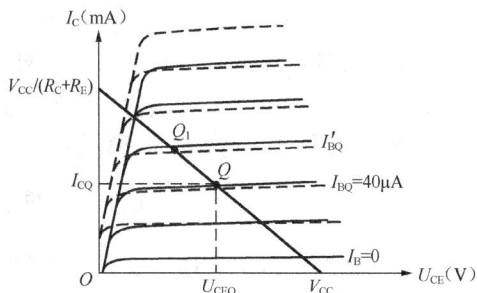

图 2.9　温度对静态工作点 Q 的影响

分压式偏置共射放大电路由于设置了负反馈环节,因此可以抑制上述温度的影响。当集电极电流 I_C 随温度升高而增大时,发射极反馈电阻 R_E 上通过的电流 I_E 相应增大,从而使发射极对地电位 V_E 升高,因基极电位 V_B 基本不变,故放大电路的静输入量 $U_{BE} = V_B - V_E$ 减小。从三极管输入特性曲线可知,U_{BE} 的减小必然引起基极电流 I_B 的减小,根据三极管的以小控大原理有 $I_C = \beta I_B$,集电极电流 I_C 将随之减小。

R_E 在电路中的调节过程可归纳为:当环境温度变化时,集电极电流 $I_C \uparrow$(或 $\downarrow$)$\rightarrow I_E \uparrow$(或 $\downarrow$)$\rightarrow V_E \uparrow$(或 $\downarrow$)$\xrightarrow{V_B 不变} U_{BE} \downarrow$(或 $\uparrow$)$\rightarrow I_B \downarrow$(或 $\uparrow$)$\rightarrow I_C \downarrow$(或 $\uparrow$),静态工作点基本维持不变。显然,分压式偏置共射极放大电路具有温度变化时的自调节能力,从而可有效地抑制温度对静态工作点的影响。

静态分析的图解法有助于加深对"放大"作用本质的理解,但小信号放大电路直流通路的估算法比图解法简便,所以分析和计算静态工作点时通常采用估算法。如果放大电路不满足小信号条件,则必须采用图解法分析静态工作点。

5．动态分析

(1)动态分析的基础知识

① 动态分析的目标:求解放大电路的性能指标。

② 动态分析的意义:确认放大电路的性能指标,衡量放大电路的性能及适用场合。

③ 动态分析的方法:微变等效分析法。

(2)微变等效分析法的运用

① 微变等效的思想。动态分析的电路中,仅有交流输入信号作用,直流电源的作用不再被考虑,直流电源的位置按接地处理,耦合电容和旁路滤波电容因容抗很小,可按交流短路处理,由此可获得图 2.10 所示的交流通道。

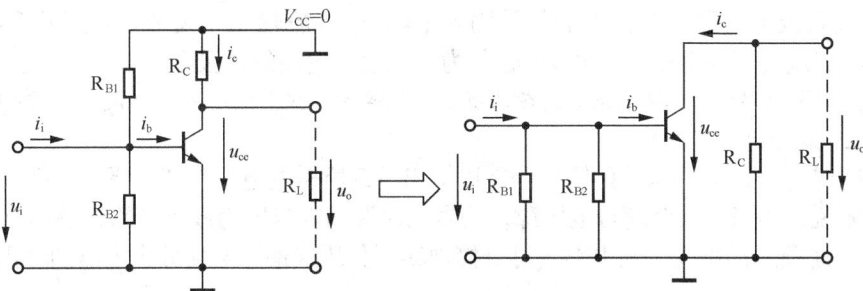

2-11　动态和动态分析的概念及交流通道

图 2.10　分压式偏置共射放大电路的交流通道

交流通道中由于存在非线性器件三极管,所以是一个非线性电路。非线性电路的求解较为复杂,无法运用前面讲解的线性电路分析法。

为解决非线性的难题，人们提出了微变等效分析法。

从三极管的输入特性来看，小信号条件下的三极管，在合适的静态工作点附近移动范围很小，这一小段曲线可近似视为线性。这样，共射接法的三极管基极与发射极之间就相当于一个线性电阻（阻值为 r_{be}），作为低频小功率管，其输入电阻估算为

$$r_{be} = r_{bb'}(通常为300\Omega) + (1+\beta)\frac{26mV}{I_E(mA)} \tag{2-4}$$

从三极管的输出特性来看，在放大区的静态工作点附近，三极管的输出电流 i_c 基本上不随输出电压 u_{ce} 的变化而变化，具有恒流特性和放大特性。因此三极管的集电极和发射极之间可用一个受控的电流源等效。

② 分压式偏置共射放大电路的动态分析。根据上述微变等效思想，可画出与图 2.10 所示的交流通道相对应的微变等效电路，如图 2.11 所示。

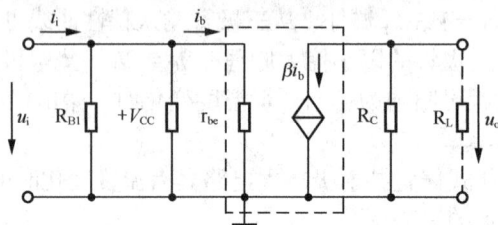

2-12 微变等效分析法

图 2.11　分压式偏置共射放大电路的微变等效电路

显然，微变等效电路中不再有非线性器件，是一个线性电路。运用线性电路分析法可以方便地求出放大电路的性能指标。

a. 输入电阻 r_i。放大电路对信号源而言相当于一个负载，可以用一个电阻等效代替。这个电阻 r_i 既是信号的负载，又是放大电路的输入电阻，由微变等效电路可知，r_i 等于输入电压 u_i 与输入电流 i_i 之比，即

$$r_i = \frac{u_i}{i_i} = R_{B1} // R_{B2} // r_{be} \tag{2-5}$$

输入电阻对信号源而言，越大越好。因为，信号源作为一个电压源，总是存在极小内阻的，从输入回路来看，信号源和输入电阻是串联关系，输入电阻越大、分压越多，信号源的负担越小，传输时衰减就越小；如果放大电路的输入电阻不够大，则信号源负担就会加重，传输时衰减就增大。

结论：当放大电路的信号源为电压源形式时，放大电路的输入电阻越大越好。

作为共射放大电路，三极管的等效输入电阻 r_{be} 一般较小，仅为几百至几千欧，因此 $r_i = R_{B1} // R_{B2} // r_{be} \approx r_{be}$ 不够大，通常不适合作为多级放大电路的前级。

注意：放大电路的输入电阻 r_i 虽然在数值上近似等于三极管的输入电阻 r_{be}，但它们具有不同的物理意义，概念上不能混同。

b. 输出电阻 r_o。放大电路的输出经常以输出负载所需的电压形式出现，对负载或对后级放大电路来说，相当于一个信号电压源，信号电压源的内阻即为放大电路的输出电阻 r_o。

由图 2.11 所示的微变等效电路，可直接观察到分压式偏置共射放大电路的输出电阻

$$r_o = R_C \tag{2-6}$$

一般情况下，希望放大电路的输出电阻 r_o 尽量小一些，以便向负载输出电流后，输出电压没有很大的衰减。而且放大电路的输出电阻 r_o 越小，负载电阻 R_L 变化时输出电压的波动也会越趋于平稳，放大电路的带负载能力就越强。共射放大电路的 R_C 一般为几千欧及以上，

显然不够小。因此，共射放大电路也不适合用作多级放大电路的输出级。

c. 电压放大倍数 A_u。放大电路的核心任务就是放大，因此电压放大倍数 A_u 是衡量放大电路性能的主要指标。在放大电路的实验中，通常把 A_u 定义为输出电压的幅值与输入电压的幅值之比，即

$$\dot{A}_u = \frac{\dot{U}_O}{\dot{U}_I} \approx \frac{-\beta \dot{I}_B R_C}{\dot{I}_B r_{be}} = -\beta \frac{R_C}{r_{be}} \qquad (2-7)$$

显然，共射放大电路的电压放大倍数与三极管的电流放大倍数 β、动态电阻 r_{be} 及集电极电阻 R_C 有关。由于三极管的电流放大倍数 β 和集电极电阻 R_C 远大于 1，且远大于 r_{be}，因此，共射放大电路具有很强的信号放大能力。式（2-7）中的负号反映了共射放大电路的输出与输入在相位上反相。

当共射放大电路输出端带上负载 R_L 后，电路的电压放大倍数发生变化

$$\dot{A}'_u = \frac{\dot{U}_O}{\dot{U}_I} \approx \frac{\beta \dot{I}_B R_C /\!/ R_L}{\dot{I}_B r_{be}} = \beta \frac{R'_L}{r_{be}} \qquad (2-8)$$

式（2-8）说明，分压式偏置共射放大电路虽然对信号的放大能力很强，但带上负载后，电压放大能力下降很多，即分压式偏置共射放大电路的带负载能力不强。

【例 2.3】 试求例 2.2 所示电路的电压放大倍数 A_u、输入电阻 r_i 和输出电阻 r_o。若接上负载电阻 $R_L = 3\text{k}\Omega$，电压放大倍数 A'_u 为多少？

【解】 由例 2.2 可知 $I_E = 2.3 \text{ mA}$，所以

$$r_{be} = 300 + (\beta+1)\frac{26}{I_E}$$

$$= 300 + (57.5+1) \times \frac{26}{2.3} \approx 961 (\Omega)$$

电路输入电阻

$$r_i \approx r_{be} = 961\Omega$$

电路输出电阻

$$r_o = R_C = 2\text{k}\Omega$$

电路的电压放大倍数

$$A_u = -\beta \frac{R_C}{r_{be}} = -57.5 \times \frac{2}{0.961} \approx -120$$

当接上负载电阻 $R_L = 3\text{k}\Omega$ 后，电压放大倍数 A'_u 为

$$A'_u = -\beta \times \frac{R_C /\!/ R_L}{r_{be}} = -57.5 \times \frac{2/\!/3}{0.961} \approx -71.8$$

此例说明，共射放大电路带上负载 R_L 后，其电压放大能力减小。

（3）共射放大电路的特点

归纳共射放大电路的特点如下：

① 电路的输入电阻 r_i 近似等于三极管的动态等效电阻 r_{be}，数值比较小；

② 输出电阻 r_o 等于放大电路的集电极电阻 R_C，数值比较大；

③ 共射放大电路的 A_u 较大，具有很强的信号放大能力。

由于共射放大电路具有较高的电流放大能力和电压放大倍数，通常用于多级放大电路的

中间级；在对输入、输出电阻和频率响应没有特殊要求的场合，也可应用于低频电压放大电路的输入级和输出级。

2.1.3 共集电极放大电路

如图 2.12 所示，在电路结构上，因集电极直接与电源 V_{CC} 相接，仅有交流信号作用时集电极相当于接地，成为输入、输出的公共端，因此称为共集电极放大电路。由于共集电极放大电路的负载接在发射极上，因此又被称为射极输出器。

2-13 共集电极放大电路的分析

1. 静态分析

在没有交流信号输入的情况下，可画出共集电极放大电路的直流通路，如图 2.13 所示。

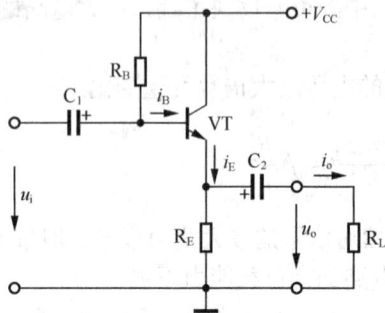

图 2.12　共集电极放大电路

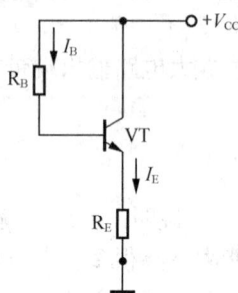

图 2.13　共集电极放大电路的直流通路

由图 2.13 可得

$$V_{CC} = I_B R_B + U_{BE} + (1+\beta) I_B R_E$$

所以静态工作点的基极电流 I_{BQ} 为

$$I_{BQ} = \frac{V_{CC} - U_{BE}}{R_B + (1+\beta)R_E} \approx \frac{V_{CC}}{R_B + (1+\beta)R_E} \tag{2-9}$$

集电极电流为

$$I_{CQ} = \beta I_{BQ} \approx I_{EQ} \tag{2-10}$$

三极管输出电压为

$$U_{CEQ} = V_{CC} - I_{EQ}R_E \approx V_{CC} - I_{CQ}R_E \tag{2-11}$$

2. 动态分析

（1）电压放大倍数

在动态情况下，可将直流电源 V_{CC} 交流"接地"处理，耦合电容 C_1、C_2 均按短路处理。这样就可画出共集电极放大电路的交流通道，再让交流通道中的非线性器件在小信号条件下用其线性电路模型代替，得到图 2.14 所示的交流微变等效电路。

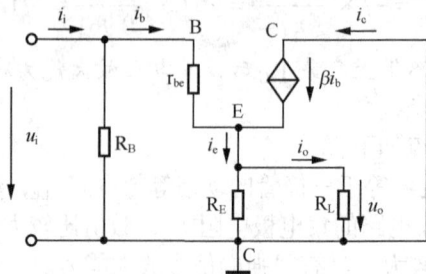

图 2.14　共集电极放大电路的交流微变等效电路

在图 2.14 所示的微变等效电路中，电压放大倍数为

$$A_u' = \frac{(1+\beta) R_L'}{r_{be} + (1+\beta) R_L'} \approx \frac{\beta R_L'}{r_{be} + \beta R_L'} < 1 \qquad (2\text{-}12)$$

不接负载电阻 R_L 时

$$A_u = \frac{(1+\beta) R_E}{r_{be} + (1+\beta) R_E} \approx \frac{\beta R_E}{r_{be} + \beta R_E} \qquad (2\text{-}13)$$

通常 $\beta R_L'$（或 βR_E）$\gg r_{be}$，故 A_u 小于 1 但近似等于 1，即 u_o 近似等于 u_i，电路没有电压放大作用。但因 $i_e = (1+\beta) i_b$，所以电路中仍有电流放大和功率放大作用。此外，因输出电压随输入电压变化而变化（同相位），所以共集电极放大电路又常被称为电压跟随器。

（2）输入电阻 r_i

共集电极放大电路的输入电阻在不接入负载电阻 R_L 的情况下有

$$r_i = R_B // [r_{be} + (1+\beta) R_E] \approx R_B // (1+\beta) R_E \qquad (2\text{-}14)$$

若接上负载电阻 R_L，则 $R_L' = R_E // R_L$，电路输入电阻

$$r_i' = R_B // \left[r_{be} + (1+\beta) R_L' \right] \qquad (2\text{-}15)$$

可见，共集电极放大电路的输入电阻要比共射放大电路的输入电阻大得多，通常可高达几十千欧至几百千欧。

（3）输出电阻 r_o

共集电极放大电路由于输出电压与输入电压近似相等，当输入信号电压的大小一定时，输出信号电压的大小也基本上一定，与输出端所接负载的大小基本无关，即具有恒压输出特性输出电阻很低，其大小约为

$$r_o \approx \frac{r_{be}}{\beta} \qquad (2\text{-}16)$$

由上述经验公式可看出，共集电极放大电路的输出电阻一般为几十欧到几百欧，比共射放大电路的输出电阻低得多。

3. 共集电极放大电路的特点

由共集电极放大电路的动态指标可知，其电路特点如下。

（1）电压放大倍数（增益）小于 1 但近似等于 1。显然无电压放大能力，但仍具有电流放大能力，输出电压与输入电压同相位。

（2）输入电阻高。当信号源（或前级）提供给放大电路同样大小的信号电压时，较高的输入电阻使所需提供的电流减小，从而降低了信号源的负载。

（3）输出电阻低。低输出电阻可以减小负载变动对输出电压的影响，使其保持基本不变，由此增强了放大电路的带负载能力。因此，共集电极放大电路常用在多级放大电路的输出端。

根据上述特点，共集电极放大电路可用作阻抗变换器。它输入电阻大，对前级放大电路影响小；输出电阻小，说明带负载能力强，且有利于与后级输入电阻较小的共射放大电路相配合，以达到阻抗匹配。此外，还可把共集电极放大电路用作隔离级，以减小后级对前级电路的影响。

共集电极放大电路在检测仪表中也得到了广泛应用，用共集电极放大电路作为其输入

级，可以减小对被测电路的影响，以提高测量精度。

2.1.4 共基极放大电路

共基极放大电路的输入信号是由三极管的发射极与基极两端输入的，再由三极管的集电极与基极两端获得输出信号，因为基极是共同接地端，所以称为共基极放大电路。

1. 共基极放大电路的组成

共基极放大电路如图 2.15 所示。

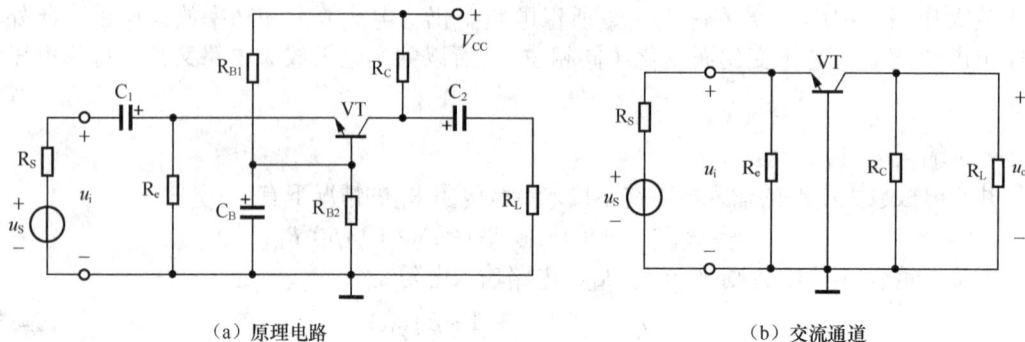

（a）原理电路   （b）交流通道

图 2.15 共基极放大电路

电路输入信号 u_i 经耦合电容 C_1 从三极管 VT 的发射极输入，放大后从集电极经耦合电容 C_2 输出；较大的电容 C_B 是基极旁路滤波电容，R_e 为发射极偏置电阻，R_C 为集电极电阻；R_{B1} 和 R_{B2} 为基极分压偏置电阻，它们共同构成分压式偏置电路。图 2.15（b）所示为共基极放大电路的交流通道，在交流情况下，C_B 使基极对地交流短路；由于信号从发射极输入，从集电极输出，基极是输入、输出回路的公共端，所以称为共基极放大电路。

2. 静态分析

共基极放大电路的直流偏置方式是分压式偏置电路，故静态工作点为

$$\begin{cases} V_{BQ} \approx \dfrac{R_{B2}}{R_{B1}+R_{B2}}V_{CC} \\[2mm] I_{CQ} \approx I_{EQ} = \dfrac{V_{BQ}-U_{BEQ}}{R_e} \\[2mm] I_{CQ} = \beta I_{BQ} \\[2mm] U_{CEQ} \approx V_{CC}-I_{CQ}(R_C+R_e) \end{cases} \quad (2\text{-}17)$$

2-14 共基极放大
电路的分析

从公式的形式上看，共基极放大电路的静态工作点计算公式与共射放大电路相同，但是，两种组态的放大电路有着本质的不同。

3. 动态分析

在共基极放大电路的电路图基础上，令直流电源 V_{CC} 交流接地，所有电容短路处理，即可得到图 2.16 所示的微变等效电路。

由微变等效电路可得：

（1）电压放大倍数 A_u

因为 $\dot{U}_i = -\dot{I}_b r_{be}$ 　　　 $\dot{U}_o = -\beta \dot{I}_b R'_L$

所以

$$A_u = \frac{\dot{U}_o}{\dot{U}_i} = \beta \frac{R'_L}{r_{be}} \qquad (2\text{-}18)$$

式中，$R'_L = R_C // R_L$。

（2）输入电阻 r_i

$$r_i = \frac{\dot{U}_i}{\dot{I}_i} \approx \frac{r_{be}}{1+\beta} \qquad (2\text{-}19)$$

（3）输出电阻 r_o

$$r_o \approx R_C \qquad (2\text{-}20)$$

4. 共基极放大电路的特点

由共基极放大电路的性能指标可归纳出其电路特点如下。

（1）输入电流略大于输出电流，说明共基极放大电路没有电流放大作用。但共基极放大电路的电压放大倍数与共射放大电路相似，即它仍具有电压放大能力和功率放大能力。需要注意的是：共基极放大电路输入、输出同相，因此电压放大倍数为正值。

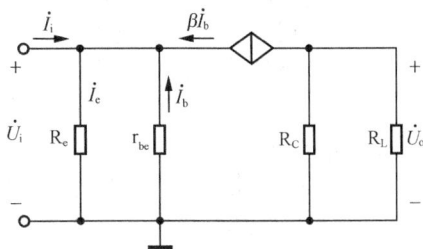

图 2.16　共基极放大电路的微变等效电路

（2）共基极放大电路的输入电阻很低，一般只有几欧到几十欧。

（3）共基极放大电路的输出电阻很高。

由共基极放大电路的特点来看，它与共射放大电路及共集电极放大电路有着很大的不同。鉴于共基极放大电路自身的特殊性，即它允许的工作频率较高，高频特性比较好，这种放大电路多用于高频和宽频带电路或恒流源电路中，在工程实际中常用于接收机高频头作为前置放大，在声像和通信技术中应用也非常广泛。

2.1.5　3 种组态放大电路的性能比较

共发射极、共集电极和共基极是放大电路的 3 种基本组态，各种实际的放大电路都是由这 3 种基本组态的放大电路变形或组合而成的。这 3 种组态放大电路的比较见表 2-1。

表 2-1　　　　　　　　　　　　　　　　3 种组态放大电路的比较

电路性能	共射放大电路	共集电极放大电路	共基极放大电路
电流放大系数	较大，如 200	较大，如 200	≤1
电压放大倍数	较大，如 200	≤1	较大，如 100
功率放大倍数	很大，如 20000	较大，如 300	较大，如 200
输入电阻	适中，如 5kΩ	较大，如 50kΩ	较小，如 50Ω
输出电阻	适中，如 10kΩ	较小，如 100Ω	较大，如 50kΩ
输出与输入电压相位	相反	相同	相同
频率特性	通频带较窄	频率特性较好	高频和宽频特性最好

由表 2-1 可以看出，共射放大电路既能放大电压，也能放大电流，属于反相放大电路。且共射放大电路的输入电阻 r_i 适中，输出电阻 r_o 适中，通频带是 3 种基本组态电路中最窄的，最适合用于低频小信号放大电路的单元电路。

共集电极放大电路没有电压放大作用，只有电流放大作用，属于同相放大电路。在 3 种基本组态的电路中输入电阻 r_i 最高、输出电阻 r_o 最小，频率特性较好，因此适合作为信号电压源多级放大电路的前级或阻抗变换器，特别适合作为多级放大电路的输入级、输出级和缓冲级。

共基极放大电路没有电流放大作用，只有电压放大作用，属于同相放大电路。但共基极放大电路是 3 种组态放大电路中高频和宽频特性最好的电路，适合应用于超高频和宽频带领域，以及低输入阻抗的场合。

思考与练习

1. 静态工作点的确定对放大电路有什么意义？放大电路的静态工作点一般应该处于三极管输入、输出特性曲线的什么区域？

2. 设计放大电路时，输入电阻、输出电阻的取值原则是什么？放大电路的输入电阻、输出电阻对放大器有什么影响？

3. 微变等效电路分析法的适用范围是什么？微变等效电路分析法有什么局限性？

4. 共集电极放大电路的发射极电阻 R_E 能否像共射放大电路一样并联一个旁路电容 C_E 来提高电路的电压放大倍数？为什么？

5. 共基极放大电路与共射放大电路相比，电路特点有何不同？它通常适用于哪些场合？

6. 电压放大倍数的概念是什么？电压放大倍数是如何定义的？共射放大电路的电压放大倍数与哪些参数有关？

7. 试述放大电路输入电阻的概念。为什么希望放大电路的输入电阻 r_i 尽量大一些？

8. 试述放大电路输出电阻的概念。为什么希望放大电路的输出电阻 r_o 尽量小一些？

9. 分析图 2.17 所示各电路中哪些具有放大交流信号的能力，为什么？

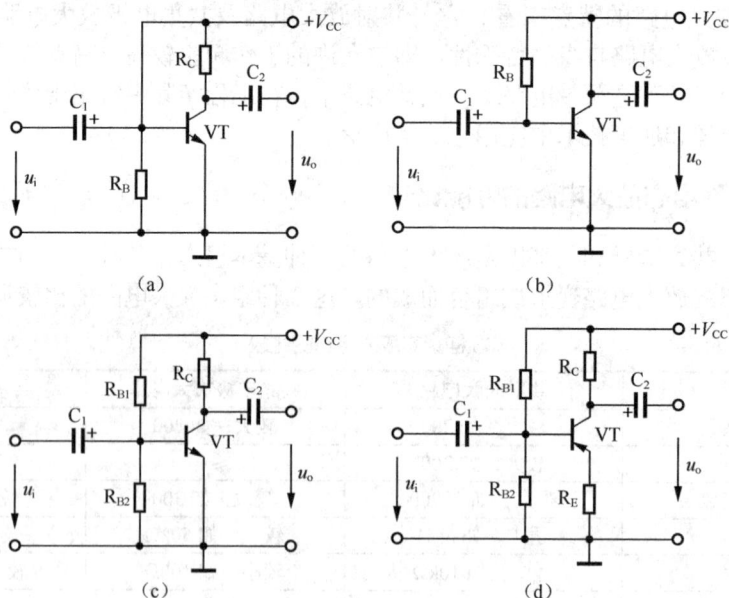

图 2.17　思考与练习题 9 电路图

任务训练 1：用 Multisim 8.0 建立一个共射放大电路

1. 选择元件

从元件工具栏中可以进行元件的选择。待放大的信号源、直流电源、接地端可以从电源库（Power Sources）中选择，如图 2.18 所示。

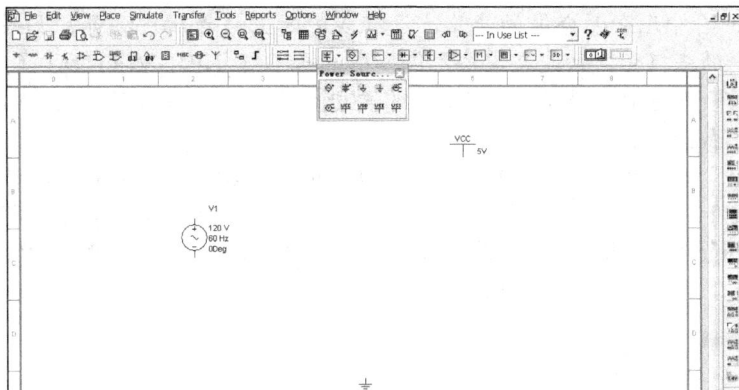

图 2.18 电源库

对选中的电源双击，即可在弹出的对话框中对电源参数、符号等进行设置，如图 2.19 所示。电阻、电容器件在基本元件库（Basic）中选择，如图 2.20 所示。

图 2.19 电源参数设置对话框

图 2.20 基本元件库

选取的元件如果方向不符合要求，可以通过 "Ctrl+R" 快捷键或编辑（Edit）菜单中的旋转选项进行旋转。

三极管从三极管库（Transistor Components）中选择，如图 2.21 所示。

晶体管库中带蓝色衬底的是虚拟元件库，实际元件库中有各种型号的 NPN 型三极管，如图 2.22 所示。

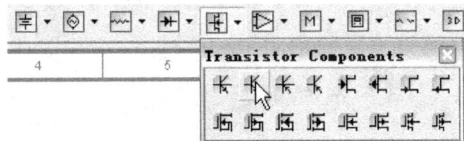

图 2.21 三极管库

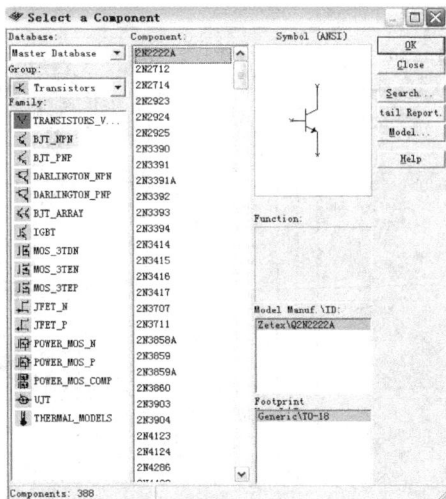

图 2.22 实际元件库中的 NPN 型三极管

其中列出了国外几家大公司的产品，没有我国的三极管器件型号，如果我们实际要用 3DG6（$\beta = 80$）的三极管，只能在虚拟元件库中选择 BJT_NPN_VIRTUAL（虚拟的 NPN 型三极管）来代替，而它的 β 默认值是 100，需要进行修改：双击 BJT_NPN_VIRTUAL，打开其属性对话框，如图 2.23 所示。

单击 "Value"（价值）选项卡中的 "Edit Model"（编辑模型）按钮，打开 "Edit Model" 对话框，如图 2.24 所示。其中有很多参数，图中第 2 行 "BF" 表示 β 值，将它从 100 改为 80，单击 "Change Part Model"（更改零件模型）按钮，回到 BJT_NPN_VIRTUAL 属性对话框，单击 "确定" 按钮，则完成三极管参数 β 的修改。

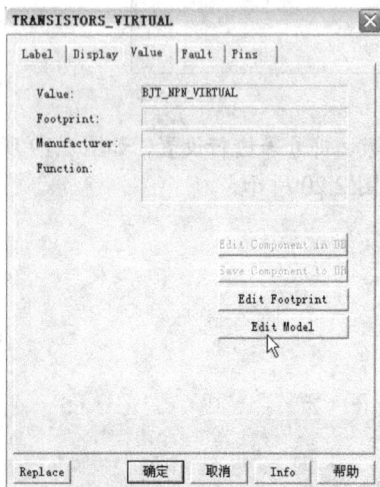

图 2.23　BJT_NPN_VIRTUAL 属性对话框

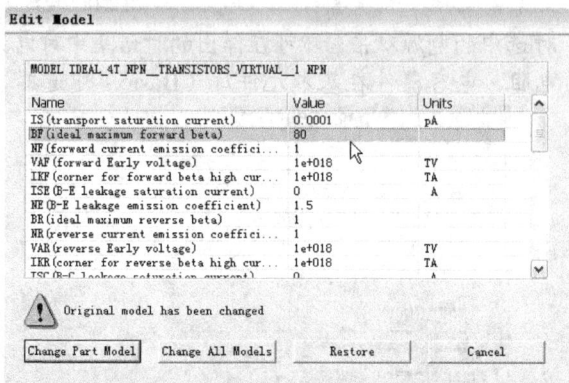

图 2.24　"Edit Model" 对话框

分压式偏置共射放大电路中其他元件全部在图 2.25 所示的界面中选择，"In Use List"（使用的元件列表）同时列出了电路所用的所有元件。

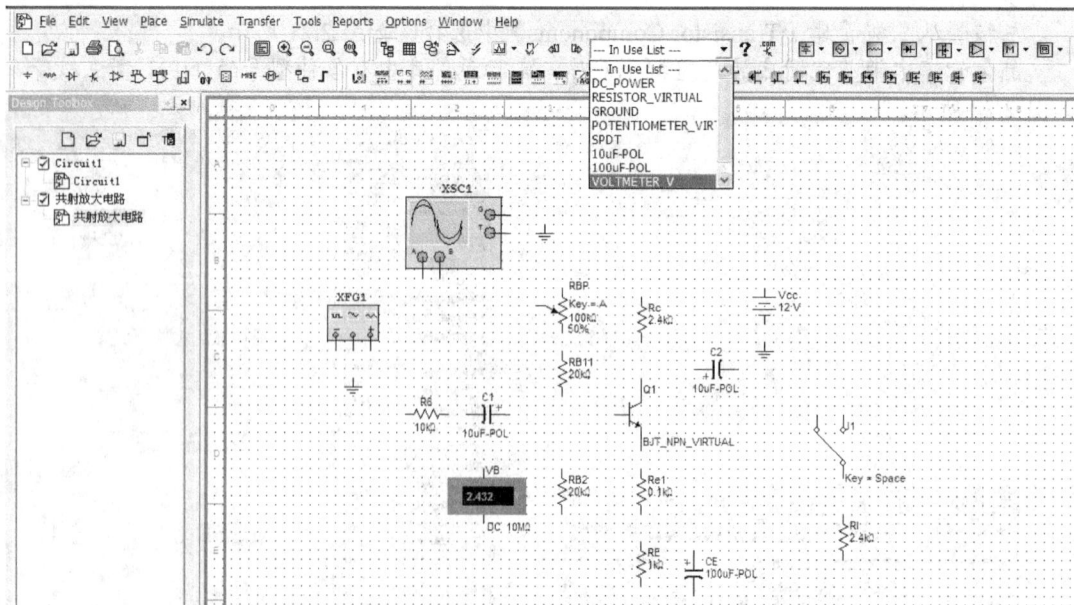

图 2.25　已选择的所有元件

2. 电路连线

选择元件后，就可以进行电路连线了，步骤是：将鼠标指针指向所要连接的元件引脚，鼠标指针变成圆圈状，按住鼠标左键并开始移动鼠标，拉出一条虚线，如果要从某点转弯，单击左键固定该点，继续移动直到终点，再次单击即完成一条连线。

完成连线后的电路如图 2.26 所示。

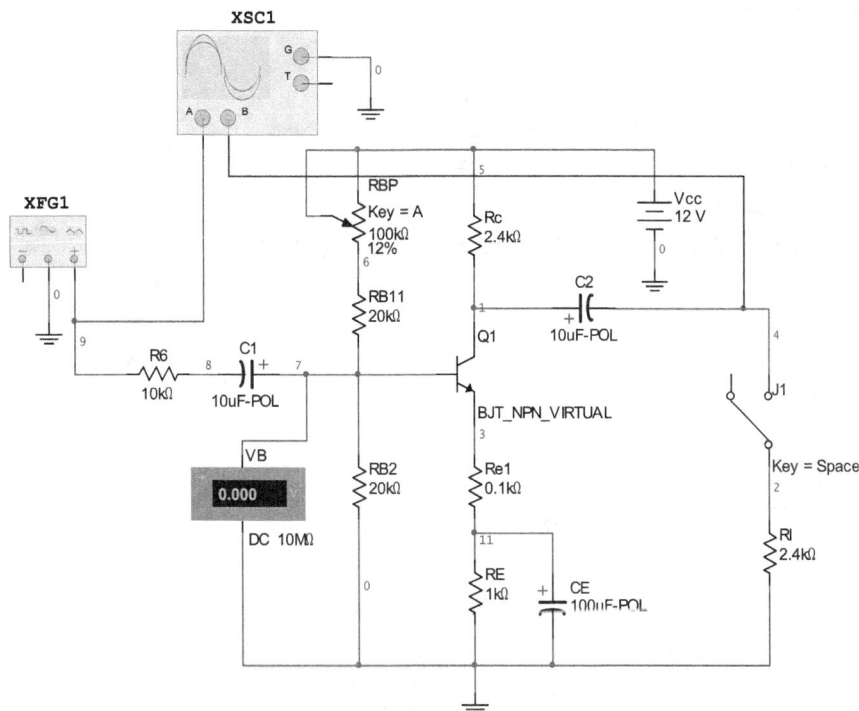

图 2.26 完成连线后的电路

3. 电路的进一步编辑

为了使电路更加整洁、更便于仿真，可以做进一步的编辑。

① 修改元件参考序号。双击元件符号，在其属性对话框中可以进行参考序号的修改。

② 修改元件或连线的颜色。将鼠标指针指向元件或连线，单击右键弹出快捷菜单，如图 2.27 所示。

单击"Segment Color"（线段颜色）选项，在弹出的颜色对话框中选择所需的颜色即可。

③ 删除元件或连线。选中要删除的元件或连线，按"Delete"键即可删除，删除元件时相应的连线一同消失，但删除连线时不会影响元件。

图 2.27 修改颜色快捷菜单

4. 保存文件

编辑后的电路图用"File Save As"（文件另存为）命令保存，这与一般文件的保存方法相同，保存后的文件以".ms8"为扩展名。

任务训练 2：检测共集电极放大电路

一、检测目的

1. 进一步熟悉 Multisim 8.0 的操作。

2．进一步明确共集电极放大电路的特点。

二、电路搭建所需元件

NPN 管 2N3904	1 只
10V 直流电源	1 个
双踪示波器	1 台
函数信号发生器	1 台
数字万用表	1 个
1μF、100μF 电解电容	各 1 只
17kΩ、22kΩ、1kΩ、5kΩ 电阻	各 1 只
地线与连接导线	若干

三、电路搭建及仿真操作步骤

1．在 Multisim 8.0 平台上建立图 2.28 所示的共集电极放大电路。

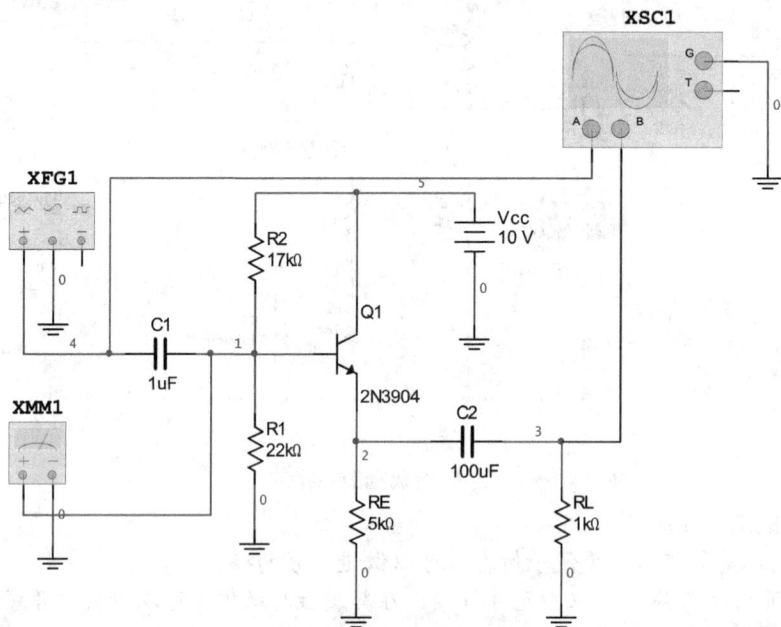

图 2.28　共集电极放大电路（射极跟随器）

2．单击仪器仪表快捷键菜单中的左数第 2 个元件，选择函数信号发生器，拖曳至操作界面，双击图标，弹出图 2.29 所示的对话框，选择上面的正弦波，频率和信号电压的大小根据需要选择。

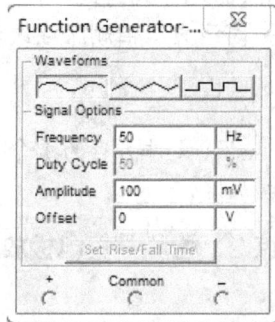

图 2.29　函数信号发生器参数设置对话框

3. 双踪示波器。双踪示波器是电子实验中使用最为频繁的仪器之一，从示波器屏幕上可直接观察信号波形，并可用来测量信号幅度、频率及周期等参数。该仪器的图标和面板如图 2.30 所示。

（1）双踪示波器的连接规则。图 2.30（a）所示是双踪示波器图标，将其拖曳到操作界面上，双击图标可设置参数。示波器有 A、B 两个通道，G 是接地端，T 是外触发端。

（2）示波器的面板操作。

① "Timebase"（时间轴）区用来设置 x 轴方向时间基线扫描时间。

● "Scale"（比例尺）：选择 x 轴方向每一个刻度代表的时间。单击该栏后将出现刻度翻转列表，根据所测信号频率的高低，上下翻转选择适当的值。

● "X position"：表示 x 轴方向时间基线的起始位置，修改其设置可使时间基线左右移动。

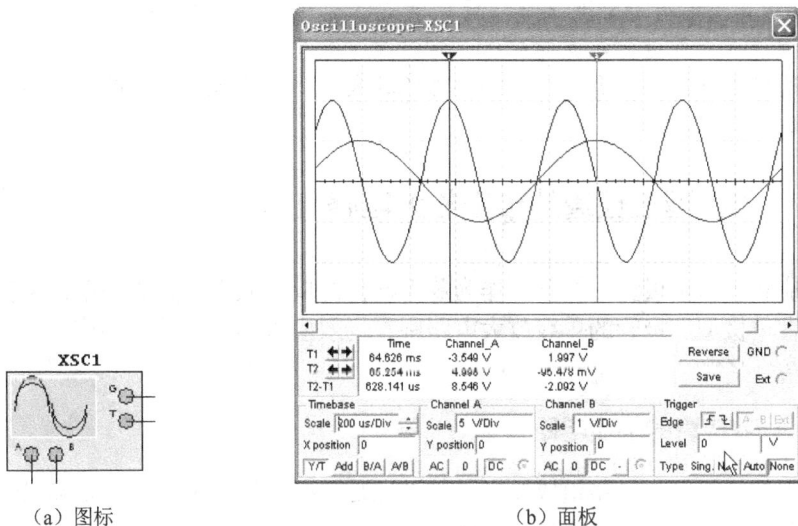

（a）图标　　　　　　　　　　　（b）面板

图 2.30　双踪示波器的图标和面板

● "Y/T"：表示 y 轴方向显示 A、B 两通道的输入信号，x 轴方向显示时间基线，并按设置时间进行扫描。当显示随时间变化的信号波形时，常采用此种方式。

● "B/A"：表示将 A 通道信号作为 x 轴扫描信号，将 B 通道信号施加在 y 轴上。

● "A/B"：与 B/A 相反。这两种方式可用于观察李萨如图形。

● "Add"：表示 x 轴按设置时间进行扫描，而 y 轴方向显示 A、B 通道的输入信号之和。

② "Channel"（路径）区用来设置 y 轴方向 A/B 通道输入信号的标度。

● "Scale"：表示 y 轴方向对 A/B 通道输入信号而言每格所表示的电压数值。单击该栏后将出现刻度翻转列表，根据所测信号电压的大小，上下翻转选择适当的值。

● "Y position"：表示时间基线在显示屏幕中的上下位置。当其值大于零时，时间基线在屏幕上侧，反之在下侧，通常把时间基线设置为 0。

最下面一行中的 "AC" 表示屏幕仅显示输入信号中的交变分量（相当于实际电路中加入了隔直电容），"DC" 表示屏幕将信号的交直流分量全部显示，"0" 表示将输入信号对地短接。

③ "Trigger"（触发）区用来设置示波器的触发方式。

④ 测量波形参数。在示波器屏幕上有两条可以左右移动的读数指针，指针上方有三角

形标志，如图 2.30（b）所示，通过鼠标左键可拖动读数指针左右移动。

在显示屏幕下方的测量数据的显示区中显示了两个波形的测量数据，"Time"列从上到下的 3 个数据分别是：1 号读数指针离开屏幕最左端（时间基线零点）所对应的时间，2 号读数指针离开屏幕最左端（时间基线零点）所对应的时间，两个时间之差。时间单位取决于"Timebase"的设置。

⑤ 设置信号波形显示颜色。只要在电路中设置 A、B 通道连接导线的颜色，波形的显示颜色便与导线的颜色相同。方法是双击连接导线，在弹出的对话框中设置导线颜色即可。

⑥ 改变屏幕背景颜色。单击展开面板右下方的"Reverse"（改变）按钮，即可改变屏幕背景的颜色。要将屏幕背景恢复为原色，再次单击"Reverse"按钮即可。

⑦ 移动波形。在动态显示时，单击暂停按钮或按"F6"键，通过改变"X position"（x轴位置）设置，可实现左右移动波形。

4. 学习仿真。电路完全连接好以后，单击仿真开关，记录电路的输出、输入电压的幅值情况和相位情况，并进行认真的分析。

思考：通过电路检测仿真，简述共集电极放大电路的输入电压和输出电压在幅值上有何特点，在相位上有何特点。

2.2 单极型三极管的单级放大电路

用场效应管（即单极型三极管）作为放大器件组成的放大电路称为单极型三极管的单级放大电路。在单极型三极管的单级放大电路中，场效应管起以小控大的作用，是放大电路的核心器件。

2.2.1 场效应管的偏压电路

场效应管的单级放大电路组成原则的关键点是：必须建立偏置电路以提供合适的偏置电压，使场效应管工作在特性曲线的恒流区。

对于建立放大状态的偏压而言，只与沟道的类型有关。单极型三极管的单级放大电路的偏置有自给栅偏压和分压式自偏压两种。图 2.31 所示为自给栅偏压电路，这种偏压方式因增强型场效应管只有栅源间电压先达到开启电压 U_T 时才可能产生漏极电流 I_D，所以不适合自偏压方式，因此自给栅偏压方式只适用于耗尽型场效应管。图 2.32 所示电路的偏置方式是分压式自偏压，它是在自给偏压放大电路的基础上，加上分压电阻器 R_{g1} 和 R_{g2} 构成的。

1. 自给栅偏压电路

图 2.31 中场效应管的栅极通过电阻 R_g 接地，源极通过电阻 R_S 接地。这种偏置方式靠漏极电流 I_D 在源极电阻 R_S 上产生的电压为栅源极间提供一个偏置电压 U_{GS}，故称为自给栅偏压电路。

静态时，源极电位 $V_S=I_D R_S$。由于栅极电流为 0，R_g 上没有电压降，栅极电位 $V_G=0$，所以栅源偏置电压 $U_{GS}= V_G-V_S=-I_D R_S$。

自给栅偏压电路为了稳定静态工作点，可以增大源极电阻 R_S，R_S 越大，负反馈作用越强，静态工作点就越稳定。

2-15 自给栅偏压电路

2. 分压式自偏压电路

自给栅偏压电路为稳定静态工作点可增大源极电阻 R_S，但 R_S 增大的同时漏极电流 I_D 就会减小，以至于使跨导 g_m 太小而影响了放大电路的性能。

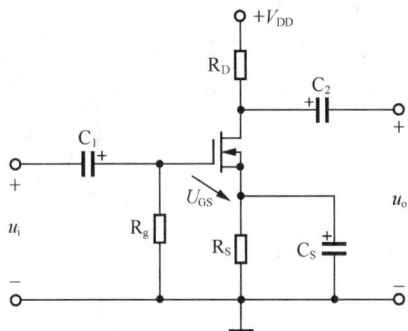

图 2.31　自给栅偏压电路

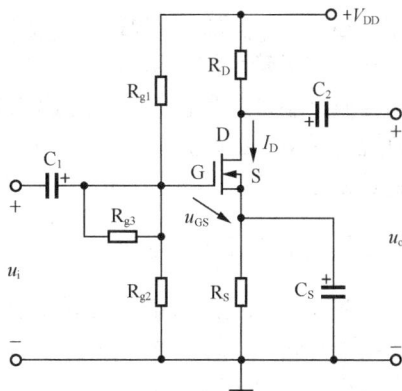

图 2.32　分压式自偏压电路

为解决这个矛盾，采用图 2.32 所示的分压式自偏压电路。电路中的电源 V_{DD}、输入输出耦合电容 C_1 和 C_2、漏极电阻器 R_D、源极电阻器 R_S 以及源极旁路电容 C_S 的作用均与自给栅偏压电路相同；R_{g1} 和 R_{g2} 是分压偏置电阻，它们的中间连接点与 G 点等电位。

为增大输入电阻，一般 R_{g3} 取得较大，可达几兆欧。静态时，由于栅极电流 $I_G = 0$，R_{g3} 处于短路而没有电压降，所以栅极电位 V_G 由 R_{g1} 与 R_{g2} 对电源 V_{DD} 分压得到，即

$$V_G = V_{DD} \frac{R_{g2}}{R_{g1} + R_{g2}}$$

此时的栅偏压为

$$U_{GS} = V_{DD} \frac{R_{g2}}{R_{g1} + R_{g2}} - I_D R_S$$

可见，分压式自偏压电路既有"分压偏置"又有"自给栅偏压"，所以称为分压式自偏压电路。

分压式自偏压电路不仅适用于耗尽型场效应管，同样也适用于增强型场效应管。适当选取电路中的 R_{g1}、R_{g2} 和 R_S 值，电路就可得到各类场效应管放大电路所需的正偏压、负偏压或零偏压。

2.2.2　场效应管的微变等效电路

场效应管也是非线性器件，在满足小信号条件下，可用它的线性模型来等效，如图 2.33 所示。

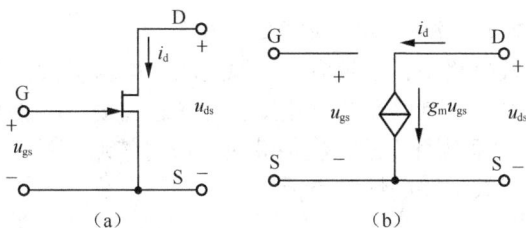

图 2.33　场效应管的微变等效电路

2-16　分压式自偏压电路

2-17　场效应管的微变等效电路

图 2.33 中的 g_m 称为低频跨导，g_m 反映了栅源电压对漏极电流的控制作用。这种微变等效思想与建立三极管小信号模型相似，栅极与源极之间为输入端口，漏极与源极之间为输出端口。无论是哪种类型的场效应管，均可认为栅极电流为 0，输入端口视为开路，栅源极间只要有小信号电压 u_{gs} 存在，在输出端口，漏极电流 i_d 就是 u_{gs} 的函数。

2-18 共源极放大电路

2.2.3 共源极放大电路

场效应管共源极放大电路与双极型三极管共射放大电路相对应，只是受控源的类型不同，由结型场效应管（MOS 管）构成的共源放大电路，如图 2.34 所示。

对共源极放大电路进行静态分析的方法类似于分压式偏置共射放大电路。根据静态情况下各电容按开路处理，可得出相应的直流通路，对直流通路求出 U_{GS}、U_{DS} 和 I_D3 个值，它们对应的输出特性曲线上的交点就是静态工作点。

1. 静态分析

因场效应管输入电阻极高，所以输入电流近似为 0，栅极相当于开路，R_{g1} 和 R_{g2} 相当于串联，可得

图 2.34 MOS 管的共源极放大电路

$$V_G = V_{DD} \frac{R_{g2}}{R_{g1} + R_{g2}}$$

$$V_S \approx I_D R_S$$

$$U_{GSQ} = V_G - V_S \approx V_{DD} \frac{R_{g2}}{R_{g1} + R_{g2}} - I_D R_S \qquad (2\text{-}21)$$

$$U_{DSQ} \approx V_{DD} - I_D(R_S + R_D) \qquad (2\text{-}22)$$

$$I_{DQ} \approx V_S / R_S \qquad (2\text{-}23)$$

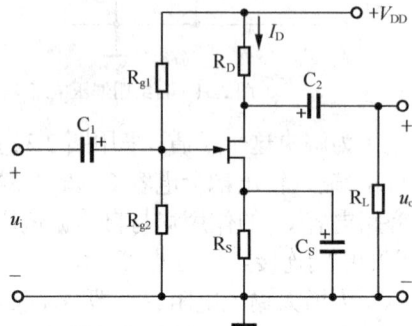

2. 动态分析

共源极放大电路的微变等效电路如图 2.35 所示。

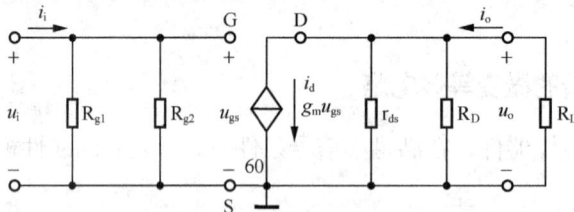

图 2.35 共源极放大电路的微变等效电路

在共源极放大电路的微变等效电路中，场效应管栅源之间的电阻极大，可视为开路；输出回路中场效应管可看作是一个电压控制的受控电流源，大小是 $g_m u_{gs}$，电流源并联一个输出电阻器 r_{ds}，一般其阻值有几十千欧至几百千欧，在估算时一般可忽略不计。

求解共源极放大电路的微变等效电路的性能指标。

（1）输入电阻

$$r_i \approx R_{g1} // R_{g2} \qquad (2\text{-}24)$$

共源极放大电路虽然存在分压式偏置电阻并联的影响，但其源极放大电路的输入电阻仍然很大，通常可高达几兆欧。

（2）输出电阻

$$r_\mathrm{o} = r_\mathrm{ds} /\!/ R_\mathrm{D} \approx R_\mathrm{D} \tag{2-25}$$

输出电阻并联的 r_ds 数值和 R_D 相比较大，通常可忽略不计，所以场效应管的输出电阻约等于 R_D，数值通常较小。

（3）电压放大倍数

$$\dot{A}_\mathrm{u} = \frac{\dot{U}_\mathrm{O}}{\dot{U}_\mathrm{I}} \approx \frac{-g_\mathrm{m}\dot{U}_\mathrm{GS}R_\mathrm{D}}{\dot{U}_\mathrm{GS}} = -g_\mathrm{m}R_\mathrm{D} \tag{2-26}$$

共源极放大电路的电压放大倍数较大，带上负载 R_L 后，电压放大倍数下降至

$$\dot{A}_\mathrm{u} = \frac{\dot{U}_\mathrm{O}}{\dot{U}_\mathrm{i}} \approx -g_\mathrm{m}R_\mathrm{D} /\!/ R_\mathrm{L}$$

共源极放大电路的特点在于它具有很大的输入电阻，因此特别适合作为多级放大电路的输入级。

2.2.4　共漏极放大电路

共漏极放大电路又称为源极输出器或源极跟随器，同样具有与共集电极放大电路相同的特性：输入电阻高，输出电阻低，电压放大倍数约等于 1。共漏极放大电路如图 2.36 所示。

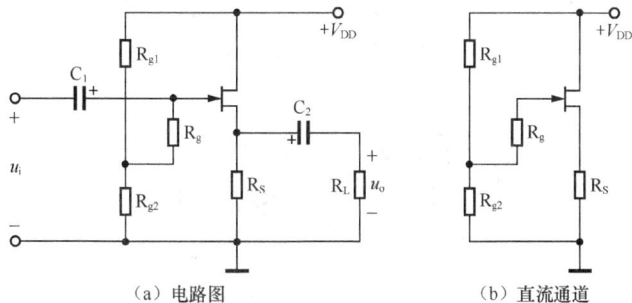

2-19　共漏极放大电路

（a）电路图　　　　　　　　（b）直流通道

图 2.36　共漏极放大电路

1. 静态分析

图 2.36（b）所示为共漏极放大电路的直流通道，根据直流通道可求出静态工作点。

$$U_\mathrm{GSQ} = V_\mathrm{G} - V_\mathrm{S} \approx V_\mathrm{DD}\frac{R_\mathrm{g2}}{R_\mathrm{g1} + R_\mathrm{g2}} - I_\mathrm{D}R_\mathrm{S} \tag{2-27}$$

$$U_\mathrm{DSQ} \approx V_\mathrm{DD} - I_\mathrm{D}R_\mathrm{S} \tag{2-28}$$

$$I_\mathrm{DQ} \approx V_\mathrm{S} / R_\mathrm{S} \tag{2-29}$$

2. 动态分析

动态分析首先应画出原电路的交流通道，然后根据微变等效思想画出其小信号条件下的微变等效电路，如图 2.37 所示。

由微变等效电路可求出共漏极放大电路的性能指标如下。

（1）电路输入电阻

$$r_i = R_{g3} + R_{g1} // R_{g2} \qquad （2-30）$$

由于 R_{g3} 的数值极大，所以电路的输入电阻极高，相当于开路。

（2）电路输出电阻

令输入电压 $\dot{U}_i = 0$，采用加压求流法求解输出电阻 r_o，画出等效电路如图 2.38 所示。由图 2.38 可得输出电流为

$$\dot{I}_O = \frac{\dot{U}_O}{R_S} - g_m \dot{U}_{gs}$$

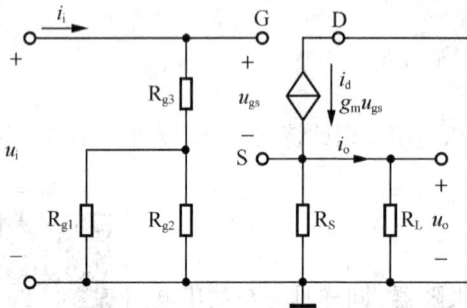

图 2.37 共漏极放大电路的微变等效电路   图 2.38 共漏极放大电路输出电阻 r_o 的等效电路

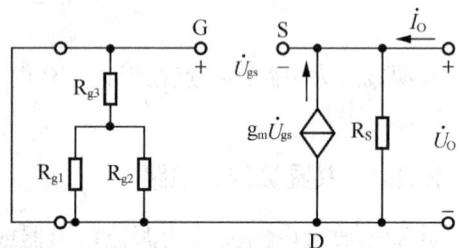

由于输入端短路，所以

$$\dot{U}_{gs} = -\dot{U}_O$$

于是有

$$\dot{I}_O = \frac{\dot{U}_O}{R_S} + g_m \dot{U}_O = \left(\frac{1}{R_S} + g_m \right) \dot{U}_O$$

输出电阻为

$$r_o = \frac{\dot{U}_O}{\dot{I}_O} = \frac{1}{\dfrac{1}{R_S} + g_m} = \frac{1}{g_m} // R_S \qquad （2-31）$$

输出电阻的数值非常小。共漏极放大电路的特点在于它具有极高的输入电阻和非常低的输出电阻，因此适合作为多级放大电路的输入级、输出级以及用于阻抗变换。

思考与练习

1. 放大电路电压放大倍数的测量值与计算值比较情况如何？
2. 放大电路的输出电阻与漏极电阻之间有何关系？
3. 放大电路的输入、输出电压之间的相位差如何？
4. 单项选择题

（1）场效应管是利用外加电压产生的_____效应来控制漏极电流的大小的。

　　　　A. 电流　　　　　　　　B. 电场　　　　　　C. 电压

（2）场效应管是_____器件。

　　　　A. 电压控制电压　　　B. 电流控制电压　C. 电压控制电流　D. 电流控制电流

（3）场效应管漏极电流由_____的运动形成。

　　　　A. 少子　　　　　　　B. 电子　　　　　　C. 多子　　　　　D. 两种载流子

5. 场效应管放大电路共有哪几种组态？共源极放大电路和共漏极放大电路分别对应双极型三极管哪种组态的放大电路？

任务训练：检测共源极放大电路

一、检测目的

1. 进一步熟悉 Multisim 8.0 的操作。

2. 掌握共源极放大电路的特点以及与 TTL 放大电路的不同之处。

二、电路搭建所需元件

JFET 三极管	1 只
双踪示波器	1 台
函数信号发生器	1 台
数字万用表	1 个
1μF、470μF 电解电容	各 1 只
100Ω 电阻 1 只，1kΩ、1MΩ 电阻	各 2 只
20V 直流电源	1 个
地线与连接导线	若干

三、电路搭建

在 Multisim 8.0 平台上建立图 2.39 所示的 JFET 共源极放大实验电路。

设置实验电路中函数信号发生器的参数，如图 2.40 所示。

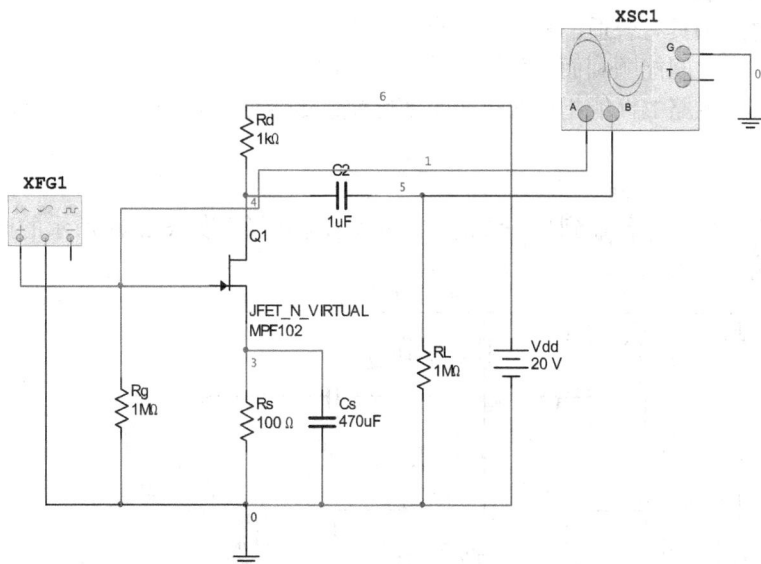

图 2.39　共源极放大实验电路

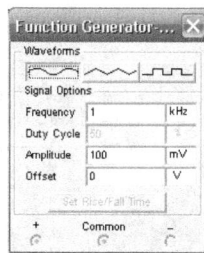

图 2.40　函数信号发生器参数设置

单击仿真开关运行动态分析，记录输入峰值电压 U_{IP} 和输出峰值电压 U_{OP}，计算共源极放大电路的电压放大倍数，观察其相位差。

根据计算的跨导值 g_m 和电阻 r_d，计算共源极放大电路的电压放大倍数。然后将负载改为 $1k\Omega$，再运行仿真，再记录输入峰值电压 U_{IP} 和输出峰值电压 U_{OP}，计算放大电路的电压放大倍数。

2.3 多级放大电路

在实际应用中，放大电路的输入信号通常很微弱（一般为毫伏或微伏级），为了使放大后的信号能够驱动负载工作，仅仅通过前面所讲的单级放大电路放大信号，很难满足负载驱动的实际要求。

2.3.1 多级放大电路的组成

为推动负载工作，必须将多个放大电路连接起来，组成多级放大电路，以有效提高放大电路的各种性能，如提高电路的电压放大倍数、电流放大倍数、输入电阻、带负载能力等。例如，要求一个放大电路输入电阻大于 $2M\Omega$，电压放大倍数大于 2000，输出电阻小于 100Ω 等。由于单级放大电路的放大倍数有限，有时无法满足实际放大电路的需要，这时可选择多个基本放大电路，并将它们合理连接，从而构成能满足要求的多级放大电路。

2-20 多级放大电路的组成及耦合方式

2.3.2 多级放大电路的级间耦合方式

在多级放大电路中，相邻两级放大电路之间的连接方式称为耦合。常用的级间耦合方式有直接耦合、阻容耦合、变压器耦合和光电耦合等。

耦合方式应满足下列要求。

（1）耦合后，各级电路仍具有合适的静态工作点。

（2）保证信号在级与级之间能顺利而有效地传输，不引起信号失真。

（3）耦合后，多级放大电路的性能指标必须满足实际负载的要求，尽量减少信号在耦合电路的损失。

1. 阻容耦合

通过电容和电阻将信号由一级传输到另一级的方式称为阻容耦合，如图 2.41 所示的典型阻容耦合的两级放大电路。

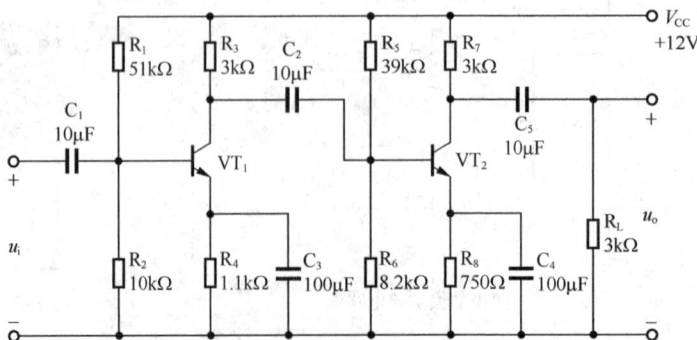

图 2.41 阻容耦合的两级放大电路

电路特点：级与级之间通过电容器连接。

优点：耦合电容具有隔直通交作用，这使各级电路的静态工作点相互独立，给设计和调试带来了方便，且电路体积小、重量轻。

缺点：耦合电容的存在对输入信号产生一定的衰减，从而使电路的频率特性受到影响，加之不便于集成化，因而在应用上也就存在一定的局限性。

2. 直接耦合

多级放大电路中，各级之间直接连接或通过电阻连接的方式称为直接耦合，如图 2.42 所示。

直接耦合的多级放大电路各级的静态工作点将相互影响。图 2.42 中 VT_1 管的 U_{CE1} 受到 U_{BE2} 的限制，仅有 0.7V 左右。因此，第一级输出电压的幅值将很小。为了保证第一级有合适的静态工作点，必须提高 VT_2 管的发射极电位，为此，常在 VT_2 的发射极接入电阻、二极管或稳压管等。

优点：直接耦合放大电路既可放大交流信号，也可放大直流和变化非常缓慢的信号，且信号传输效率高，具有结构简单、便于集成等优点，所以集成电路中多采用这种耦合方式。

缺点：存在各级静态工作点相互牵制和零点漂移这两个问题。

3. 变压器耦合

变压器耦合的两级放大电路如图 2.43 所示。

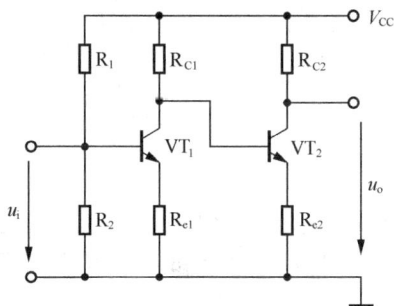

图 2.42　直接耦合的两级放大电路　　　　图 2.43　变压器耦合的两级放大电路

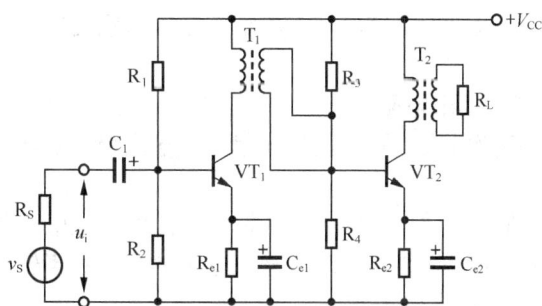

特点：级与级间通过变压器连接。

优点：静态工作点相互独立、互不影响；因为容易实现阻抗变换，所以容易获得较大的输出功率。

缺点：变压器体积大而重，不便于集成，频率特性较差，也不能传输直流和变化非常缓慢的信号，所以其应用受到很大限制，目前极少使用这种耦合方式。

4. 光电耦合

光电耦合是以光信号为媒介实现电信号的耦合和传递的，因其抗干扰能力强而得到越来越广泛的应用。实现光电耦合的基本器件是光电耦合器，如图 2.44 所示。

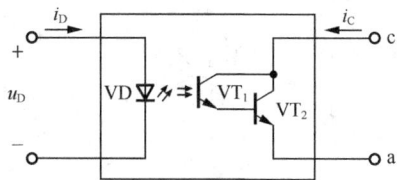

图 2.44　光电耦合器

光电耦合器将发光元件（发光二极管）与光敏元件（光电三极管）相互绝缘地组合在一起，其中发光二极管构成输入回路，发光二极管的亮度由电流 i_D 控制，发光二极管发出的光照射到光电三极管，使光电三极管产生电流 i_C 作为输出回路，光电三极管的电流 i_C 随光强而变化，将光能转换成电能，实现了两部分电路的电气隔离。为了增大放大倍数，输出回路的光电三极管通常采用复合三极管（也称达林顿结构）形式。

光电耦合的多级放大电路的特点：前级的输出信号通过光电耦合器传输到后级的输入端，由于前、后级的电气部分完全隔离，因此可有效地抑制电干扰。光电耦合器的传输特性曲线与三极管的输出特性曲线类似，光电耦合器输入电流 i_D 相当于三极管的输入电流 i_B，只要 u_{CE} 足够大，i_C 只随 i_B 按正比例变化，比例常数通常比电流放大倍数 β 小得多，一般为 $0.1 \sim 1.5$。

2.3.3 多级放大电路的性能指标估算

多级放大电路的基本性能指标与单级放大电路相同，即包括电压放大倍数、输入电阻和输出电阻。

1. 电压放大倍数

总电压放大倍数等于各级电压放大倍数的乘积，即

$$A_u = A_{u1} \times A_{u2} \times A_{u3} \times \cdots \times A_{un} \tag{2-32}$$

2. 输入电阻

多级放大电路的输入电阻就是输入级的输入电阻，即

$$r_i = r_{i1} \tag{2-33}$$

3. 输出电阻

多级放大电路的输出电阻就是输出级的输出电阻，即

$$r_o = r_{on} \tag{2-34}$$

2-21 多级放大电路的性能指标估算

在具体计算输入电阻和输出电阻时，当输入级为共集电极放大电路时，还要考虑第 2 级的输入电阻作为负载时对输入电阻的影响；当输出级为共集电极放大电路时，同样要考虑前级对输出电阻的影响。

思考与练习

1. 多级放大电路通常有哪些耦合方式？它们各自具有什么优缺点？
2. 多级放大电路的性能指标有哪些？与单级放大电路有何不同？

任务训练：测量多级放大电路静态工作点

一、测量目的

1. 进一步熟悉 Multisim 8.0 的操作。
2. 掌握多级放大电路静态工作点的测量方法。

二、电路搭建所需元件

NPN 管 2N2712、2N2714	各 1 只
函数信号发生器	1 台
数字万用表	1 只
10μF 电解电容	2 只
47μF 电解电容	1 只

100Ω 电阻（1 只），1kΩ、1MΩ 电阻各 2 只

12V 直流电源	1 个
电阻（参数见图 2.45）	6 只
单向开关	1 个
双向开关	1 个
地线与连接导线	若干

三、电路搭建

由于直接耦合放大电路各级之间静态工作点相互影响，一般情况下应该通过 Multisim 8.0 设置各级合适的静态工作点，然后再搭建电路调试。

1. 在 Multisim 8.0 平台上建立图 2.45 所示的多级（两级直接耦合）放大电路。

2. 设置多级放大电路中函数信号发生器的参数，如图 2.46 所示。

3. 用 Multisim 8.0 中的直流工作点分析方法，选择合适的节点。首先执行"Simulate /Analysis"菜单命令，选择 "DC Operating Point"，即出现直流工作点分析对话框，如图 2.47 所示。

4. 选择 2、4、5、6、7 为分析节点，最后单击 "Simulate" 按钮得到相应节点的分析结果（见图 2.48），可得到每级放大电路的静态工作点的 U_{BE}、U_{CE}、I_B、I_C。

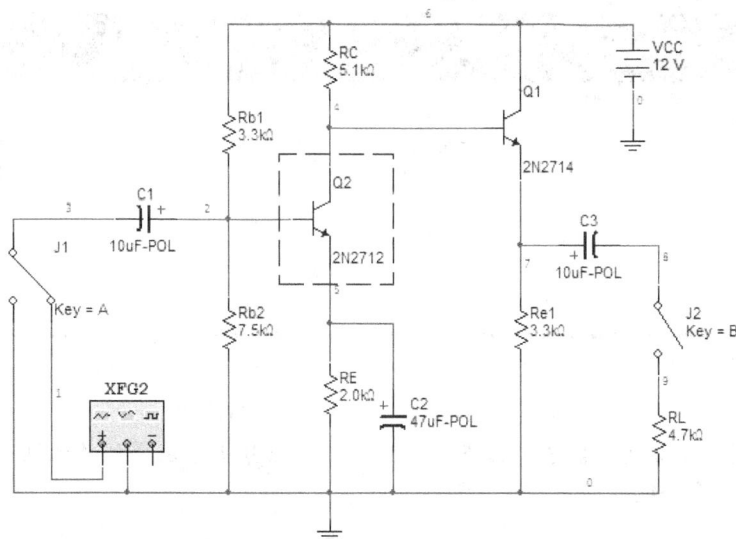

图 2.45　两级直接耦合放大电路

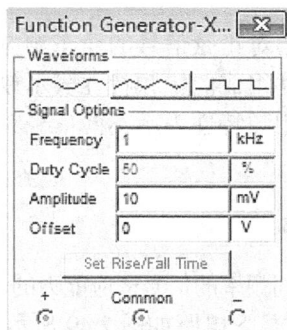

图 2.46　函数信号发生器对话框参数设置

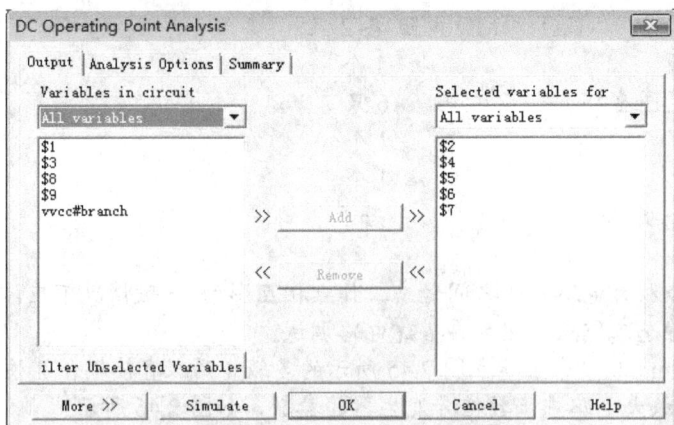

图 2.47　两级直接耦合放大电路工作点分析对话框

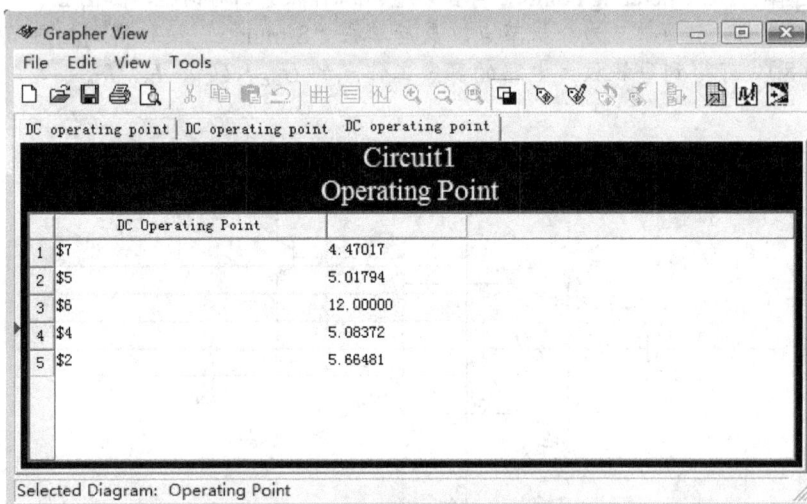

图 2.48　两级直接耦合放大电路工作点分析结果

5．使用万用表测量两级静态工作点，与直流工作点分析方法得到的结果（见图 2.48）进行比较，查看是否一致。

2.4　放大电路的频率响应

所谓频率响应，是指放大电路对正弦信号的稳态响应特性。放大电路的频率响应由幅频特性和相频特性组成。幅频特性表示放大电路电压放大倍数的增减与信号频率的关系；相频特性表示不同信号频率下的相位畸变关系。

2.4.1　频率响应的基本概念

频率响应是衡量放大电路对不同频率的信号适应能力的一项技术指标。考虑分布电容和耦合电容作用的共射放大电路如图 2.49 所示。固定偏置共射放大电路的幅频特性和相频特性如图 2.50 所示。

2-22　频率响应的基本概念

1. 幅频特性

由图 2.50（a）所示的幅频特性可观察到，信号频率下降或上升而使电压放大倍数下降到中频区的 $0.707A_{um}$ 时，对应的频率分别为下限截止频率 f_L（简称下限频率）和上限截止频率 f_H（简称上限频率）。

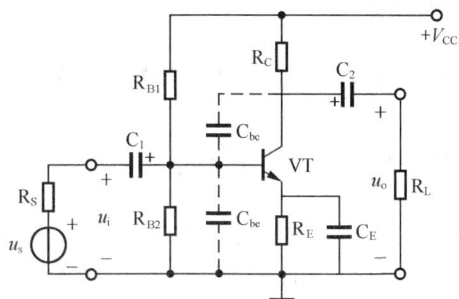

图 2.49　考虑分布电容和耦合电容作用的共射放大电路

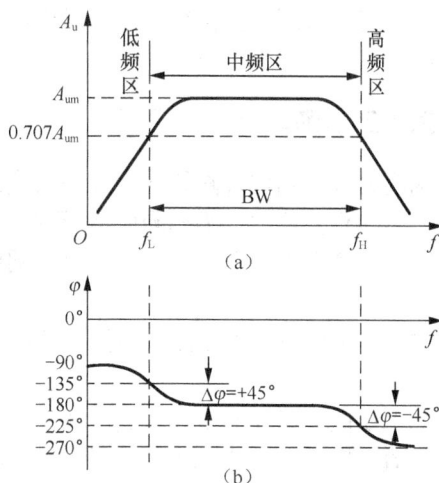

图 2.50　固定偏置共射放大电路的幅频特性和相频特性

上限频率 f_H 至下限频率 f_L 的一段频率范围称为通频带，用 BW 表示，即

$$BW = f_H - f_L \qquad (2\text{-}35)$$

幅频特性曲线中间有一个较宽的频率范围比较平坦，说明这一频段的电压放大倍数基本上不随信号频率的变化而变化，该段频率范围称为放大电路的中频区，中频区的电压放大倍数用 A_{um} 表示。

在共射放大电路中频区的频率范围内，电压放大倍数 A_{um} 和相位差（相移）$\varphi = -180°$ 基本不随频率变化。这是因为该区内的 C_1、C_2、C_E 数值很大，相应的容抗很小，可视为短路；而三极管的极间分布电容 C_{be} 和 C_{bc} 数值很小，相应的容抗很大，可视为开路。即所有电容对电路的影响均可以忽略不计，即中频段的电压放大倍数基本上是一个与频率无关的常数。

前面分析和讨论共射放大电路时，都是假定信号在中频范围，因此耦合电容 C_1、C_2 和旁路电容 C_E 可视为交流短路，将三极管极间电容及分布电容视为开路。但实际上，当输入信号的频率改变时，这些因素均不能忽略。

$f < f_L$ 的一段频率范围称为低频区，该区的频率通常小于几十赫兹，因此在低频区，三极管的极间分布电容 C_{be} 和 C_{bc} 的容抗增大，可视为开路。耦合电容 C_1、C_2 和旁路滤波电容 C_e 的容抗增大，损耗了一部分信号电压，因此在低频段，共射放大电路的电压放大倍数将随信号频率下降而减小。

$f > f_H$ 的一段频率范围称为高频区，该区的频率通常大于几十千赫至几百千赫。在高频范围内，耦合电容 C_1、C_2、C_E 的容抗减小，可视为短路；但三极管的极间分布电容 C_{be} 和 C_{bc} 的容抗减小，因此对信号电流起分流作用，故电压放大倍数将随频率的增加而减小。

2. 相频特性

由图 2.50（b）所示的相频特性可观察到，在通频带以内的频率范围 BW 区间，由于各种容抗影响极小而忽略不计，因此除了三极管的反相作用外，无其他附加相位差，所以中频电

压放大倍数的相位差 $\varphi \approx -180°$。

在低频区内耦合、旁路电容的容抗不可忽略，因此要损耗掉一部分信号，使电压放大倍数下降，对应的相位差比中频区超前一个附加相位差 $+\Delta\varphi$，最大可达 $+90°$；高频区由于三极管的极间电容及接线电容起作用，将信号旁路掉一部分，三极管的 β 值也随频率升高而减小，从而使电压放大倍数下降，对应的相位差比中频区滞后一个附加相位差 $-\Delta\varphi$，最大可达 $-90°$。

2.4.2 频率失真

幅度失真和相位失真统称为频率失真。频率失真是由于放大电路对不同频率的信号成分放大能力和相移能力均不相同而造成的。

（1）幅度失真：由于放大电路对不同频率分量的放大倍数不同而引起的输出与输入轨迹不同的现象。

（2）相位失真：由于放大电路对不同频率分量的相移能力不同而造成输出与输入轨迹不同的现象。

（3）线性失真和非线性失真：频率响应中出现的幅度失真和相位失真统称为频率失真。所谓失真，都是指输出信号的波形与输入信号的波形相比，不能按照输入信号波的轨迹变化，即输出波出现了畸变。看起来频率失真和前面所讲的放大电路的饱和失真和截止失真都是输出与输入波形轨迹不同，但实际上，频率失真不产生新的频率成分，因此称为线性失真。

前面讲的饱和失真和截止失真是由于放大电路中的非线性器件三极管的工作点设置不当而造成的。这两种失真造成的输出出现削顶现象，说明输出不再和输入波一样是单纯的正弦波，而是产生了新的频率成分，因此称为非线性失真。

应正确认识线性失真和非线性失真，并区别它们的不同点。

2.4.3 波特图

2-23 波特图的概念及绘制

在研究放大电路的频率响应时，由于信号的频率范围很宽，从几赫兹到几百兆赫兹，另外电路的电压放大倍数可高达百万，为了压缩坐标，扩大视野，在有限坐标空间内完整地描述频率特性曲线，把幅频特性和相频特性的频率坐标采用对数刻度，幅频特性的纵坐标改用电压增益分贝数 $20\lg|\dot{A}_u|$ 表示，相频特性纵坐标仍把相位差 φ 用线性刻度，这种半对数坐标对应的频率特性曲线称为对数频率特性坐标图或波特图。共射放大电路的完全频率响应波特图如图 2.51 所示。

波特图的绘制步骤如下。

（1）根据电路参数计算出中频电压放大倍数 A_{um} 以及上限频率 f_H 和下限频率 f_L。

（2）绘制幅频特性波特图。确定中频区的高度，从 f_L 至 f_H 作一条高度等于 $20\lg|\dot{A}_{um}|$ 的水平直线；再自 f_L 处至左下方，作一条斜率为 20dB 每十倍频的直线；从 f_H 处开始向右下方作一条斜率为 -20dB 每十倍频的直线。这 3 条直线构成的折线即为幅频特性波特图，如图 2.51 上边折线所示。

（3）绘制相频特性波特图。在中频区，由于共射放大电路输出、输入为反相关系，故

在 $10f_L\sim0.1f_H$ 作一条 $\varphi=-180°$ 的水平直线。在低频区，当 $\varphi<0.1f_L$ 时，$\varphi=-180°+90°=-90°$；在 $0.1f_L\sim10f_L$ 之间作一条斜率为 $-45°$ 每十倍频的直线，该直线 f_L 处 $\varphi=-135°$。在高频区，当 $\varphi>10f_H$ 时，$\varphi=-180°-90°=-270°$；在 $0.1f_H\sim10f_H$ 之间作一条斜率为 $-45°$ 每十倍频的直线，该直线的 f_H 处 $\varphi=-225°$。上述 5 条直线构成的折线即为相频特性波特图，如图 2.51 下边折线所示。

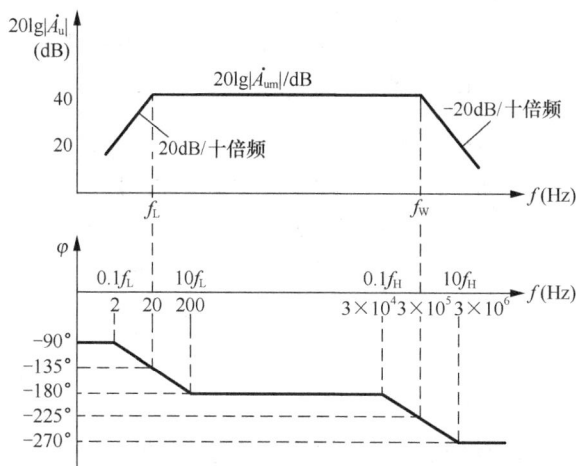

图 2.51　共射放大电路的完全频率响应波特图

放大电路的电压放大倍数与对数 $20\lg|A_u|$ 之间的对应关系如表 2-2 所示。

表 2-2　　　　　　　　放大电路的电压放大倍数与对数 $20\lg|A_u|$ 之间的对应关系

$|A_u|$	0.01	0.1	0.707	1	$\sqrt{2}$	2	10	100
$20\lg|A_u|$	−40	−20	−3	0	3	6	20	40

波特图的横坐标频率 f 采用 $\lg f$ 对数刻度，将频率的大幅度变化范围压缩在一个小范围内。幅频特性的纵坐标是电压放大倍数，用分贝（dB）表示为 $20\lg|A_u|$，当 $|A_u|$ 从 10 倍变化到 100 倍时，分贝值只从 20 变化到 40。显然压缩了坐标，扩大了视野。

波特图的优点是可将幅值相乘转化为幅值对数相加，而且在只需要频率响应的粗略信息时常可归结为绘制由直线段组成的渐进特性线，作图非常简便。如果需要精确曲线，则可在渐进线的基础上进行修正，绘制也比较简单。

2.4.4　多级放大电路的频率响应

因多级放大电路的电压放大倍数 $A_u=A_{u1}\cdot A_{u2}\cdot A_{u3}\cdots\cdot A_{un}$，故其幅频特性为

$$20\lg|\dot{A}_u|=20\lg|\dot{A}_{u1}|+20\lg|\dot{A}_{u2}|+\cdots+20\lg|\dot{A}_{un}| \tag{2-36}$$

相频特性为

$$\varphi=\varphi_1+\varphi_2+\cdots+\varphi_n \tag{2-37}$$

只要将各级对数频率特性的电压增益相加，相位相加，就能得到多级放大电路的幅频特性和相频特性。两级放大电路总的幅频特性和相频特性波特图如图 2.52 所示。

2-24　多级放大电路的频率响应

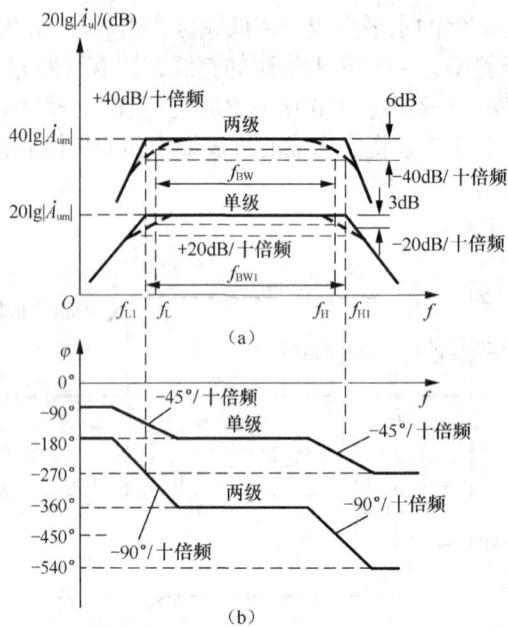

图 2.52　两级放大电路总的幅频特性和相频特性波特图

图 2.52（a）为两级放大电路的幅频特性波特图。显然两级放大电路的下限频率 f_L 比单级放大电路的下限频率 f_{L1} 大，上限频率 f_H 比单级放大电路的上限频率 f_{H1} 小，由此可得出结论：多级放大电路的通频带总是比组成它的每一级的通频带窄。从幅频特性波特图还可看出，对应单级幅频特性上 f_{L1}、f_{H1} 两处下降 3dB，在两级放大电路的幅频特性上将下降 6dB。

多级放大电路与单级放大电路相比，总的频带宽度 f_{BW} 虽然变窄了，但换来的是整个放大电路的电压放大倍数得到很大的提高。

多级放大电路的上限频率和下限频率可用下列公式估算

$$f_L \approx 1.1\sqrt{f_{L1}^2 + f_{L2}^2 + \cdots + f_{Ln}^2} \tag{2-38}$$

$$\frac{1}{f_H} \approx 1.1\sqrt{\frac{1}{f_{H1}^2} + \frac{1}{f_{H2}^2} + \cdots + \frac{1}{f_{Hn}^2}} \tag{2-39}$$

图 2.52（b）为两级放大电路的相频特性波特图。显然两级放大电路的输出经过了又一次反相后，在通频带范围内与输入同相。低频区最高可达180°的超前相移；高频区最高可达到 −180°的滞后相移。

思考与练习

1. 何谓放大电路的频率响应？何谓波特图？
2. 试述单级放大电路和多级放大电路的通频带和上、下限频率有何不同。
3. 试述线性失真和非线性失真概念的不同点，说明频率响应属于哪种失真。

任务训练：检测多级放大电路的频率特性

一、测量目的

1. 进一步熟悉 Multisim 8.0 的操作。
2. 测量幅频特性，求出上限频率和下限频率。

二、电路搭建所需元件

NPN 管 2N2712、2N2714	各 1 只
函数信号发生器	1 台
波特图示仪	1 台
10μF 电解电容	2 只
47μF 电解电容	1 只
100Ω 电阻（1 只），1kΩ、1MΩ 电阻	各 2 只
12V 直流电源	1 个
电阻（参数见图 2.53）	6 只
单向开关	1 个
双向开关	1 个
地线与连接导线	若干

三、电路搭建

1. 在 Multisim 8.0 平台上建立图 2.53 所示的多级放大电路作为频率特性检测电路。

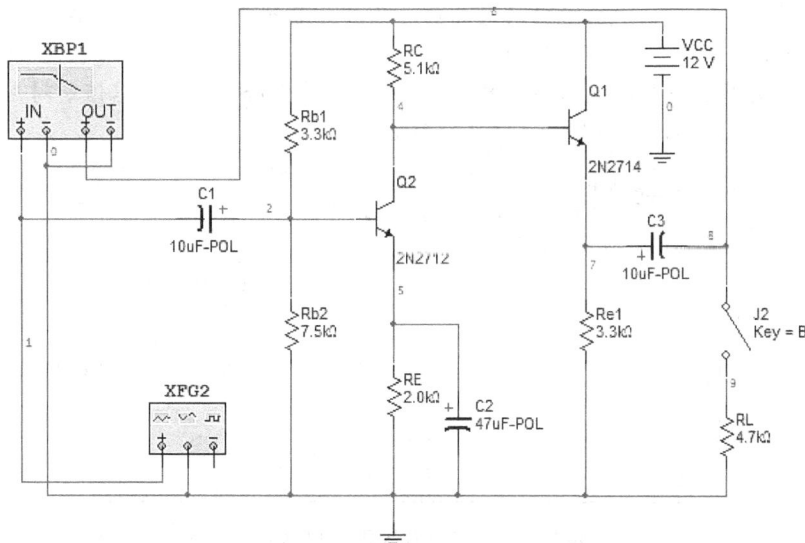

图 2.53　频率特性检测电路

2. 设置多级放大电路中函数信号发生器的参数，如图 2.54 所示。

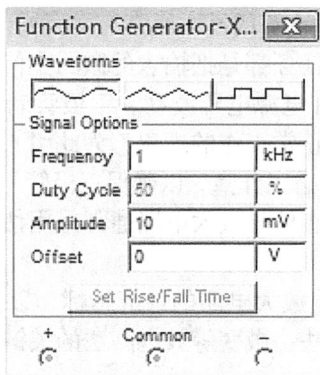

图 2.54　函数信号发生器对话框参数设置

3. 对波特图示仪的控制面板进行设置，设定垂直轴的终值 $F = 100dB$，初值 $I = -200dB$，水平轴终值 $F = 1GHz$，初值 $I = 1mHz$，垂直轴和水平轴的坐标全设为对数方式，如图 2.55 所示。

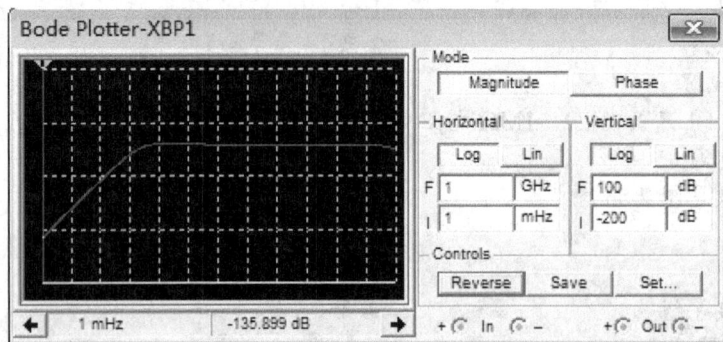

图2.55 两级直接耦合放大电路频率测试的波特图示仪设置

4. 打开波特图示仪，观察幅频特性曲线。用控制面板上的右移箭头将游标移到中频段，可以得到中频段较为稳定的分倍值，约为−6。

5. 左移游标找出电压放大倍数下降 3dB 即约−9 的分倍值，此分倍值所对应的即为下限频率 f_L。如图 2.56 所示，下限频率 $f_L = 2.233Hz$。

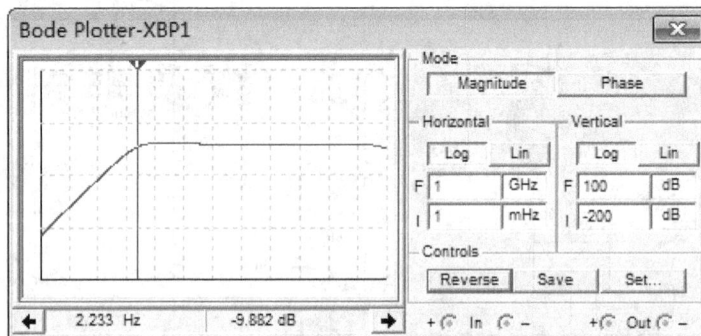

图2.56 波特图示仪测量出的下限频率示意图

项 目 小 结

1. 双极型三极管的单级放大电路的基本组态有 3 种：共射组态、共集电极组态和共基极组态。无论组态如何，其基本任务都是把输入的微弱小信号放大且不失真地输出。

2. 固定偏置共射放大电路在电源电压波动、三极管老化时，特别在温度变化时，易造成静态工作点不稳定，甚至不能正常工作的现象，为此引入分压式偏置共射放大电路。

3. 静态分析的目的是确定静态工作点，以确保三极管不失真地传输和放大。静态工作点求解的方法有图解法和估算法，小信号放大电路通常采用估算法，大信号放大电路只能采用图解法。

4. 动态分析的目的是求解出放大电路的性能指标，以找出各种放大电路的适用场合。动态分析的方法是微变等效电路法，微变等效电路法的关键是将非线性元件三极管，在小信号条件下用其线性模型等效代替。

5. 共射放大电路输入电阻不够大，输出电阻不够小，输入与输出具有反相关系，电压放大能力很强，比较适用于在多级放大电路中作中间级。

6. 共集电极放大电路的输入电阻较大、输出电阻较小，输入与输出同相且基本相等，因此没有电压放大能力，但具有电流放大和功率放大功能，适合作为多级放大电路的输入级、输出级以及中间隔离级。

7. 共基极放大电路的输入电阻不够大、输出电阻不够小，电压放大能力较大，但与共射放大电路相比稍差。共基极放大电路的主要特点是高频特性和宽频特性非常好，适用于高频、宽频电路。

8. 单极型三极管单级放大电路的基本组态和双极型三极管单级放大电路类似，有共源、共栅和共漏 3 种。用作放大电路时，各种组态的单极型三极管单级放大电路也必须具有合适的偏置电路，以确保管子工作在恒流放大区。单极型三极管单级放大电路的偏置电路有自给栅偏压和分压式自偏压两种，其中自给栅偏压电路只适用于耗尽型场效应管，而分压式自偏压方式适用于各种类型的场效应管。

9. 工程实际中为了满足技术上提出的指标，通常采用多级放大电路实现其要求。多级放大电路级与级之间的耦合方式有阻容耦合、直接耦合、变压器耦合以及光电耦合等；多级放大电路的电压放大倍数为各级电压放大倍数的乘积。

10. 当放大电路的输入信号频率发生变化时，放大电路各部分也会随之对不同频率的信号产生不同的幅频特性和相频特性，称为频率特性。放大电路的频率响应主要反映在低频区和高频段，中频区可不考虑频率响应。

11. 为压缩坐标，扩大视野，在有限坐标空间内完整地描述频率特性，引入半对数坐标的波特图，波特图可用来计算负反馈系统的电压放大能力，进而确认放大电路的稳定性。

技能训练：检测共射放大电路的性能

一、训练目的

1. 了解固定偏置共射放大电路静态工作点的调整方法；学习根据测量数据计算电压放大倍数、输入电阻和输出电阻的方法。

2. 观察静态工作点的变化对电压放大倍数和输出波形的影响。

3. 进一步掌握双踪示波器、函数信号发生器、电子毫伏表的使用方法。

二、实训主要仪器设备

模拟电子实验装置　　　　1 套
双踪示波器　　　　　　　1 台
函数信号发生器　　　　　1 台
电子毫伏表、万用表　　各 1 个
其他相关设备及导线　　　若干

三、实训原理图

分压式偏置共射放大电路原理图如图 2.57 所示。

四、实训原理

（1）为了获得最大不失真输出电压，静态工作点应选在交流负载线的中点。为使静态工作点稳定，必须满足小信号条件。

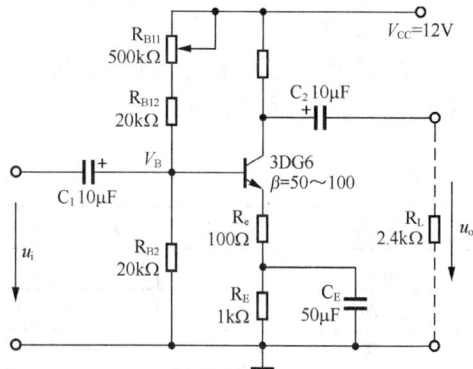

图 2.57　分压式偏置共射放大电路原理图

（2）静态工作点可由下列关系式计算。

$$V_{BQ} = \frac{R_{B2}}{R_{B1} + R_{B2}} V_{CC}$$

$$I_{CQ} \approx I_{EQ} = \frac{V_{BQ} - U_{BEQ}}{R_E + R_e}$$

$$U_{CEQ} \approx V_{CC} - I_{CQ}(R_E + R_e + R_C)$$

（3）电压放大倍数、输入电阻、输出电阻计算

$$A_u = \frac{u_o}{u_i} = -\frac{|U_{oP\text{-}P}|}{|U_{iP\text{-}P}|}$$

$$r_i = R_{B1} // R_{B2} // [r_{be} + (1 + \beta)R_e]$$

$$r_{be} = 300\Omega + (1 + \beta)\frac{26mA}{I_{EQ}(mA)} \quad （选择\ \beta = 60）$$

$$r_o = R_C$$

式中，负号表示输入、输出信号电压的相位相反。式中的输入、输出电压峰-峰值根据示波器上波形的踪迹正确读出。

五、实训步骤

（1）调节函数信号发生器，产生一个输出为 $u_i = 80mV$、$f = 1000Hz$ 的正弦波，将此正弦信号引入共射放大电路的输入端。

（2）把示波器 CH1 探头与电路输入端相连，电路与示波器共"地"，均连接在实验电路的"地"端。

（3）调节电子实验装置上的直流电源，使之产生 12V 直流电压输出，引入实验电路中的+V_{CC}端子上。

（4）实训电路的输出端子与示波器 CH2 探头相连。用电子毫伏表的直流电压挡 20V，红表笔与实训电路中的 V_B 处相接，黑表笔接地，测量 V_B 值。

（5）调节 R_{B11}，观察示波器屏幕中的输入、输出波形，若静态工作点选择合适，本实验电路中 V_B 的数值通常在 3～4V。将读出的数据和输入、输出信号波形填写于表 2-3。

（6）从示波器中读出输入、输出信号的峰-峰值，由两个峰-峰值的比值算出放大电路的电压放大倍数 A_u。由电路参数计算出放大电路的输入、输出电阻。

（7）调节 R_{B11}，观察静态工作点的变化对放大电路输出波形的影响。

① 逆时针旋转 R_{B11}，观察示波器上输出波形的变化，当波形失真时，观察波形的削顶情况，并记录在表 2-3 中。

② 顺时针旋转 R_{B11}，观察示波器上输出波形的变化，当波形失真时，观察波形的削顶情况，仍记录在表 2-3 中。

表 2-3　　　　　　　　　　　　　常用电子仪器使用的测量数据

测量值	V_B/V	$U_{OP\text{-}P}$/V	$U_{IP\text{-}P}$/V	输入波形	输出波形
R_{B11} 合适					
R_{B11} 减小					
R_{B11} 增大					
测量估算值	A_u	r_i	r_o		
R_{B11} 合适					

（8）根据观察到的两种失真情况，正确判断出哪个为截止失真，哪个是饱和失真。

六、思考题

1．电路中 C_1、C_2 的作用你了解吗？说一说。

2．静态工作点偏高或偏低时对电路中的电压放大倍数有无影响？

3．饱和失真和截止失真是怎样产生的？如果输出波形既出现饱和失真，又出现截止失真，是否说明静态工作点设置得不合理？为什么？

知识拓展：元件图形符号和单元电路识读方法

电子设备中有各种各样的图。能够说明模拟电子电路工作原理的是模拟电路原理图，简称电子电路图。电子电路图用不同的图形符号表示电阻器、电容器、开关、三极管等实物，用线条把元件和单元电路按工作原理的关系连接起来。一张电子电路图就好像一篇文章，各种单元电路就好比是句子，电路中的各种元件就是组成句子的单词。要想看懂电子电路图，就得从认识单词——元件开始。

一、电子电路图中元件的识别

有关电阻器、电容器、电感线圈、三极管等元件的用途、类别、使用方法等内容，通过以前的学习相信很多读者已经掌握得不错了，这里再稍微说明一下，希望能让读者的记忆更加深刻。

1．电阻器与电位器的识图

各种电阻器和电位器的电路图形符号如图 2.58 所示。其中图 2.58（a）表示一般固定阻值的电阻器，图 2.58（b）表示半可调或微调电阻器，图 2.58（c）表示电位器，图 2.58（d）表示带开关的电位器。电阻器的文字符号是"R"，电位器是"R_P"或"R_W"，即在 R 的后面再加一个说明它有调节功能的字符。在某些电路中，对电阻器的功率有一定要求，可分别用图 2.58（e）、图 2.58（f）、图 2.58（g）、图 2.58（h）所示的符号来表示。

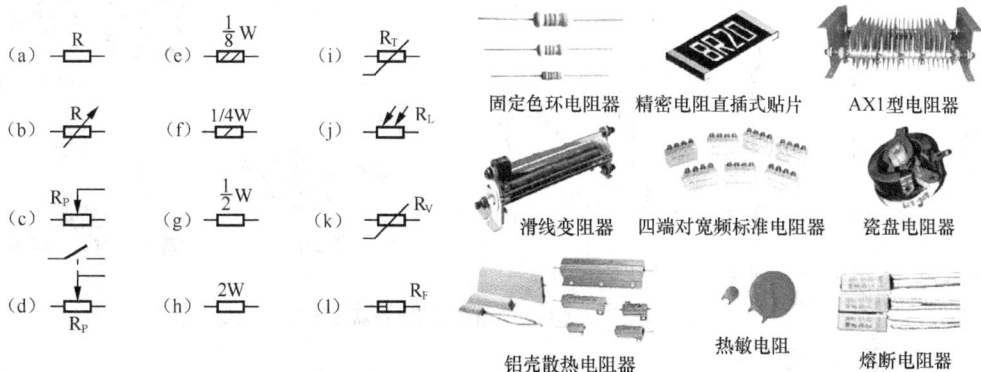

图 2.58 各种电阻器和电位器的电路图形符号及实物图

热敏电阻的阻值是随外界温度而变化的。它主要有两种类型：负温度系数热敏电阻用 NTC 表示，正温度系数热敏电阻用 PTC 表示。热敏电阻的符号如图 2.58（i）所示，用 θ 或 t° 来表示温度，它的文字符号是"R_T"。光敏电阻器的符号如图 2.58（j）所示，有两个斜向的箭头表示光线，它的文字符号是"R_L"。压敏电阻的阻值随电阻器两端所加电压的变化而变化，它的符号如图 2.58（k）所示，它的文字符号是"R_V"。这 3 种电阻器实际上都是半导体器件，但习惯上仍把它们当作电阻器。除上述 3 种特殊电阻器之外，还有一种特殊的电阻器符号，表示新近出现的保险电阻，保险电阻兼有电阻器和熔丝的作用，当温度超过 500℃时，电阻层迅速剥落熔断，切断电路，从而起到保护电路的作用。保险电阻的阻值很小，其符号如图 2.58（1）所示，文字符号是"R_F"。

2. 电容器的符号

电容器的电路图形符号及产品实物图如图 2.59 所示。

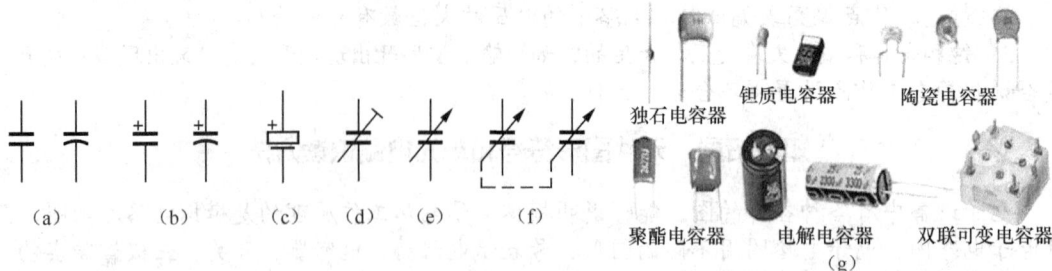

图 2.59　电容器的电路图形符号及产品实物图

其中图 2.59（a）表示容量固定的电容器；图 2.59（b）表示有极性电容器；图 2.59（c）表示有极性的电解电容器；图 2.59（d）表示微调电容器；图 2.59（e）表示容量可调的可变电容器；图 2.59（f）表示一个双连可变电容器；图 2.59（g）所示为电容器产品实物。电容器的文字符号是"C"。

3. 电感器的符号

电感器的电路图形符号及产品实物图如图 2.60 所示。

图 2.60（a）所示为电感器的一般符号，图 2.60（b）所示为带磁芯或铁芯的电感器，图 2.60（c）所示为铁芯有间隙的电感器，图 2.60（d）所示为带可调磁芯的可调电感器，图 2.60（e）所示为有多个抽头的电感器；图 2.60（f）所示为电感器产品实物图。电感器的文字符号是"L"。

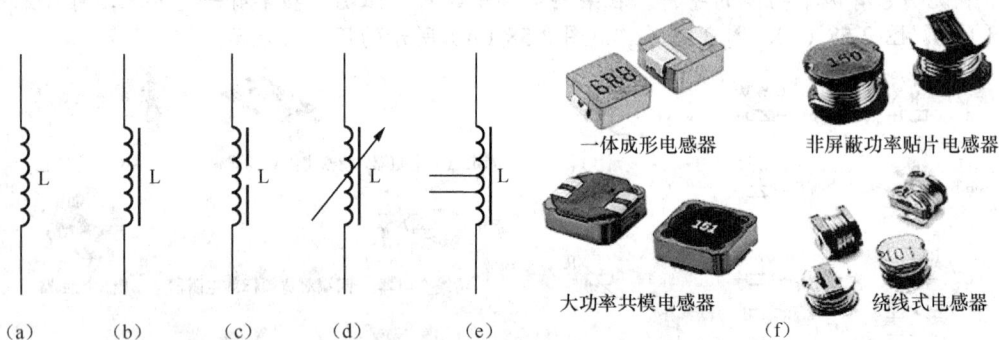

图 2.60　电感器的电路图形符号及产品实物图

4. 二极管的符号

二极管的电路图形符号及部分产品实物图如图 2.61 所示。

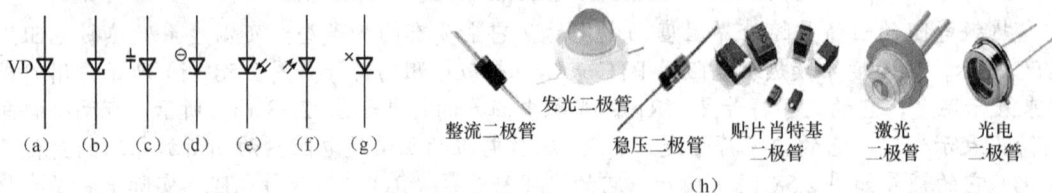

图 2.61　二极管的电路图形符号及部分产品实物图

图 2.61（a）所示为一般二极管的符号，三角形尖头所指的方向就是电流流动的方向，即在这个二极管上端接正电压、下端接负电压时，它就能导通；图 2.61（b）所示为稳压二极

管符号；图 2.61（c）所示为变容二极管符号，旁边的电容器符号表示它的结电容是随着二极管两端的电压而变化的；图 2.61（d）所示为热敏二极管符号；图 2.61（e）所示为发光二极管符号，用两个斜向放射的箭头表示它能发光；图 2.61（f）所示为光电（光敏）二极管符号；图 2.61（g）所示为磁敏二极管符号，它能对外加磁场作出反应，常被制成接近开关用在自动控制方面；图 2.61（h）所示为部分二极管产品实物。二极管的文字符号在旧标准中用 "D"表示，采用新标准后改用 "VD" 表示。

5. 三极管图形符号

图 2.62 所示为三极管的电路图形符号及产品实物。

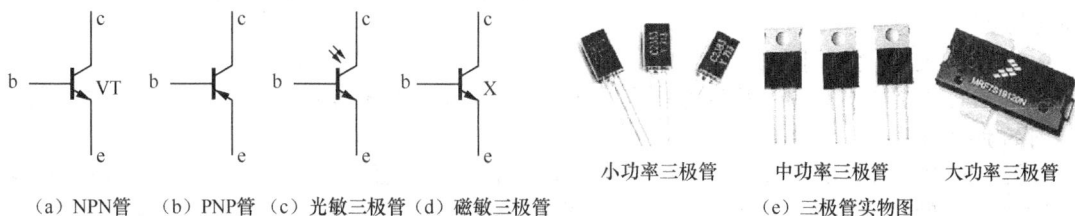

（a）NPN管 （b）PNP管 （c）光敏三极管 （d）磁敏三极管 （e）三极管实物图

图 2.62 三极管的电路图形符号及产品实物图

由于 NPN 管和 PNP 管在使用时对电源的极性要求不同，所以在三极管的电路图形符号中应该能够区别和表示出来。图形符号的标准规定：只要是 NPN 管，不管它是用锗材料的，还是用硅材料的，都用图 2.62（a）表示；同样，只要是 PNP 管，不管它是用锗材料的，还是硅材料的，都用图 2.62（b）表示。图 2.62（c）所示为光敏三极管的符号。图 2.62（d）所示为一个硅 NPN 型磁敏三极管，图 2.62（e）所示为部分三极管产品实物图。

二、单元电路的认识和读图

单元电路的识图、读图训练，是电子电路爱好者必须掌握的基本功之一，对今后分析整机电子电路的工作原理而言十分必要。因为单元电路图能够完整地表达某一级电路的结构和工作原理，有时还全部标出电路中各元件的参数，如标称阻值、标称容量和三极管型号等。单元电路对深入理解整机电路的工作原理和记忆电路的结构、组成很有帮助。

1. 单元电路图的特点

单元电路图具有下列特点。

（1）单元电路图主要是为了便于分析某个单元电路的工作原理，而单独绘制的部分电路图，所以在图中省去了与该单元电路无关的其他元件和有关的连线、符号，这样单元电路图就显得比较简洁、清楚，识图时没有其他电路的干扰。单元电路图基本上都对电源、输入端和输出端进行了简化，如图 2.63 所示的电路。

单元电路图中通常用 $+V_{CC}$ 表示直流工作电压（其中正

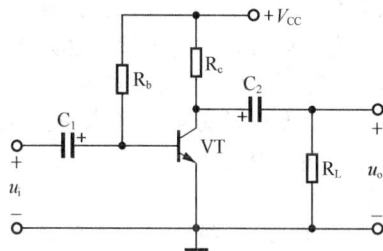

图 2.63 单元电路图

号表示采用正极性直流电压给电路供电，地端接电源的负极）；u_i 表示输入信号，是这一单元电路所要放大或处理的信号；u_o 表示输出信号，是经过这一单元电路放大或处理后的信号。在单元电路图中通过这样的标注可方便地找出电源端、输入端和输出端，而在实际电路中，这 3 个端点的电路均与整机电路中的其他电路相连，没有 $+V_{CC}$、u_i 和 u_o 的标注，显然会给初学者的识图和读图造成一定的困难。

例如，见到 u_i 可以知道信号是通过电容 C_1 加到三极管 VT 基极的；见到 u_o 可以知道信号是从三极管 VT 集电极输出的，这相当于在电路图中标出了放大电路的输入端和输出端，大大方便了电路工作原理的分析。

（2）单元电路图采用习惯画法，利于初学者理解。例如，元件采用习惯画法，各元件之间采用最短的连线，而在实际的整机电路图中，由于受电路中其他单元电路中元件的制约，有关元件画得比较乱，有的不是常见的画法，有个别元件画得与该单元电路相距较远，这样电路中的连线很长且弯弯曲曲，造成识图和理解的不便。

（3）单元电路图只出现在讲解电路工作原理的书刊中，实用电路图中是不出现的。学习单元电路是学好电子电路工作原理的关键。只有掌握了单元电路的工作原理，才可能分析整机电路。

2. 单元电路的识图方法

单元电路的种类繁多，而各种单元电路的具体识图方法也各有差异，这里介绍单元电路识图的共性问题。

（1）有源电路识图方法。所谓有源电路，是指需要有直流电压才能工作的电路，如前面所讲的共射放大电路、共集电极放大电路和共基极放大电路等。对有源电路的识图，首先应分析直流电压供给的电路，在直流电压供给下，可将电路图中的所有电容器看成开路（因为电容器具有隔直特性），将所有电感器看成短路（电感器具有通直的特性）。识图方向一般是从右向左、从上往下。

（2）信号传输过程的分析。信号传输过程就是分析信号在该单元电路中如何从输入端传输到输出端，信号在这一传输过程中受到了怎样的处理（如放大、衰减、控制等）。信号传输的识图方向一般是从左向右。

（3）元件作用分析。元件作用分析就是分析电路中各元件起什么作用，主要从直流和交流两个角度分析。例如，分压式偏置共射放大电路中的电容 C_1 和 C_2，直流静态分析时它们由于自身的隔直作用而相当于开路，交流动态分析时它们又相当于短路。

（4）电路故障分析。电路故障分析就是分析电路中的元件出现开路、短路、性能变差后，会对整个电路工作造成什么样的不良影响，使输出信号出现什么故障现象（如没有输出信号、输出信号小、信号失真、出现噪声等）。在弄清楚电路工作原理之后，元件的故障分析才会变得比较简单。

整机电路中各种功能的单元电路繁多，许多单元电路的工作原理十分复杂，若在整机电路中直接进行分析就比较困难，分析单元电路图之后再分析整机电路，就会比较简单，所以单元电路图的识图实际上也是为整机电路的分析服务的。

3. 放大电路读图要点

放大电路是电子技术中变化较多和较复杂的电路。当拿到一张放大电路图时，首先要把它逐级分解开，然后一级一级地分析弄懂其原理，最后全面综合分析。读图时要注意以下几点。

（1）在逐级分析时要区分主要元件和辅助元件。放大电路中使用的辅助元件很多，如偏置电路中的温度补偿元件、稳压稳流元件，防止自激振荡的防振元件、去耦元件，保护电路中的保护元件等。

（2）在分析中最主要和最困难的是反馈的分析，要找出反馈通路，判断反馈的极性和类型，特别是多级放大电路，往往是后级将负反馈加到前级，因此更要细致分析。

（3）一般低频放大电路常用阻容耦合方式；高频放大电路则常与 LC 调谐电路有关，或是用单调谐或双调谐电路，而且电路中使用的电容器容量一般比较小。

（4）注意三极管和电源的极性，单级放大电路通常使用单电源供电，集成放大器则大多使用双电源，这是放大电路的特殊性。

能力检测题

一、填空题

1. 放大电路的核心元件三极管正常工作时的偏置情况为_____。

2. 共集电极放大电路由于具有_____的特点，适用于多级放大电路的输入级；由于具有_____的特点，适用于多级放大电路的输出级。

3. 共射放大电路的特点是：输入电阻_____、输出电阻_____、电压放大倍数_____。

4. 所谓静态，是指在_____，只在直流电源作用下的电路状态。

5. 动态是指_____已设置好，不再考虑_____的作用，仅在输入交流小信号作用下的电路状态。

6. 静态工作点的高低对放大电路的影响是：若 Q 点过高，则放大电路易进入_____区；若 Q 点过低，则放大电路易进入_____区。

7. 共基极放大电路由于其_____特性和_____特性较好，特别适用于_____和_____领域。

8. 放大电路能够将微弱小信号放大，其能量来自_____。

9. MOS 管放大电路中，自给栅偏压电路只适用于_____型 MOS 管电路，而_____电路则适用于各种类型的 MOS 管放大电路。

10. 场效应管是通过改变_____来改变漏极电流的，所以是_____控制型器件。

11. 频率特性包括_____特性和_____特性；由于频率响应，使放大电路产生的失真属于_____失真。

12. 多级放大电路的电压放大倍数等于各级放大电路的电压放大倍数的_____。

二、判断正误题

1. 共集电极放大电路因电压放大倍数小于和约等于 1，因此电路无放大作用。（　　）

2. 共基极放大电路的电压放大能力较大，因此适用于多级放大电路的中间级。（　　）

3. 输入的微弱小信号能够被放大，能量来自核心元件的电流放大作用。（　　）

4. 静态工作点的合适与否是保证放大电路不失真地传输和放大的前提。（　　）

5. 动态分析是在静态工作点确定之后才能进行的。（　　）

6. 若 N 沟道耗尽型 MOS 管的栅源电压大于零，则该管的输入电阻会明显变小。（　　）

7. 耗尽型 MOS 管在栅源电压为正或为负时均能实现压控电流的作用。（　　）

8. 增强型 MOS 管采用自给栅偏压时，漏极电流必为零。（　　）

9. 阻容耦合多级放大电路各级的 Q 点相互独立，只能放大交流信号。（　　）

10. 直接耦合的多级放大电路各级 Q 点相互影响，只能放大直流信号。（　　）

11. 当输入信号是直流信号时，任何放大电路的输出都会毫无变化。（　　）

12. 放大电路中输出的电流和电压都是由有源元件提供的。（　　）

13. 多级放大电路的级数越多，其放大倍数越大，通频带越宽。（　　）

三、单项选择题

1. 工作在放大区的三极管，当 I_B 从 12μA 增大到 22μA 时，I_C 从 1mA 变为 2mA，其 β

值为（   ）。

    A. 83   B. 91   C. 100   D. 70

2. 分析放大电路时，常常采用直流分析和交流分析分别进行的方法，这是因为（   ）。

    A. 三极管是非线性器件

    B. 交流成分与直流成分变化规律不同

    C. 电路中有电容元件

    D. 在一定条件下电路可视为线性电路，因此可用叠加定理

3. 场效应管栅源之间的电阻比三极管基极和发射极之间的电阻（   ）。

    A. 大得多   B. 小得多   C. 差不多   D. 没有可比性

4. 用于放大时，场效应管应工作在它输出特性曲线中的（   ）。

    A. 可变电阻区   B. 恒流区   C. 截止区   D. 击穿区

5. 在双极型三极管单级放大电路中，输入电阻最大的是（   ）的电路。

    A. 共基极组态   B. 共集电极组态   C. 共射组态   D. 共源极组态

6. 在双极型三极管单级放大电路中，输出电阻最小的是（   ）的电路。

    A. 共基极组态   B. 共集电极组态   C. 共射组态   D. 共源极组态

7. 在下列单级放大电路中，输入电阻最大的是（   ）的电路。

    A. 共基极组态   B. 共集电极组态   C. 共射组态   D. 共漏极组态

8. NPN 管构成的共射放大电路，当输出信号出现波形底部削平时，这种失真是（   ）。

    A. 饱和失真   B. 截止失真   C. 频率失真   D. 线性失真

9. 已知两级放大电路的电压放大倍数大于 100，要求输入电阻为 100~200kΩ，第二级采用共射组态电路，则第一级应采用（   ）。

    A. 共基极组态   B. 共集电极组态   C. 共射组态   D. 共漏极组态

10. 多级放大电路与组成它的各个单级放大电路相比，其通频带（   ）。

    A. 不变   B. 变宽   C. 变窄   D. 无可比性

11. 放大电路由于频率响应引起的输出畸变的失真属于（   ）。

    A. 饱和失真   B. 截止失真

    C. 线性失真   D. 非线性失真

12. 当放大电路的电压增益为 -20dB 时，说明它的电压放大倍数为（   ）。

    A. 0.1   B. 1   C. 10   D. 100

四、简答题

1. 双极型三极管的单级放大电路中的核心元件是什么？对该核心元件有什么要求？

2. 放大电路中为何设立静态工作点？静态工作点的高低对电路有何影响？

3. 指出图 2.64 所示各放大电路能否正常工作，如不能，请校正并加以说明。

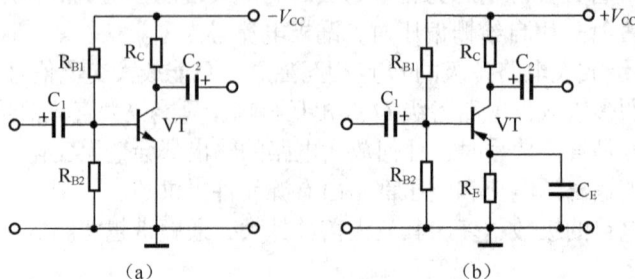

图 2.64　简答题 3 电路图

4. 共射放大电路中集电极电阻 R_C 起什么作用？

五、分析计算题

1. 试画出 PNP 管的基本放大电路，并注明电源的实际极性以及三极管各电极上实际电流的方向。

2. 在图 2.65 所示的分压式偏置放大电路中，已知 $R_C = 3.3\text{k}\Omega$，$R_{B1} = 40\text{k}\Omega$，$R_{B2} = 10\text{k}\Omega$，$R_E = 1.5\text{k}\Omega$，$\beta=70$。求静态工作点 I_{BQ}、I_{CQ} 和 U_{CEQ}（图中三极管为硅管）。

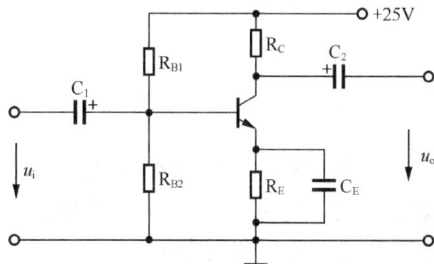

图 2.65　分析计算题 2 电路图

3. 画出图 2.65 所示电路交流通道的微变等效电路。根据微变等效电路进行动态分析，求解电路的电压放大倍数 A_u、输入电阻 r_i 和输出电阻 r_o。

4. 在图 2.65 所示的电路中，如果接上负载电阻 $R_L = 3\text{k}\Omega$，电路的输出等效电阻和电压放大倍数会发生变化吗？分别等于多少？

5. 在图 2.66 所示的两电路中，当信号源电压均为 $u_S = 5\sin\omega t$ V，$V_{CC} = +12$V，$\beta = 70$，$r_{be}=1.39\text{k}\Omega$ 时，试分别计算图 2.66（a）、图 2.66（b）两电路的输出电压 u_o，并比较计算结果。

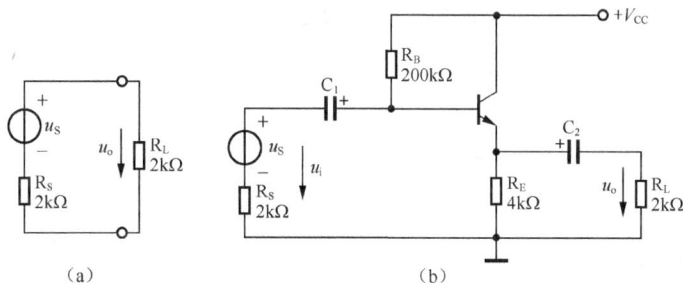

（a）　　　　　　　　　　（b）

图 2.66　分析计算题 5 电路图

6. 两级交流放大电路如图 2.67 所示，其中两只三极管的电流放大倍数 $\beta_1 = \beta_2 = 50$，两只三极管的输入电阻 $r_{be1}=r_{be2}=1\text{k}\Omega$，试求放大电路的电压放大倍数 A_u、电路的输入电阻 r_i 及输出电阻 r_o。

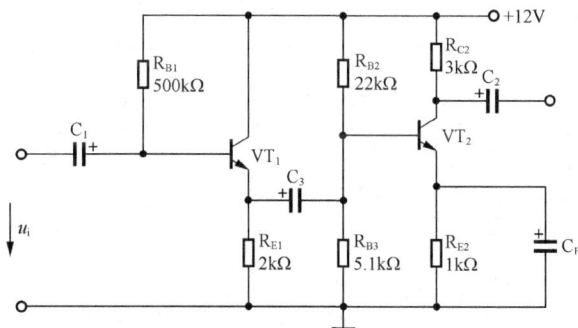

图 2.67　分析计算题 6 电路图

7. 设图 2.68 所示电路中的所有二极管、三极管均为硅管，试判断三极管 VT_1、VT_2 和 VT_3 的工作状态。

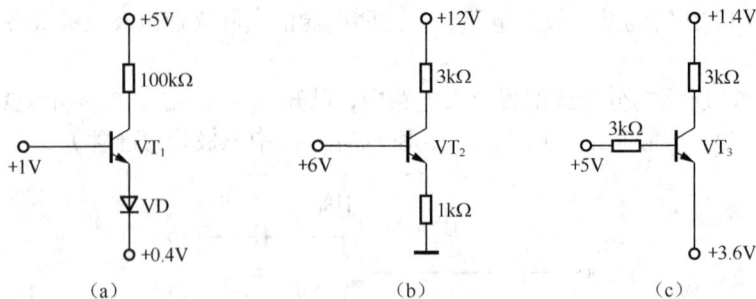

图 2.68　分析计算题 7 电路图

8. 在图 2.69 所示的共集电极放大电路中，已知三极管 $\beta=120$，$r'_{bb}=200\Omega$，$U_{BE}=0.7V$，$V_{CC}=12V$，试求该放大电路的静态工作点及动态指标。

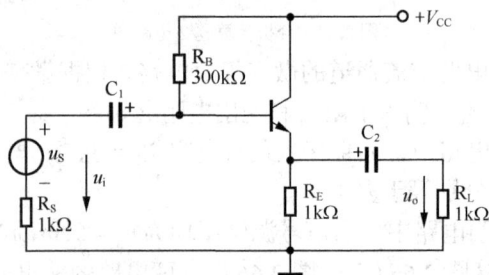

图 2.69　分析计算题 8 电路图

项目三　集成运算放大器

集成运算放大器（简称集成运放）是由直接耦合的多级放大电路组成的高增益模拟集成电路，主要由输入级、中间级和输出级 3 部分组成。集成运放的输入级是对称性很好的差动放大电路，目的是使运放具有尽可能高的输入电阻和共模抑制比；集成运放的中间级多由复合三极管构成的多级直接耦合的共射放大电路组成，以获得足够高的电压增益；集成运放的输出级使用的是互补对称的推挽功放电路，目的是使运放具有足够大幅度的输出功率。

集成运算放大器

- 集成运算放大器概述
  - 运放概念
  - 封装形式
  - 基本组成

- 差动放大电路
  - 直接耦合放大电路需要解决的问题
    - 静态工作点相互影响
    - 存在零点漂移
  - 差动放大电路组成
    - 结构对称
      - 差模信号
      - 共模信号
    - 双电源供电
  - 差动放大电路原理
    - 静态分析 — 抑制零漂
    - 动态分析 — 抑制共模
  - 恒流源式差放电路

- 复合三极管放大电路
  - 运放中间级
  - 进一步提高电路增益

- 功率放大电路
  - 特点及技术要求
    - 大信号 — 适用图解法
    - 输出功率足够大
    - 非线性失真尽量小
    - 散热条件要好
  - 电路问题 — 交越失真
  - 功放分类
    - 甲类
      - 工作于最佳线性
      - 高保真但效率低
    - 乙类
      - 存在交越失真
      - 效率高
    - 甲乙类
      - OCL
        - 双电源供电
        - 线路简单，效率高
      - OTL
        - 单电源供电
        - LM386
  - 采用复合三极管的功放
    - 准互补对称
    - 电流放大倍数更大
    - OTL实用电路

- 放大电路的负反馈
  - 反馈概念
    - 正反馈
    - 负反馈
  - 反馈类型
    - 电压反馈
    - 电流反馈
    - 串联反馈
    - 并联反馈
  - 反馈类型判别
    - 串联反馈判别
    - 并联反馈判别
    - 电压反馈判别
    - 电流反馈判别
  - 负反馈对放大电路的影响
    - 提高稳定性
    - 展宽通频带
    - 减小非线性失真

- 集成运算放大器及其理想电路模型
  - 集成运放分类
    - 通用型
    - 高阻型
    - 低温漂型
    - 高速型
    - 低功耗型
    - 高压大功率型
  - 运放封装
    - 双列直插
    - 8个引脚
  - 运放性能指标
    - 开环放大倍数很大
    - 差模输入电阻很高
    - 闭环输出电阻很小
    - 共模抑制能力很强
  - 理想运放
    - 4个理想化条件
      - $A_{uo}=\infty$
      - $r_i=\infty$
      - $r_o=0$
      - $K_{CMR}\to\infty$
    - 两个重要概念
      - 虚短
      - 虚断

学 习 目 标

知识 目标

1. 了解集成运算放大器的发展及应用，掌握其封装形式以及引脚功能。

2. 了解直接耦合的多级放大电路存在的问题以及应对措施，理解差动放大电路中的差模信号和共模信号的概念，掌握差动放大电路的工作原理。

3. 了解复合三极管放大电路的应用和组成原理，理解采用复合三极管的目的。

4. 了解功放电路的特点及技术要求，理解交越失真；掌握功放电路的分类及特点，重点掌握 OCL 电路和 OTL 电路的特点，了解集成功放 LM386 的应用。

5. 了解反馈的相关概念，掌握反馈类型及其判别方法；理解负反馈对放大电路的影响。

6. 了解集成运放的分类及用途；理解实际运放的性能指标；掌握理想运放的 4 个理想化条件；深刻理解虚短和虚断两个重要概念。

能力 目标

1. 具有使用电路仿真软件构建差动放大电路和功放电路的能力，并能够应用 Multisim 8.0 对电路进行检测。

2. 具有正确识读电子电路图的能力。

3. 具有运用所学知识顺利完成能力检测题的能力。

素质 目标

培养和提高融会贯通的思维能力及科学创新精神。

项 目 导 入

1964 年，世界上第一个模拟集成运算放大器诞生，之后迅速得到了广泛的应用。近年来集成运放的应用范围不断拓宽，用它可完成放大、振荡、调制和解调，模拟信号的相乘、相除、相减和相比较等。常用的收录机、电视机、音响等各种视听设备，虽然有时也被冠以"数码设备"的名称，但实际上离不开模拟集成电路。

许多电子爱好者都是从组装收音机、音响放大器开始对集成电路感兴趣的。收音机和音响放大器中的集成电路主要是集成运放。集成电路的技术发展直接促进了整机的小型化、高性能化、多功能化和高可靠性。

学习本项目，首先应重点理解零点漂移的概念和差动放大电路的共模抑制能力；然后应明确采用复合三极管放大电路的目的；学习功放电路首先要了解功放的极限工作特点以及技术指标，在此基础上理解交越失真，进一步掌握功放电路的分类和用途；还应理解和掌握放大电路采用负反馈的原因；深刻理解虚短和虚断两个重要概念，为集成运放的应用电路分析打下坚实的基础。

知 识 链 接

3.1　集成运算放大器概述

项目二中讨论的放大电路都是由单个元件连接起来的电路，称为分立元件电路。分立元件电路，如果需要的元件数目较多，必将导致设备的体积、重量、电能消耗增大，而且元件之间的焊点也会太多而增大设备的故障率。为解决上述问题，人们研制出了新的电子器件——集成电路。

集成电路由于体积小、密度大、功耗低、引线短、外接线少，大大提高了电子电路的可靠性与灵活性，减少了组装和调整工作量，降低了成本。目前，集成电路的应用已深入工农业、日常生活及科技领域的众多产品中。例如，在导弹、卫星、战车、舰船、飞机等军事装备中，在数控机床、仪器仪表等工业设备中，在通信设备和计算机中，在音响、电视机、录像机、洗衣机、电冰箱、空调等家用电器中都采用了集成电路。集成电路的发展，对各行各业的技术改造与产品更新起到了促进作用。

3-1　集成运算放大器概述

从总体上看，集成电路相当于一种电压控制的电压源元件，即它能在外部输入信号控制下输出恒定的电压。实际上集成电路不是一个元件，而是具有一个完整电路的全部功能。目前集成电路正向材料、元件、电路、系统四合一上过渡。本节主要介绍集成电路中的集成运放，希望读者能够熟练掌握集成运放电路的分析方法，为今后实际工作中灵活应用集成运放打下基础。

1. 集成运算放大器的封装形式

集成运放芯片外壳的封装不仅起着安装、固定、密封、保护芯片等作用，还可通过芯片上的接点用导线连接到封装外壳的引脚上，这些引脚又可通过印制电路板上的导线与其他器件连接，从而实现内部芯片与外部电路的连接。集成运放的封装形式有多种，按照封装外形分，主要有单列直插式、圆壳式、双列直插式以及扁平式等，如图 3.1 所示。

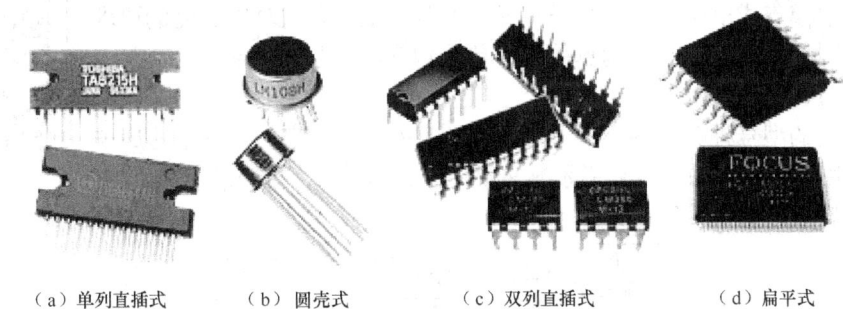

3-2　集成运算放大器的封装形式

（a）单列直插式　　　（b）圆壳式　　　（c）双列直插式　　　（d）扁平式

图 3.1　集成运放的封装形式

图 3.1 中，单列直插式封装的集成运放只有一排较长的引脚，这一排引脚又分成两排进行焊接安装，引脚数有 3、4、5、7、8、9、10、12、16 几种；圆壳式封装的集成运放引脚数有 8、10、12 三种，散热和屏蔽性良好；双列直插式封装的集成运放具有两排引脚，最适合印制电路板的穿孔安装，易于对印制电路板布线，其引脚数不超过 100；扁平式封装形式通常只有大规模和超大规模集成电路采用，其引脚数一般都在 100 以上，必须采用表面安装设备技术将芯片各引脚对准相应的焊点来实现与主板的焊接，使用这种方法焊接的芯片，不用专用工具很难从主板上拆卸下来。

由于塑封的双列直插式集成运放造价低，因此其应用最为广泛，绝大多数中小规模集成电路均采用这种封装方式，常用的双列直插式集成运放引脚通常有 8、14、16 三种形式。表 3-1 给出了一些双列直插式集成运放的引脚功能代表符号，供使用时查阅。

集成运放的引脚排列次序有一定的规律，一般是从外壳顶部向下看，从左下角按逆时针读数，其中第一脚附近有色点作为参考标志。

表 3-1 　　　　　　　　　　　双列直插式集成运放的引脚功能代表符号

符号	功能	符号	功能
IN₋	反相输入端	BI	偏置电流输入端
IN₊	同相输入端	C_L	外接电容端
OUT	运放输出端	C_R	外接电阻电容的公共端
V₊	正电源端	OSC	振荡信号输出端
V₋	负电源端	NC	空脚
V_S	供电电压	GND	地端
COMP	补偿端	GNDS	信号地端
OA	调零端	GNGD	功率接地端

2. 集成运算放大器的集成度

集成运放的集成度，通常是指单块芯片上所容纳的元件数目。集成度越高，所容纳的元件数目越多。在 MOS 电路中，集成度则与栅极长度有关，栅极长度也称为线宽，线宽越小，说明集成度越高。

按照集成度的不同，集成运放有小规模、中规模、大规模和超大规模之分。小规模集成运放电路一般含有十几到几十个元件，它是单元电路的集成，芯片面积为几平方毫米；中规模集成运放含有一百到几百个元件，是一个电路系统中分系统的集成，芯片面积约十平方毫米；大规模和超大规模集成运放中含有数以千计或更多的元件，它可把整个电路系统集成在基片上。

随着大规模集成电路和超大规模集成电路的发展，人们对集成度的要求越来越高。因为集成度越高，运算就越简单，包含的信息量就越少。

3. 集成运算放大器的结构组成

集成运放的型号种类很多，内部电路也各有差异，但它们的基本组成是相同的。通用型集成运放主要由差动输入级、中间放大级、输出级和偏置电路 4 个部分构成，如图 3.2 所示。

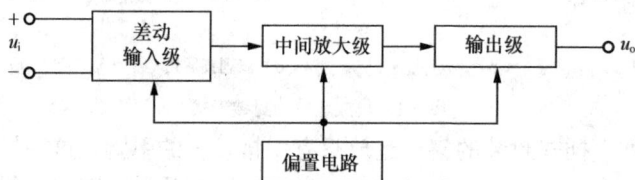

3-3 集成运算放大器的结构组成

图 3.2 集成运放的基本组成框图

（1）差动输入级

集成运放通常采用三极管恒流源双端输入差动放大电路作为输入级，主要作用是有效地抑制零点漂移，提高整个集成电路的共模抑制比，以获得较好的输入特性。

（2）中间放大级

中间放大级则采用由多级直接耦合的共射放大电路或采用复合三极管的共射放大电路构成，其作用就是获得足够高的电压增益。

（3）输出级

对集成运放的输出级要求是：带负载能力强，向负载提供足够大的功率，尽可能最大化、不失真地传输信号。因此，输出级大多采用互补对称的功率放大器构成，以降低输出电阻、

提高电路的负载能力，输出级通常都装有过载保护。

（4）偏置电路

偏置电路的作用是向各级放大电路提供合适的偏置电流，以保证各级放大电路具有合适的静态工作点。

除上述几部分外，集成运放一般还装有外接调零电路和相位补偿电路。

思考与练习

1. 集成运放属于何种控制型器件？集成运放中，最常用的电路封装形式是哪一种？
2. 集成运放通常由哪几部分组成？

任务训练：检查运算放大器的好坏

运用 Multisim 8.0 检查运算放大器好坏的原理：若运算放大器输出电压 U_O 分别为正、负饱和值（称作开环过零），则运算放大器是好的；否则运算放大器有问题。

首先，在 Multisim 8.0 元件库中选择具有 8 个引脚的 μA741 型号的运算放大器 1 只，万用表 1 只，12V 直流电源两个。将运放接入直流电源+12V 和−12V 以及地点，使运算放大器能够工作，再将运算放大器的同相输入端接地，反相输入端悬空。连接电路如图 3.3 所示。

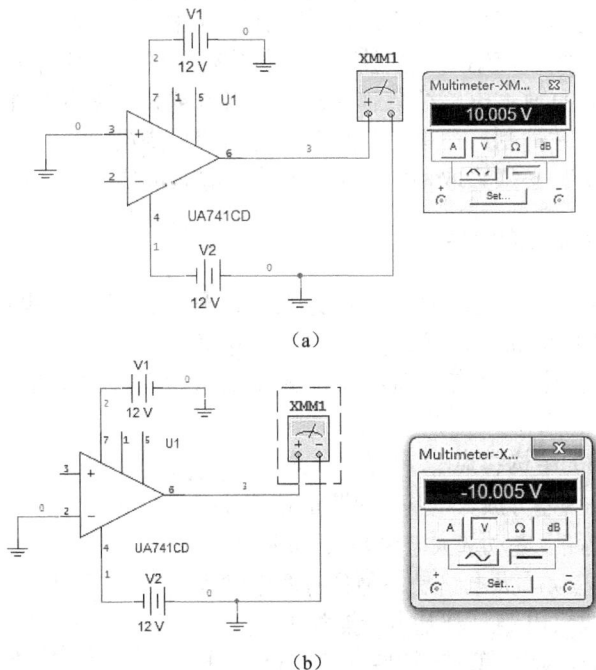

（a）

（b）

图 3.3　检测运算放大器开环过零电路

图 3.3（a）中万用表所测得的数值是运算放大器的正饱和值，图 3.3（b）中万用表所测得的数值是运算放大器的负饱和值。实际应用中，每次使用运算放大器前，都需用此方法检查其好坏。

3.2　差动放大电路

集成运放的输入级采用差动放大电路。输入级又称为前置级，是决定运放性能好坏的关键。

3.2.1　直接耦合放大电路需要解决的问题

阻容耦合的多级放大电路无法传递变化缓慢的信号和直流信号，为此，集成运算放大器电路通常采用直接耦合方式。但是，直接耦合的放大电路存在一些问题。

1. 各级静态工作点相互影响、互相牵制

直接耦合的多级放大电路前后级之间存在直流通道，当某一级静态工作点发生变化时，会对后级产生影响，因此需要合理地安排各级的直流电平，使它们之间能够正确配合。

2. 存在零点漂移现象

实验研究发现，直接耦合的多级放大电路，当输入信号为零时，温度的变化、电源电压的波动以及元件老化等原因，使放大电路的工作点发生变化，这个不为零的、无规则的、持续缓慢地变化的量会被直接耦合的放大电路逐级加以放大并传送到输出端，使输出电压偏离原来的起始点上下漂动，这种现象称为零点漂移，简称零漂或温漂。

这种缓慢变化的漂移电压如果出现在阻容耦合放大电路中，通常不会被传递到下一级电路进一步放大。但在直接耦合的多级放大电路中，由于前后级直接相连，其静态工作点相互影响，当温度、电源电压、三极管内部的杂散参数等变化时，虽然输入为零，但第一级的零漂经第二级放大，第二级再传给第三级放大……依次传递的结果使外界参数的微小变化在输出级产生很大的变化，且放大电路级数越多，放大倍数越大，零点漂移现象就越严重。零点漂移现象如果不能被有效抑制，严重时甚至会把有用信号淹没。

为了抑制零漂现象，必须采取相应措施，其中最有效的措施就是采用差动放大电路。

3.2.2　差动放大电路的组成

集成运算放大器对输入级的要求是：为减轻信号源的负担，电路的输入电阻要高；为抑制零漂且传输信号不失真，电路的差模电压放大倍数要大，共模抑制能力强；静态电流要小。差动放大电路正是具有这些优点的单元电路。

1. 差动放大电路的结构特点

差动放大电路也称为差分放大电路，是集成运算放大器中常用的一种单元电路。差动放大电路如图 3.4 所示。

由图 3.4 可知，差动放大电路是一种具有两个输入端且电路结构对称的放大电路，其基本特点如下。

（1）电路中的两个差分对管 VT 特性参数完全相同，对称位置上的电阻元件参数也相同。

（2）电路采用正、负两个电源供电，且 $V_{CC} = V_{EE}$。两只三极管的发射极经同一反馈电阻 R_E 接至负电源 $-V_{EE}$。

显然，差动放大电路是由两个完全对称的共射放大电路组合而成。

2. 差模信号

差动放大电路中两只三极管的基极信号电压 u_{i1}、u_{i2} 大小相等、极性相反，把这种大小相

3-4　直接耦合放大电路需要解决的问题

3-5　差动放大电路与差模信号、共模信号

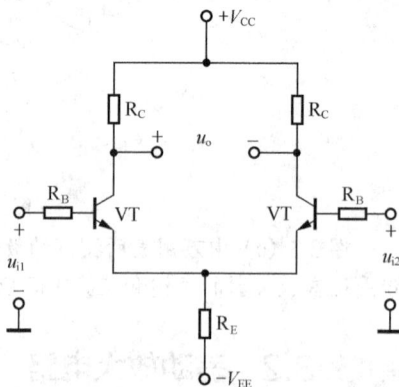

图 3.4　差动放大电路

等、极性相反的一对信号称为差模信号，用 u_{id} 表示。u_{id} 在数值上等于两个输入信号的差值

$$u_{id}=u_{i1}-u_{i2}$$

显然，两个输入信号的差值实际上就是加在多级放大电路输入级的信号电压，信号电压只要不为零就可以得到传输和放大。由于差动放大电路放大的是两个输入信号的差值，所以又称为差分放大电路。差动放大电路的输入信号电压称为差模信号，差模信号是放大电路中需要传输和放大的有用信号。

3. 共模信号

由温度变化、电源电压波动等引起的零点漂移折合到放大电路输入端的漂移电压，相当于在差模放大电路的两个输入端同时加了大小和极性完全相同的输入信号，把这种大小和极性完全相同的一对信号称为共模信号。外界电磁干扰对放大电路的影响也相当于在输入端加了共模信号。

可见，共模信号对放大电路是一种有害的干扰信号，因此，放大电路对共模信号不仅不应放大，反而应当具有较强的抑制能力。差动放大电路正是利用了自身电路的对称性，可以有效地抑制有害的共模信号。

3.2.3 差动放大电路的工作原理

1. 静态分析

静态时，$u_{i1}=u_{i2}=0$，差动放大电路的直流通道如图 3.5 所示。

由于电路对称，即 $I_{B1}=I_{B2}=I_B$，$I_{C1}=I_{C2}=I_C$，$I_{E1}=I_{E2}=I_E/2$，$U_{CE1}=U_{CE2}=U_{CE}$，所以 $U_O=U_{CE1}-U_{CE2}=0$。即当温度变化时，因两管电流变化规律相同，两管集电极电压漂移量也完全相同，所以双端输出电压始终为 0。也就是说，电路的完全对称性使两管的零点漂移在输出端相互抵消，即零点漂移得到了有效的抑制。

由于两个单边电路完全对称，所以静态工作点只按单边求解即可。

由图 3.5 可得集电极电流为

$$I_C \approx I_E = \frac{V_{EE}-U_{BE}}{\dfrac{R_B}{1+\beta}+2R_E}$$

因 R_E 一般满足（$1+\beta$）$R_E \gg R_B$，且 $V_{EE} \gg U_{BE}$，故有

$$I_C \approx I_E \approx \frac{V_{EE}}{2R_E}$$

基极电流为

$$I_B \approx \frac{I_C}{\beta}$$

集电极和发射极之间电压为

$$U_{CE} \approx (V_{CC}+V_{EE})-I_C(R_C+2R_E)$$

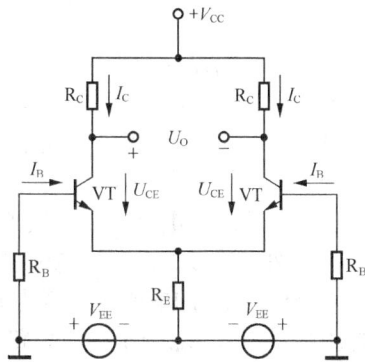

图 3.5 差动放大电路的直流通道

2. 动态分析

首先画出图 3.6（a）所示的差动放大电路的交流通道和图 3.6（b）所示的差动放大电路的半边微变等效电路。

（a）交流通道 　　　　　　　　　（b）半边微变等效电路

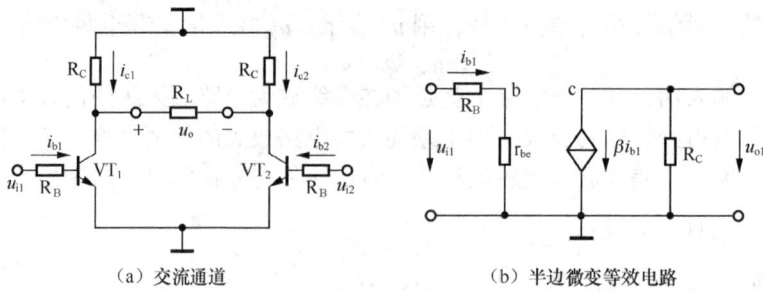

图 3.6　差动放大电路的交流通道与半边微变等效电路

因为电路对称，所以其微变等效电路只画半边即可。由图 3.6（b）可得出半边差动放大电路的动态指标为

$$\dot{A}_{u1} = \frac{\dot{U}_{O1}}{\dot{U}_{i1}} = \frac{-\beta \dot{I}_{b1} R_C}{\dot{I}_{b1} r_{be}} = -\beta \frac{R_C}{r_{be}}$$

$$r_{i1} = r_{be}$$
$$r_{o1} = R_C$$

显然，整个差动放大电路的电压放大倍数为

$$\dot{A}_u = \dot{A}_{u2} = \dot{A}_{u1} = -\beta \frac{R_C}{r_{be}}$$

与半边电路相同。

但是，整个差动放大电路的输入电阻和输出电阻均应为半边电路的 2 倍，即

$$r_i = 2r_{i1} = 2r_{be1}, \quad r_o = 2r_{o1} = 2R_{C1}$$

显然，当差动放大电路输入差模信号时，有 $u_{i1} = -u_{i2} = u_{id}/2$，从电路看，$u_{i1}$ 增大使得 i_{b1} 增大，i_{b1} 控制 i_{c1} 增大，使得 u_{o1} 减小，因电路对称，所以 u_{i1} 增大时 u_{i2} 减小，u_{i2} 减小又使得 i_{b2} 减小，i_{B2} 控制 i_{c2} 减小，使 u_{o2} 增大。由此可推出 $u_o = u_{o1} - u_{o2} = 2u_{o1}$，因为每个变化量都不等于 0，所以有信号输出。

在差动放大电路的交流通道中，发射极电阻 $R_E = 0$ 的原因为：仅在差模信号 $u_{i1} = -u_{i2}$ 的作用下，两只三极管发射极电流的交流增量大小相等、方向相反，其作用相互抵消（使得流过发射极电阻 R_E 的电流仍保持为静态值不变，其压降也不变），对差模信号而言，R_E 上的交流电压分量为 0，相当于交流短路。

公共发射极电阻 R_E 是保证静态工作点稳定的关键元件。当温度 T 升高时，两个管子的发射极电流 I_{E1} 和 I_{E2}、集电极电流 I_{C1} 和 I_{C2} 均增大，由于两管基极电位 V_{B1} 和 V_{B2} 均保持不变，因此两管的发射极电位 V_E 升高，引起两管的发射结电压 U_{BE1} 和 U_{BE2} 降低，两管的基极电流 I_{B1} 和 I_{B2} 随之减小，I_{C2} 下降。显然上述过程类似于分压式偏置共射放大电路的温度稳定过程，即 R_E 的存在使集电极电流 I_C 得到了稳定。

若在输入端加共模信号，即 $u_{i1} = u_{i2}$，由于电路的对称性和发射极电阻 R_E 的存在，在理想情况下，$u_o = 0$，无输出。这就是"差动"的意思：即只有两个输入端之间有差别，输出端才有变动，差动放大电路由此而得名。

3.2.4　差动放大电路的类型

差动放大电路有两个输入端子和两个输出端子，因此信号的输入和输出

3-7　差动放大电路的类型

均有双端和单端两种方式。双端输入时，信号同时加到两输入端；单端输入时，信号加到一个输入端与地之间，另一个输入端接地。双端输出时，信号取于两输出端之间；单端输出时，信号取于一个输出端到地之间。因此，差动放大电路有双端输入双端输出、单端输入双端输出、双端输入单端输出、单端输入单端输出 4 种应用形式。

差动放大电路在双端输出的情况下，两管的输出会稳定在静态值，从而有效地抑制了零点漂移。R_E 越大，抑制零漂的作用越强。即使电路处于单端输出方式，电路仍有较强的抑制零漂能力。由于 R_E 上流过两倍的集电极变化电流，其稳定能力比射极偏置电路更强。此外，采用双电源供电，可以使 $V_{B1}=V_{B2}\approx0$，从而使电路既能适应正极性输入信号，也能适应负极性输入信号，扩大了应用范围。差动放大电路的差模电压放大倍数仅取决于电路的输出形式，抑制共模信号的作用也仅取决于输出形式对电路的影响。

3.2.5　恒流源式差动放大电路

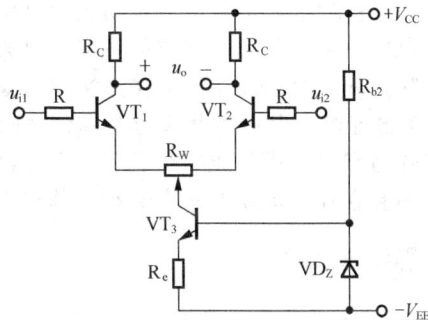

差动放大电路中的发射极电阻 R_e 的阻值越大，电路抑制零漂的效果越好。但是，如果发射极电阻 R_e 的阻值选取较大，在同样的工作电流条件下需要的负电源 $-V_{EE}$ 的数值也较大。为使发射极电阻增大的同时不提高 $-V_{EE}$ 的数值，可采用恒流源代替 R_e，因为恒流源内阻很高，可以得到较好的抑制零漂效果，同时利用恒流源的恒流特性，还可以给三极管提供更稳定的静态偏置电流。

3-8　恒流源差动放大电路

恒流源式差动放大电路如图 3.7 所示。电路中的 VT$_3$ 作为恒流源，采用 R$_{b1}$、R$_{b2}$ 和 R$_e$ 构成分压式偏置电路。恒流三极管 VT$_3$ 的基极电位由 R$_{b1}$、R$_{b2}$ 分压后得到，基本上不受温度变化的影响。当温度变化时，VT$_3$ 的发射极电位和发射极电流基本保持稳定，而两个放大管的集电极电流 i_{c1} 和 i_{c2} 之和近似等于 i_{c3}，所以 i_{c1} 和 i_{c2} 不会因温度的变化而同时增大和减小。可见，接入恒流三极管后，更加有效地抑制了共模信号。

【例 3.1】　已知图 3.8 所示的电路中，$+V_{CC}=12\text{V}$，$-V_{EE}=-12\text{V}$，3 只三极管的电流放大倍数 β 均为 50，$R_e=33\text{k}\Omega$，$R_C=100\text{k}\Omega$，$R=10\text{k}\Omega$，$R_W=200\Omega$，稳压管的 $U_Z=6\text{V}$，$R_{b2}=3\text{k}\Omega$。试估算：①该放大电路的静态工作点 Q；②差模电压放大倍数、差模输入电阻和差模输出电阻。

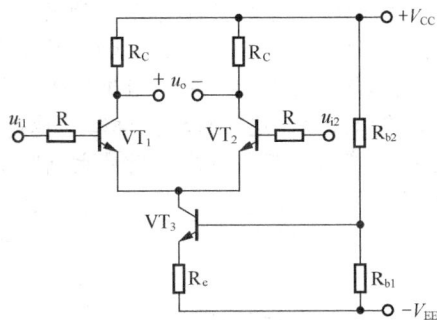

图 3.7　恒流源式差动放大电路　　　　图 3.8　例 3.1 电路图

【解】①

$$I_{CQ3} \approx I_{EQ3} = \frac{U_Z - U_{BE3}}{R_e} = \frac{6-0.7}{33} \approx 0.16(\text{mA})$$

$$I_{CQ1} = I_{CQ2} = I_{CQ3}/2 \approx 0.08(\text{mA})$$

$$V_{CQ1} = V_{CQ2} = V_{CC} - I_{CQ1}R_C = 12 - 0.08\times100 = 4(\text{V})$$

$$I_{BQ1} = I_{BQ2} \approx \frac{I_{CQ1}}{\beta} = 0.08/50 = 1.6(\mu\text{A})$$

$$V_{BQ1} = V_{BQ2} = I_{BQ1} \times R_{B1} \approx -1.6 \times 10^{-3} \times 10 = -16(\text{mV})$$

$$U_{CEQ} = V_{CQ1} - V_{BQ1} + U_{BE1} = 4 - (-0.016) + 0.7 = 4.716(\text{V})$$

② 由于恒流源上的电流恒定，当差模信号输入时，对称的两只三极管就会有一个发射极电流增大，另一个发射极电流减小，且增大和减小的数值相同，所以 R_W 上的中点交流电位为 0，其交流通道和半边微变等效电路如图 3.9 所示。

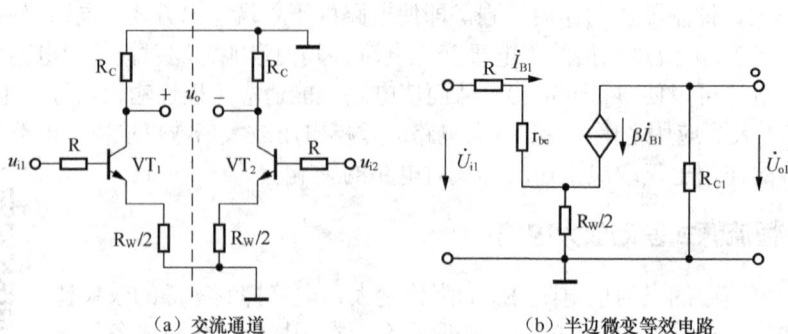

（a）交流通道　　　　　　　　　（b）半边微变等效电路

图 3.9　例 3.1 的交流通道与半边微变等效电路

由半边微变等效电路可得差模电压放大倍数

$$A_u = \frac{-(1+\beta)R_C}{R + r_{be} + (1+\beta)R_W/2}$$

$$= \frac{51 \times 100}{10 + 16.8 + 51 \times 0.1} \approx -160$$

式中

$$r_{be} \approx 200 \times 10^{-3} + 51 \times \frac{26}{0.08} \approx 16.8(\text{k}\Omega)$$

$$r_i = 2\left[R + r_{be} + (1+\beta)\frac{R_W}{2}\right] = 2[10 + 16.8 + 51 \times 0.1] \approx 63.8(\text{k}\Omega)$$

$$r_o = 2R_C = 2 \times 100 = 200(\text{k}\Omega)$$

归纳：对于单端输出的差动放大电路，要提高共模抑制比，首先应当提高 R_e 的数值。但集成电路中不宜加入大阻值的电阻，因为静态工作点不变时，加大 R_e 的数值，势必增加其直流压降，提高电源 V_{EE} 的数值，采用过高数值的 V_{EE} 显然是不可取的。采用恒流源代替电阻 R_e，不但可以大大提高电路的共模抑制比，还可减小其直流压降，进一步提高电路的稳定性；而且作为有源负载，能够明显提高电路的电压放大倍数。恒流源不仅可在差动放大电路中使用，而且在模拟集成电路中常被用作偏置电路和有源负载。

思考与练习

1. 什么是零漂现象？零漂是如何产生的？采用什么方法可以抑制零漂？
2. 何谓差模信号？何谓共模信号？
3. 差动放大电路有哪几种类型？
4. 恒流源在差动放大电路中起什么作用？

任务训练：检测差动放大电路

一、检测目的

计算差动放大电路的静态工作点，与例 3.1 的静态分析值相比较。

二、检测电路所需虚拟元件

NPN 管（$\beta = 50$）	3 只
12V 直流电压源	2 个
毫安表	2 个
直流电压表	1 个
10kΩ 电阻、100kΩ 电阻	各 2 只
33kΩ 电阻、3kΩ 电阻、200Ω 可调电阻	各 1 只

三、实验原理图

按照例 3.1 中电路的参数，应用 Multisim 8.0 构建恒流源式差动放大电路，如图 3.10 所示。

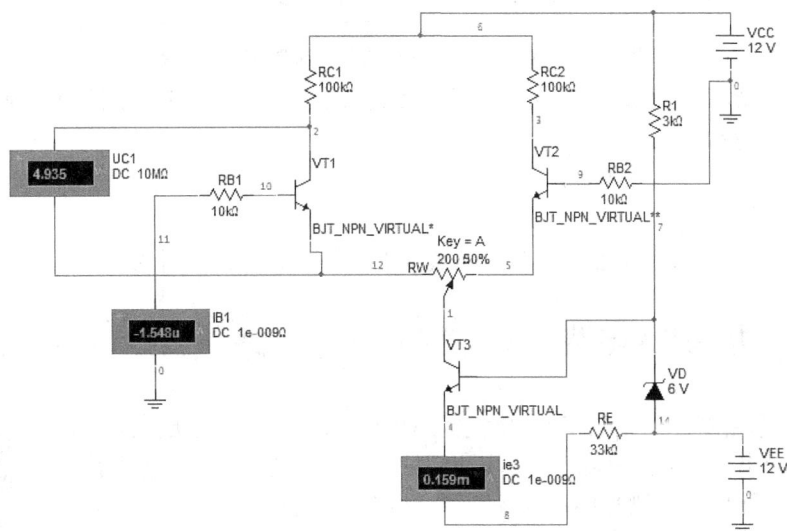

图 3.10　恒流源式差动放大电路

构建完成后，单击仿真开关进行仿真，把仿真后的数据与例 3.1 的数据相比较。

四、思考与分析

1. 发射极总电流 I_e 的检测值与例 3.1 中的计算值比较，情况如何？
2. 差动放大器的电路对称时，发射极总电流 I_e 与集电极电流 I_{c1}、I_{c2} 有何关系？
3. 静态情况下 $I_{c1} = I_{c2}$ 及 $U_{c1} = U_{c2}$ 的条件是什么？
4. 直流集电极电流及发射极之间的电压测量值与例 3.1 中的计算值相比较，情况如何？

3.3　复合三极管放大电路

集成运算放大电路中间级的作用主要是提高集成运放的电压放大倍数，通常由单级或多级共射放大电路组成。

由于集成电路通常要求中间级的基极电流大，实际上相当于前级提供给中间级的输出较大，固定偏置共射放大电路实现这种要求很困难。为此，集成运放中通常采用复合三极管的共射电路作为中间级电路，以解决这个难题。

把两个或两个以上三极管按一定方式组合起来可构成复合三极管。组成复合三极管的原则是使复合起来的三极管都处于放大状态，即满足发射结正偏、集电结反偏，各电极的电流能合理地流动。

由复合三极管构成的分压式偏置共射放大电路如图 3.11 所示。

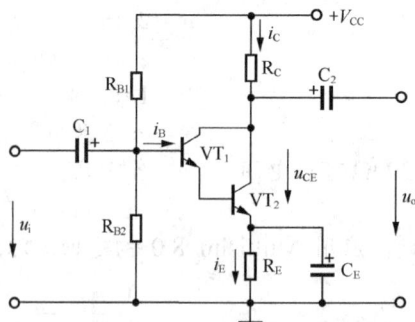

图 3.11　由复合三极管构成的分压式偏置共射放大电路

采用复合三极管的主要目的是减小前级驱动电流，进一步提高电路的电压放大倍数，因为复合三极管的 $\beta=\beta_1\beta_2$。

思考与练习

放大电路为什么采用复合三极管？构成复合三极管的原则是什么？

3.4　功率放大电路

功率放大电路简称功放电路。功放电路中的三极管称为功率放大管（简称功率管），功率管放大的是功率，所以也可称为"功放管"。功放电路广泛应用于各种电子设备、音响设备、通信及自动控制系统中。

3-9　功率放大电路

3.4.1　功率放大器的特点及主要技术要求

1. 功率放大器的特点

从能量控制的观点来看，功率放大器和小信号电压放大器并没有本质上的区别。但是，从完成任务的角度和对电路的要求来看，它们之间有着很大的差别。

小信号电压放大器工作在小信号状态，动态工作点摆动范围小，非线性失真小，因此可用微变等效电路法分析、计算电压放大倍数、输入电阻和输出电阻等性能指标，一般不考虑输出功率。

功率放大器的突出特点是工作在大信号状态下，因此动态工作范围大、非线性失真相应增大，微变等效电路分析法不再适用，通常只能采用图解法进行电路分析，而分析的主要性能指标是输出功率和效率。

功率放大器在给定失真率的条件下，可产生最大输出功率以驱动扬声器等负载，在整个音响系统中起到了"组织、协调"的作用。

3-10　功率放大器的主要技术要求

2. 功率放大器的主要技术要求

功率放大器主要考虑获得最大的交流输出功率，而功率是电压与电流的乘积，因此功放电路不但要有足够大的输出电压，还应有足够大的输出电流。

对功率放大器具有以下几点要求。

（1）效率尽可能高

功放是以输出功率为主要任务的放大电路。由于输出功率较大，造成直流电源消耗的功率也大，效率问题突显。在允许的失真范围内，我们期望功放管除了能够满足要求的输出功率外，还应尽量减小其损耗，首先应考虑尽量提高管子的效率。

（2）功率输出尽可能大

为了获得尽可能大的功率输出，要求功放管工作在接近"极限运用"的状态。选管子时应考虑管子的 3 个极限参数 I_{CM}、P_{CM} 和 $U_{(BR)CEO}$。

（3）非线性失真尽可能小

功放工作在大信号下，不可避免地会产生非线性失真，而且同一功放管的失真情况会随着输出功率的增大而越发严重。技术上常常要求电声设备的非线性失真尽量小，最好不发生失真。而控制电动机和继电器等方面，则要求以输出较大功率为主，对非线性失真的要求不是太高。由于功率管处于大信号工况，所以输出电压、电流的非线性失真不可避免。但应考虑将失真限制在允许范围内，即失真也要尽可能地小。

（4）散热条件要好

另外，由于功率管工作在"极限运用"状态，有相当大的功率消耗在功放管的集电结上，从而造成功放管结温和管壳的温度升高，所以管子的散热问题及过载保护问题也应充分重视，并采取适当措施，使功放管能有效地散热。

3.4.2 功率放大电路的交越失真

图 3.12 所示为一个互补对称电路。其中功放管 VT_1 和 VT_2 分别为 NPN 管和 PNP 管，两管的基极和发射极相互连接在一起，信号从基极输入，从发射极输出，R_L 为负载。

观察电路，可看出此电路没有基极偏置，即 $V_{B1}=V_{B2}=0$。因此在 $u_i=0$ 时，VT_1、VT_2 两个管子均处于截止状态。在 u_i 正半周，VT_2 发射结反偏截止，VT_1 发射结正偏导通承担放大任务，电流自上而下通过负载 R_L；而在 u_i 负半周，VT_1 发射结反偏截止，VT_2 发射结正偏导通承担放大任务，电流自下而上通过负载 R_L。

3-11 功率放大电路的交越失真

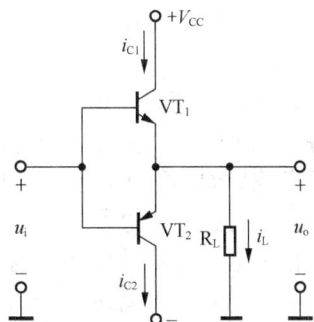

实际上，三极管都存在正向死区。因此，在输入信号 u_i 正、负半周的交替过程中，两只三极管死区范围内的部分是得不到传输和放大的，由此造成输出信号的波形不跟随输入信号的波形变化，在波形的正、负交界处出现了图 3.13 所示的失真，把这种出现在过零处的失真现象称为交越失真。

图 3.12 互补对称电路

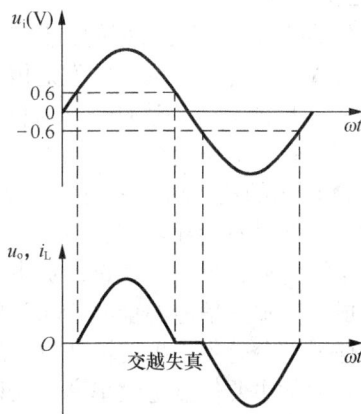

图 3.13 交越失真原理

3.4.3　功率放大器的分类

功率放大器按工作状态一般可分为以下几类。

1. 甲类功放

甲类功放的工作方式具有最佳的线性，甲类功放电路中的三极管能够放大信号全波，完全不存在交越失真。即使甲类功放电路不使用负反馈，其开环路失真度仍十分低，因此被称为是声音最理想的放大线路设计。

甲类功放由多组配对（N 结及 P 结）的三极管组成。当没有外加电压时，多组配对的三极管处于截止状态。只有加一个高于三极管门限电压的偏置电压时，三极管的 N 结（或 P 结）才会导通，有电流通过，三极管才开始工作。甲类功放是把正向偏置定在最大输出功率的一半处，使功放在没有信号输入时也处于满负载工作状态，功放在整个信号周期内都导通且有电流输出。因此甲类功放使三极管始终工作于线性区而几乎无失真，听觉上质感特别好，音质平滑、音色圆润、高音透明，尤其是工作在小信号下时，声音饱满通透、细节丰富。

但这种设计有利有弊，甲类功放最大的缺点是效率低，因为无信号传输时，甲类功放仍有满电流流入，这时的电能全部转为高热量。当有信号传输和放大时，有些功率可进入负载，但仍有许多电能转变为热量。特别是百分之百的甲类功放，假设这种甲类功放的一对音箱标称阻抗是 8Ω，但在工作时它的实际阻抗会随频率而变化，时高时低，有时会低至 1Ω。这就要求功放的输出功率能随阻抗降低而倍增，即无论音箱阻抗怎样随频率变化，甲类功放都能保持工作而且输出功率足够。因此，甲类功放的电耗非常严重，不夸张地说，它就相当于一台空调，为此需要甲类功放的供电器保证提供充足的电流。一部 25W 的甲类功放的供电器，其能力至少够 100W 的甲乙类功放使用。甲类功放的体积和重量都比乙类大得多，这些都使得甲类功放的制造成本增加。

纯甲类功放常工作于 60～85℃的高温环境下，因此对元件及工艺水平的要求非常苛刻，联机调校烦琐而费时，一些高档的甲类功放其末级每声道一般有 2～12 对功放管。这些功放管都是在数百上千对优质正品大功率管中选择出的，这也是甲类功放售价昂贵的原因之一。

由此得出甲类功放的特点是：高保真、效率低（最大只能为 50%）、功率损耗大。由于甲类功放传输和放大的音频信号非常保真，但却因选材昂贵、功耗较大，只用于家庭的高档机或者对音质要求较高的专业音效场合。

2. 乙类功放

图 3.12 所示的电路是典型的乙类功放电路。观察电路，输入电压 u_i 总是同时加在两只三极管 VT_1 和 VT_2 的基极，两管的发射极连在一起与负载 R_L 相接。两只三极管分别为 NPN 型和 PNP 型，其性能完全一致且互补对称，配对使用的这两只三极管在交流信号输入时交替工作，每只三极管在信号的半个周期内导通，另半个周期内截止。

图 3.12 所示的乙类功放采用双电源供电方式。无信号输入时，两只三极管不导电，均处于截止状态，此时不消耗功率。当有交流信号输入时，每只三极管只放大输入信号的半波。即一只正半波导通，另一只截止，负半周另一只导通，正半波导通的管子截止。彼此轮流工作共同完成一个输入信号的全波传输和放大。但由于三极管本身在传输过程中存在死区，而死区内的信号部分是得不到传输和放大的，因此在传输过程中会在过零处出现交越失真。

乙类功放的主要优点是效率高，在理想情况下，乙类功放的效率可高达 78.5%，平均效率可在 75%或以上，产生的热量较甲类功放低得多，容许使用较小的散热器。但是乙类功放

具有交越失真严重的缺点，特别是在输入信号非常低时，交越失真越发严重，可使音频信号变得粗糙，使声音变得难听，这也是纯乙类功放使用较少的主要原因。

归纳乙类功放的特点：效率较高，约为78%，但存在交越失真。

3. 甲乙类功放

甲类功放的音质好、高保真和乙类功放的高效率都是功放电路所追求的目标，人们在乙类功放的基础上进行了改造。改造的目的就是消除乙类功放存在的交越失真问题。在乙类功放的基础上改造的功放电路称为甲乙类功率放大器。甲乙类功放电路被广泛应用于家庭、专业领域、汽车音响系统中。典型的甲乙类互补对称功放电路有 OCL 电路和 OTL 电路两种。

3-13 甲乙类的 OCL 电路

（1）OCL 电路

甲乙类互补对称功放电路按电源供给的不同，分为双电源互补对称功率放大器和单电源互补对称功率放大器两类。

图 3.14 所示为双电源互补对称、无输出电容的功率放大器原理图，电路中的 VT_1 和 VT_2 是两个导电类型互补且性能参数完全相同的功放管，均接成射极输出电路以增强带负载能力。电子技术中把这种功放电路简称为 OCL 电路。

为减小交越失真、改善输出波形，OCL 电路中的三极管设置在静态时有一个较小的基极电流，以避免两只三极管同时截止，从而克服功率放大管的死区电压。为此，在两只三极管的基极之间接入两只二极管 VD_1 和 VD_2，使得在 $u_i=0$ 时，在两只三极管的基极之间产生一个微小的偏压 U_{b1b2}（二极管的管压降）。

① 静态分析。静态时，从 $+V_{CC}$ 经 R_1、VD_1、VD_2、R_2 至 $-V_{CC}$ 有一个直流电流，在 VT_1 和 VT_2 两基极之间产生的电压为 $U_{b1b2}=U_{VD1}+U_{VD2}$，通常设置合适的偏置电阻 R_1、R_2 和二极管，使 VT_1 和 VT_2 两管均处于微导通状态，两管的基极相应产生较小的 I_{B1} 和 I_{B2}，它们的集电极相应各有一个较小的集电极电流 I_{C1} 和 I_{C2}，由于两管性能相同，所以它们的发射极电流大小相等、方向相反，负载电流 $I_L=I_{E1}-I_{E2}=0$，故 $U_{CE1}=-U_{CE2}=+V_{CC}$，$U_{CE2}=-U_{CE1}=-V_{CC}$，$V_E=0$，输出电压 $u_o=0$。

图 3.15 所示为消除交越失真的 OCL 功放输入特性图解。在 u_i 的一个周期中，VT_1 和 VT_2 的导通时间都大于 u_i 的半个周期，所以两管工作于接近乙类的甲乙类工作状态。为简单起见，在分析估算的过程中仍可把 OCL 电路看成乙类功放电路，所引起的误差在工程上是允许的。

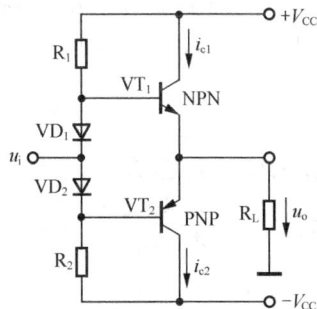

图 3.14 双电源互补对称、无输出电容的
功率放大器原理图

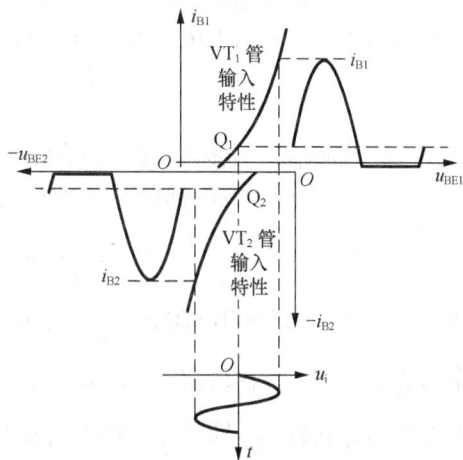

图 3.15 消除交越失真 OCL 功放的输入特性图解

② 动态分析。设外加输入信号为单一频率的正弦波信号。

A. 在输入信号的正半周，由于 $u_i > 0$，因此三极管 VT_1 导通、VT_2 管截止，VT_1 管的电流 i_{c1} 经电源 $+V_{CC}$ 自上而下流过负载电阻 R_L，在负载上形成正半周输出电压，即 $u_o > 0$。

B. 在输入信号的负半周，由于 $u_i < 0$，因此三极管 VT_2 导通、VT_1 管截止，VT_2 管的电流 i_{c2} 经电源 $-V_{CC}$ 自下而上流过负载电阻 R_L，在负载上形成负半周输出电压，即 $u_o < 0$。

可见，甲乙类 OCL 功放中的两只三极管轮流导电的交替过程比较平滑，最终得到的负载电流波形非常接近于理想的正弦波，基本上消除了交越失真。其电路波形图如图 3.16 所示。

OCL 功放的合成负载特性图解如图 3.17 所示。

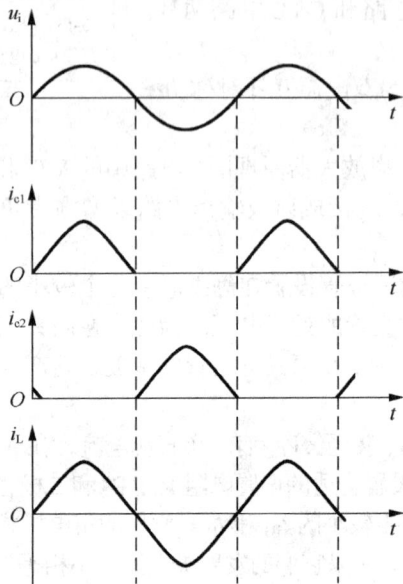

图 3.16 甲乙类 OCL 功放电路波形图

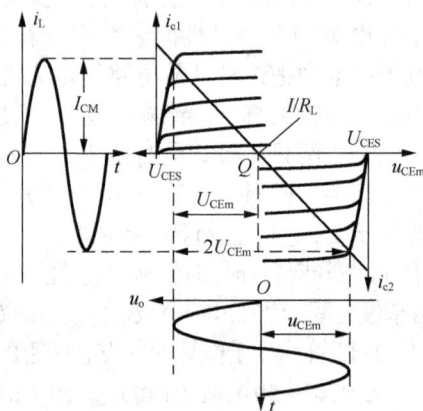

图 3.17 OCL 功放的合成负载特性图解

为了便于观察两个功放管的电压、电流波形，把一只功放管的特性曲线倒置于另一只功放管特性曲线的下方，且令两者在 $U_{CEQ}=V_{CC}$ 处对准，负载线为通过 Q 点（$U_{CEQ}=V_{CC}$，$I_C=0$）、斜率为 $-1/R_L$ 的直线，在输入 u_i 的一个周期内，可在 R_L 上得到 u_o 的一个完整正弦波输出。负载上的交流输出功率可根据电阻元件 R 的功率计算式 $P=U^2/R$ 求得，即

$$P_o = \frac{U_O}{I_O} \cdot \frac{(U_{CEm}/\sqrt{2})^2}{R_L} = \frac{U^2_{CEm}}{2R_L}$$

若输入正弦波信号足够大，U_{CEm} 可达到最大值 $V_{CC}-U_{CES}$。若管子的饱和压降 U_{CES} 也能忽略，则 R_L 上最大输出电压幅度 $U_{CEm} \approx V_{CC}$。在此理想化条件下，最大输出功率为

$$P_{om} = \frac{1}{2} \cdot \frac{(V_{CC}-U_{CES})^2}{R_L} \approx \frac{V^2_{CC}}{2R_L}$$

OCL 电路由 $\pm V_{CC}$ 两组电源轮流供电，具有很好的对称性，所以直流电源总功率是一组电源功率的 2 倍。在 $U_{CEm} \approx V_{CC}$ 的理想化条件下，电路中的最大效率 $\eta = \frac{\pi}{4} \cdot \frac{U_{CEm}}{V_{CC}} \approx 78.5\%$。电路的最大管耗约为 $0.4P_{om}$，即单管的最大管耗为 $0.2P_{om}$。

③ 功放管的选择。功放管的极限参数有 P_{CM}、I_{CM} 和 $U_{(BR)CEO}$，选择功放管时应满足下列条件。

A. 功放管单管集电极的最大允许功耗

$$P_{CM} \geqslant P_{CM1} \approx 0.2 P_{om}$$

B. 功放管的最大耐压 $U_{(BR)CEO}$

$$U_{(BR)CEO} \geqslant 2V_{CC}$$

即一只管子饱和导通时，另一只管子承受的最大反向电压为 $2V_{CC}$。

C. 功放管的最大集电极电流

$$I_{CM} \geqslant \frac{V_{CC}}{R_L}$$

【例 3.2】　图 3.18 所示电路中的功放管输出特性曲线如图 3.17 所示。若已知功放管的饱和压降 $U_{CES}=2V$，$\pm V_{CC}=\pm 15V$，$R_L=8\Omega$，试求该电路的最大不失真输出功率及此时的效率和最大管耗。

【解】该电路的最大不失真输出功率为

$$P_{om} = \frac{1}{2} \cdot \frac{(V_{CC}-U_{CES})^2}{R_L} = \frac{(15-2)^2}{2 \times 8} \approx 10.6(W)$$

此时的效率为

$$\eta = \frac{\pi}{4} \cdot \frac{U_{CEm}}{V_{CC}} = \frac{\pi(15-2)}{4 \times 15} \approx 68\%$$

功放管单管的最大管耗为 $0.2P_{om}$，即

$$P_{1max} = 0.2P_{om} \approx 0.2 \cdot \frac{V_{CC}^2}{2R_L} = 0.2 \times \frac{15^2}{2 \times 8} \approx 2.81(W)$$

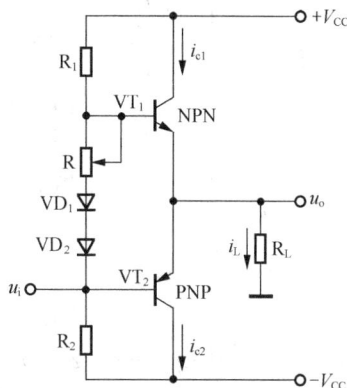

图 3.18　例 3.2 电路图

这个管耗是在理想情况下估算的，实际应用中还应留有余量。

（2）OTL 电路

OCL 电路具有线路简单、效率高等特点，但要采用双电源供电，这给使用和维修带来了一定不便。为了克服这一缺点，人们研制出了采用单电源供电的互补对称的甲乙类 OTL 功放电路。

3-14　甲乙类的 OTL 电路

图 3.19 所示的甲乙类互补对称功率放大器因无输出变压器而得名 OTL。电路中的 VT$_1$ 和 VT$_2$ 三极管的发射极通过一个大电容 C$_L$ 接到负载电阻 R$_L$ 上，两个二极管 VD$_1$ 和 VD$_2$ 及电阻 R 用来消除交越失真，向 VT$_2$ 和 VT$_3$ 提供偏置电压，使其工作在甲乙类状态。

① 工作原理。

A. 静态时，调整电路使功放管 VT$_2$ 和 VT$_3$ 的参数对称，使输出端发射极结点电位为电源电压的一半，即 $V_K = V_{CC}/2$，耦合电容 C$_L$ 两端的电压 $U_{CL} = V_{CC}/2$，负载电阻 R$_L$ 两端的电压 $u_o = 0$。

B. 在电路输入端加上信号后，通过 VT$_2$、VT$_3$ 的电流得到放大，K 点有交流电压信号输出，经过耦合电容 C$_L$，到达负载 R$_L$ 成为输出电压 u_o。

在输入信号正半周时，VT$_2$ 管导通，VT$_3$ 管截止。VT$_2$ 管以射极输出器的形式将正向信号传送给负载，同时对电容 C$_L$ 充电。

在输入信号负半周时，VT$_2$ 管截止，VT$_3$ 管导通。电容 C$_L$ 放电，充当 VT$_3$ 管的直流工作电源，使 VT$_3$ 管也以射极输出器形式将输入信号传送给负载。这样，负载上得到一个完整的信号波形。

② 集成 OTL 电路的应用。LM386 是一种音频集成功放，具有自身功率低、电压放大倍

数可调整、电源电压范围大、外接元件少和总谐波失真小等优点。

图 3.20 所示为 LM386 的典型应用电路。图 3.20 中 R_1 和 C_2 接于引脚 1 和 8 之间，用来调节电路的电压放大倍数；电路中的 C_3 为输出大电容。电路中 200μF 的 C_4 是外接的耦合电容；R_2 和 C_5 组成容性负载，以抵消扬声器音圈电感的部分感性，防止信号突变时，音圈的反电动势击穿输出管。电路在小功率情况下，R_2 和 C_5 可以不接。C_3 与 LM386 内部电阻构成电源去耦滤波电路。

3-15 集成功放
LM386

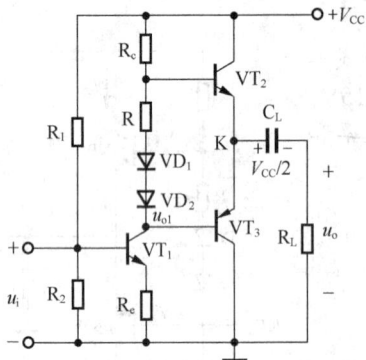

图 3.19 典型甲乙类 OTL 电路

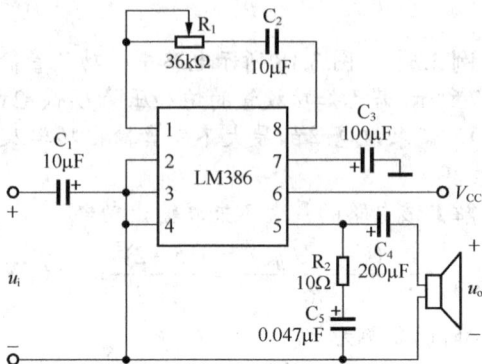

图 3.20 LM386 的典型应用电路

如果电路的输出功率不太大且电源的稳定性又好，则只需在输出端引脚 5 外接一个耦合电容，在引脚 1 和引脚 8 两端外接放大倍数调节电路就可以使用了。

静态时，输出电容上的电压为 $V_{CC}/2$，LM386 的最大不失真输出电压的峰-峰值约为电源电压。设负载电阻为 R_L，最大输出功率表达式为

$$P_{om} = \frac{V_{CC}^2}{8R_L}$$

此时的输入电压有效值表达式为

$$U_{im} = \frac{\dfrac{V_{CC}}{2}}{\dfrac{\sqrt{2}}{A_u}}$$

当 V_{CC}=16V、R_L=32Ω 时，$P_{om} \approx 1W$，$U_{im} \approx 283mV$。

LM386 集成功放广泛应用于收音机、对讲机、方波和正弦波发生器等电子电路中。

3.4.4 采用复合三极管的互补对称功率放大电路

当输出功率较大时，输出级的推动级应该是一个功率放大电路，在互补对称的功率放大电路中，要求一对大功率输出管的性能对称。但实际中很难找到特性接近的大功率 NPN 管和 PNP 管，为此，在大功率互补对称的功放电路中，为了得到较高 β 值的功放管，常采用复合三极管的接法实现互补。

复合三极管是把两只或两只以上三极管适当连接起来成为一个管子，其构成形式如图 3.21 所示。

复合三极管的电流放大倍数如前所述，是两个复合三极管的电流放大倍数的乘积。

（a）NPN+NPN=NPN　　　　　　　　　　　（b）PNP+PNP=PNP

（c）PNP+NPN=PNP　　　　　　　　　　　（d）NPN+PNP=NPN

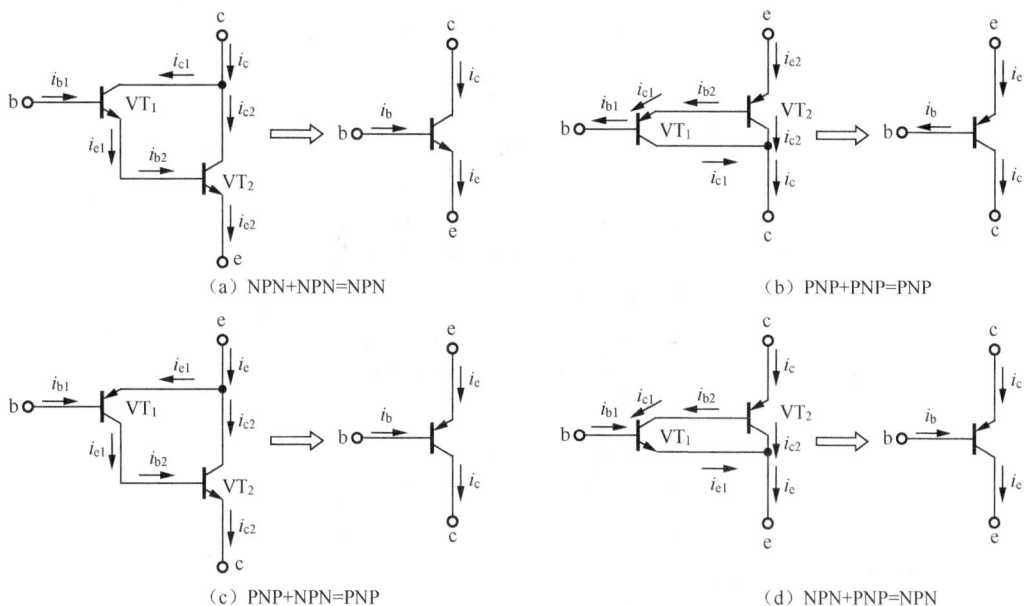

图 3.21　复合三极管的构成形式

典型的复合三极管互补对称功放电路如图 3.22 所示。这种电路中的两个复合三极管分别由两个 NPN 管和两个 PNP 管构成，由于 VT$_3$ 和 VT$_4$ 类型不同，因此要得到较大功率通常难以实现。为此，实际应用中通常选择 VT$_3$ 和 VT$_4$ 为同一型号三极管，通过复合三极管的接法来实现互补，这样组成的电路称为准互补对称电路，如图 3.23 所示。

集成运算放大器的功放输出级采用复合三极管的目的是提高管子的电流放大倍数。两个复合三极管复合后等效为一个功放管，其特点如下。

（1）复合三极管电流放大倍数 $\beta = \beta_1\beta_2$，极大地提高了管子的电流放大能力。

（2）输入电阻 $r_{be} \approx r_{be1} + (1 + \beta_1)r_{be2}$，输入电阻得以提高。

（3）复合三极管 3 个等效电极由前面的一个三极管 VT$_1$ 决定。

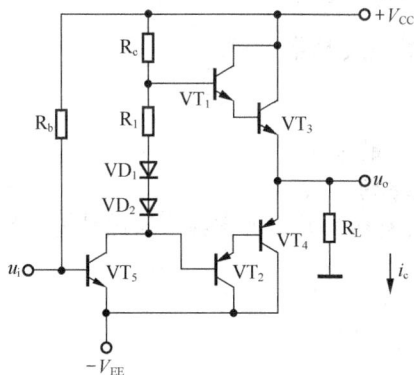

图 3.22　复合三极管互补对称功放电路　　　　图 3.23　复合三极管的准互补对称电路

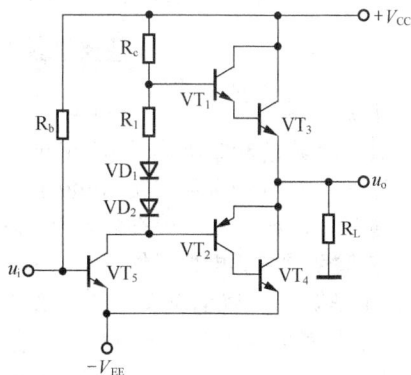

（4）组成复合三极管的各管各极电流应满足电流一致性原则，即串接点处电流方向一致，并保证接点处总电流为两管输出电流之和。

（5）VT$_1$ 和 VT$_2$ 功率不同时，VT$_2$ 为大功率管，使复合三极管成为大功率管。

采用复合三极管的 OTL 实用电路如图 3.24 所示，这种电路实际上就是准互补对称功放。

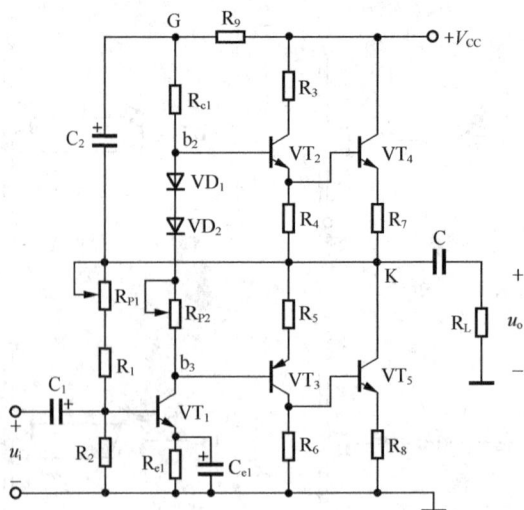

图 3.24　采用复合三极管的 OTL 实用电路

电路中各元件的作用如下。

① VT_1：激励级，其基极偏压取决于中点电位 $V_{CC}/2$。

② R_{P1} 和 R_1 是 VT_1 管的偏置电阻，其作用是引入交直流电压并联负反馈。

③ R_{P2}、VD_1、VD_2 为功放复合三极管提供偏压，其作用是克服交越失真和提供温度补偿。

④ R_4、R_5 的作用是减小复合三极管穿透电流。

⑤ R_7、R_8 为负反馈电阻，起稳定静态工作点 Q 的作用，以减小电路失真。

思考与练习

1. 与一般电压放大器相比，功放电路在性能要求上有什么不同？

2. 甲类、乙类和甲乙类 3 种功放电路的特点是什么？

3. 何谓交越失真？哪种电路存在交越失真？如何克服交越失真？

4. OTL 互补输出级是如何工作的，与负载串联的大容量电容器有何作用？

任务训练：检测功率放大电路

一、检测目的

1. 进一步熟悉和掌握应用 Multisim 8.0 搭建电路的方法。

2. 进一步熟悉和掌握应用 Multisim 8.0 检测电路的方法。

3. 通过电路检测进一步理解功放电路中存在的交越失真，并掌握消除这种失真的方法。

二、实验所需主要虚拟元件

直流电压源、直流电压表	各 1 个
函数信号发生器及示波器	1 台
电阻	7 只
电容	4 只
二极管	1 只
三极管	3 只

三、功率检测电路的步骤

1. 功率放大器检测电路如图 3.25 所示。

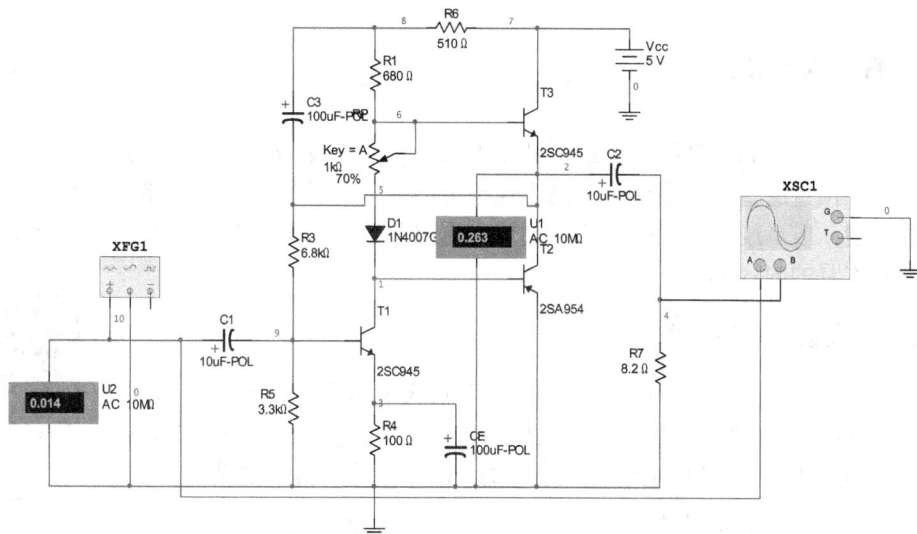

图 3.25　功率放大器检测电路

2. 检测电路图中的函数信号发生器参数设置如图 3.26（a）所示，示波器的参数设置如图 3.26（b）所示。

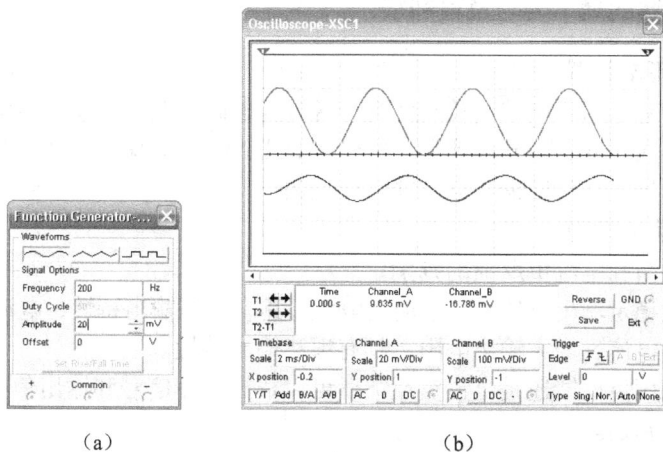

（a）　　　　　　　　　　　　　　　（b）

图 3.26　函数信号发生器、示波器参数设置

3. 双击仿真开关，观察示波器输入输出波形。且电压表测量负载电压有效值为 263mV，测量函数信号发生器输出电压有效值为 14mV，则电压放大倍数近似为 19。减小电阻 R_P，观察电路的交越失真情况；然后再增大 R_P，可改善交越失真。

四、思考与分析

在功率放大电路中，如果按其工作状态来分，有甲类、乙类和甲乙类功放电路。其中甲类功放电路的工作原理是输出器件（三极管或电子管）始终工作在传输特性曲线的线性部分，在输入信号的整个周期内输出器件始终有电流连续流动。这种放大电路失真小，但效率低，约为 50%，功率损耗大。

乙类功放电路是指两只三极管交替工作，每只三极管在信号的半个周期内导通，另半个周期内截止，从而输出一个完整的波形。此种电路效率较高，约为 78%，但缺点是容易产生交越失真，影响电路的效率。

问题：我们构建的实验电路是甲类功放还是乙类功放？

3.5 放大电路的负反馈

反馈是电子技术和自动控制原理中的基本概念，通过反馈技术可以改善放大电路的工作性能，以达到预定的指标。在精度、稳定性等方面要求比较高的放大电路中，大多存在着某种形式的反馈，或者说实际工程中使用的放大电路几乎都带有反馈，因此反馈问题是模拟电子技术中最重要的内容之一。

3.5.1 反馈的基本概念

所谓"反馈"，就是通过一定的电路形式，把放大电路输出信号的一部分或全部按一定的方式回送到放大电路的输入端，并对放大电路的输入信号产生影响。如果反馈信号对输入产生的影响是削弱净输入信号，则反馈形式称为负反馈，利用负反馈可以提高基本放大电路的工作稳定性。如果放大电路输出信号的一部分或全部通过反馈网络回送到输入端后，造成净输入信号增强，则这种反馈称为正反馈。正反馈通常可以提高放大电路的增益，但正反馈电路的性能不稳定，一般不用于放大电路。

3-16 反馈的基本概念

3.5.2 负反馈的基本类型及其判别

1. 负反馈的基本类型

放大电路中普遍采用负反馈。根据反馈网络与基本放大电路在输出、输入端连接方式的不同，负反馈电路具有 4 种典型形式：电压串联负反馈、电压并联负反馈、电流串联负反馈和电流并联负反馈。

2. 负反馈类型的判别

（1）电压负反馈和电流负反馈的判别

3-17 负反馈类型的判别

电压负反馈能稳定输出电压，减小输出电阻，具有恒压输出特性；电流负反馈能稳定输出电流，增大输出电阻，具有恒流输出特性。

放大电路是电压负反馈还是电流负反馈，可以根据反馈信号和输出信号在电路输出端的连接方式及特点来判别。

① 若反馈信号取自于输出电压，则为电压负反馈；若取自于输出电流，则为电流负反馈。

② 将输出信号交流短路，若短路后电路的反馈作用消失，则判断为电压负反馈；若短路后反馈作用仍然存在，则为电流负反馈。

（2）串联负反馈和并联负反馈的判别

判断负反馈类型是串联负反馈还是并联负反馈，主要根据反馈信号、输入信号和净输入信号在电路输入端的连接方式和特点采用以下 3 种方法进行。

① 若反馈信号、输入信号、净输入信号三者在输入端以电压的形式相加减，可判断为串联负反馈；若反馈信号、输入信号和净输入信号三者在输入端以电流的形式相加减，可判断为并联负反馈。

② 将输入信号交流短路（输入回路与输出回路之间没有联系着的元件或网络）后，若反馈作用消失，则为并联负反馈，否则为串联负反馈。

③ 如果反馈信号和输入信号加到放大元件的同一电极，则为并联负反馈，否则为串联负反馈。

图 3.27 所示为 4 个具有反馈的放大电路方框图，各属于何种反馈的分析方法如下。

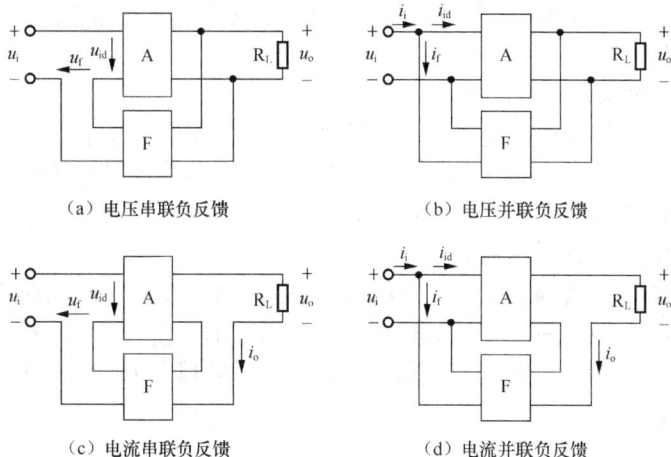

（a）电压串联负反馈　　　　　　　　（b）电压并联负反馈

（c）电流串联负反馈　　　　　　　　（d）电流并联负反馈

图 3.27　4 个具有反馈的放大电路方框图

图 3.27（a）所示的反馈网络与输出相并联，因此反馈量取自于输出电压，为电压反馈；反馈信号 u_f 与输入信号 u_i、净输入信号 u_{id} 三者在输入端以电压代数和形式出现，为串联反馈，即该电路反馈形式为电压串联负反馈。

图 3.27（b）所示的反馈网络与输出相并联，因此反馈量取自于输出电压，为电压反馈；反馈信号 i_f 与输入信号 i_i、净输入信号 i_{id} 三者在输入端以电流代数和形式出现，为并联反馈，即该电路反馈形式为电压并联负反馈。

图 3.27（c）所示的反馈网络与输出相串联，因此反馈量取自于输出电流，为电流反馈；反馈信号 u_f 与输入信号 u_i、净输入信号 u_{id} 三者在输入端以电压代数和形式出现，为串联反馈，即该电路反馈形式为电流串联负反馈。

图 3.27（d）所示的反馈网络与输出相串联，因此反馈量取自于输出电流，为电流反馈；反馈信号 i_f 与输入信号 i_i、净输入信号 i_{id} 三者在输入端以电流代数和形式出现，为并联反馈，即该电路反馈形式为电流并联负反馈。

在具有负反馈的放大电路中，开环放大倍数为

$$A = X_o / X_{id} \tag{3-1}$$

反馈网络的反馈系数为

$$F = X_f / X_o \tag{3-2}$$

反馈量、输入量和净输入量三者之间的关系为

$$X_{id} = X_i - X_f \tag{3-3}$$

闭环放大倍数为

$$A_f = X_o / X_i \tag{3-4}$$

把式（3-1）～式（3-3）代入式（3-4），有

$$
\begin{aligned}
A_f &= \frac{X_o}{X_i} = \frac{X_o}{X_{id} + X_f} = \frac{X_o / X_{id}}{1 + X_f / X_{id}} \\
&= \frac{X_o / X_{id}}{1 + X_f / X_o \cdot X_o / X_{id}} = \frac{A}{1 + AF}
\end{aligned}
\tag{3-5}
$$

式（3-5）是负反馈放大电路的电压放大倍数一般表达式，它反映了闭环放大倍数与开环放

大倍数及反馈系数之间的关系，在电子线路的分析中被经常使用。式（3-5）中的 $1+AF$ 是开环放大倍数与闭环放大倍数之比，反映了反馈对放大电路影响的程度，称为反馈深度。

3-18 反馈深度对放大电路的影响

3. 反馈深度对放大电路的影响

（1）若 $1+AF>1$，则 $A_f<A$。说明引入负反馈后，放大倍数减小了。负反馈的引入虽然减小了放大器的放大倍数，但是它却可以改善放大器的其他很多性能，而这些改善采用其他措施一般是难以做到的，至于放大倍数的下降，可以通过增加放大电路的级数来弥补。

（2）若 $1+AF<1$，则 $A_f>A$。这种反馈的引入加强了输入信号，显然属于正反馈。

（3）若 $1+AF=0$，则 $A_f \rightarrow \infty$。这就是说，即使没有输入信号，放大电路也有信号输出，此时的放大电路处于"自激"状态。除振荡电路外，一般情况下应当避免或消除自激状态。

（4）若 $AF \gg 1$，则有

$$AF = \frac{A}{1+AF} \approx \frac{1}{F} \tag{3-6}$$

式（3-6）说明，当 $AF \gg 1$ 时，放大器的闭环放大倍数仅由反馈系数决定，而与开环放大倍数 A 几乎无关，这种情况称为深度负反馈。因为反馈网络一般由 R、C 等无源元件组成，它们的性能十分稳定，所以反馈系数 F 也十分稳定。因此，深度负反馈时，放大器的闭环放大倍数比较稳定。

3.5.3　负反馈对放大电路性能的影响

放大电路引入负反馈后，可以稳定相应的输出变量，还可以改变输入、输出电阻，这些都是我们需要的。其实负反馈的效果不止这些，引入负反馈后还会使放大倍数稳定，展宽通频带，减小非线性失真，等等。当然，放大电路性能的改善也都是以降低放大倍数为代价的，下面分别进行讨论。

3-19 负反馈对放大电路性能的影响

1. 提高放大倍数的稳定性

放大器的放大倍数是由电路元件的参数决定的。元件老化、电源不稳、负载变动或环境温度变化都会引起放大器的放大倍数发生变化。为此，通常要在放大器中引入负反馈，以提高放大倍数的稳定性。

负反馈之所以能够提高放大倍数的稳定性，是因为负反馈对相应的输出量有自动调节作用。以典型的电压串联负反馈电路射极输出器为例说明：当放大倍数由于某种原因增大时，反馈电压将随之增大，使净输入电压减小，从而抑制了输出电压的增大，即稳定了电路的放大倍数。通常负反馈的引入可使放大器的放大倍数稳定性提高 $1+AF$ 倍。

例如，某负反馈放大器的放大倍数 $A=10^4$，反馈系数 $F=0.01$，可求出其闭环放大倍数为

$$A_f = \frac{A}{1+AF} = \frac{10^4}{1+10^4 \times 10^{-2}} \approx 100$$

即闭环电压放大倍数的稳定性比开环电压放大倍数的稳定性提高了约 100 倍，负反馈越深，稳定性越高。

2. 展宽通频带

由于电路中电抗元件、寄生电容和三极管结电容的存在，无反馈时，它们都会造成放大器放大倍数随频率变化，使中频段放大倍数较大，而高频段和低频段放大倍数较小，这些在频率特性中已经有所了解。加入负反馈后，利用负反馈的自动调整作用，可纠正放大倍数随频率变化的特性，使放大电路的通频带得到展宽。

负反馈对通频带的影响如图 3.28 所示。中频段由于放大倍数大，输出信号大，因此反馈信号也大，使得净输入信号减少得较多，中频段放大倍数比无负反馈时下降较多；在高频段和低频段，由于放大倍数小，输出信号小，而反馈系数不随频率而变，因此反馈信号也小，使净输入信号减少的程度比中频段小，结果高频段和低频段放大倍数比无负反馈时下降较少。这样，从高、中、低 3 个频段总体考虑，放大倍数随频率的变化因负反馈的引入而减小了，幅频特性变得比较平坦，相当于通频带得以展宽。

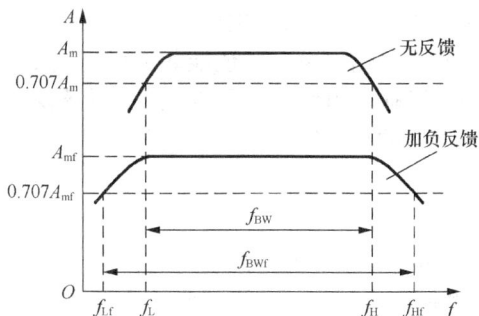

图 3.28 负反馈对通频带的影响

3. 减小非线性失真

由于放大电路中存在非线性元件三极管等，因此会引起非线性失真。一个无反馈的放大器，即使设置了合适的静态工作点，当信号超出小信号范围时，仍会使输出信号产生非线性的饱和失真和截止失真。引入负反馈后，这种失真可以减小或得到抑制。

图 3.29 所示为引入负反馈前后非线性失真情况的对比示意图。图 3.29（a）中的输入信号为标准正弦波，经放大电路 A 后的输出信号产生了正半周大、负半周小的非线性失真。引入负反馈后的情况如图 3.29（b）所示，失真的输出反馈到输入后与输入信号叠加，使净输入信号成为一个正半周小、负半周大的失真波，这样的净输入信号经放大器放大后，由于净输入信号的"正半周小、负半周大"和基本放大器的"正半周大、负半周小"二者相互补偿，因而使得输出波形前后两个半周幅度趋于一致，接近原输入的标准正弦波，即减小了非线性失真。

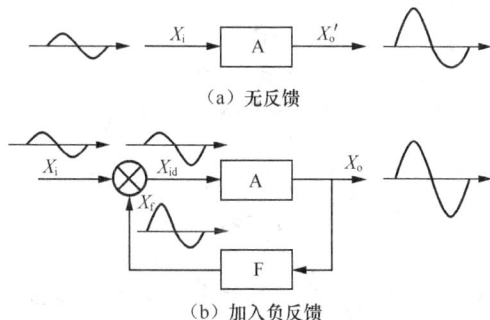

（a）无反馈

（b）加入负反馈

图 3.29 引入负反馈前后非线性失真情况的对比示意图

从本质上讲，放大器加入了负反馈后，是利用失真的波形来改善输出波形的失真的，并不能理解为负反馈能使放大器本身的波形失真情况消除。

4. 对输入电阻、输出电阻的影响

（1）对输入电阻的影响

不同类型的负反馈对放大电路输入电阻的影响各不相同。引入串联负反馈后，放大器的输入电阻是未加负反馈时的 $1+AF$ 倍，如果引入的是深度负反馈，则 $1+AF \gg 1$，即 $r_{if} \gg r_i$，因此，串联负

反馈具有提高输入电阻的作用。引入并联负反馈后，放大器的输入电阻是未加负反馈时的 $1/(1+AF)$，如果引入的是深度负反馈，则 $1/(1+AF) \ll 1$，即 $r_{if} \ll r_i$，所以并联负反馈使输入电阻减小。

（2）对输出电阻的影响

加入电压负反馈时，输出电阻是未加负反馈时的 $1/(1+AF)$，如果引入的是深度负反馈，则 $1/(1+AF) \ll 1$，即 $r_{of} \ll r_o$，因此加入电压负反馈起到减小输出电阻的作用；加入电流负反馈时，放大器的输出电阻是未加负反馈时的 $1+AF$ 倍，如果引入的是深度负反馈，则 $1+AF \gg 1$，即 $r_{of} \gg r_o$，即电流负反馈具有增大输出电阻的作用。

另外，电压负反馈不但能减小输出电阻，还能起到稳定输出电压的作用；电流负反馈可使输出电阻增大，但同时稳定了输出电流。实际放大电路究竟采用哪种反馈形式比较合适，必须根据不同用途引入不同类型的负反馈。

思考与练习

1. 什么叫反馈？正反馈和负反馈对电路的影响有何不同？
2. 放大电路一般采用哪种反馈形式？如何判断放大电路中的各种反馈类型？
3. 放大电路引入负反馈后，能给电路的工作性能带来什么改善？
4. 放大电路的输出信号本身就是一个已产生了失真的信号，引入负反馈后能否使失真消除？

任务训练：探索两级放大电路的负反馈

一、探索目的

1. 巩固学习应用 Multisim 8.0 对电路进行构建的方法。
2. 加深理解负反馈对放大器性能的影响和负反馈对放大电路性能的改善。
3. 进一步掌握放大器的放大倍数、输入电阻、输出电阻和频率响应的测量方法。
4. 学会测量两级放大电路的总放大倍数，并比较测量值与计算值。

二、探索所需虚拟元件

NPN 管 2N3904	2 只
10V 直流电源	1 个
双踪示波器	1 台
电容器	若干只
函数信号发生器	1 台
数字万用表	1 个
电阻	若干只

三、探索内容与步骤

1. 在 Multisim 8.0 平台上构建两级负反馈放大器电路，如图 3.30 所示。
2. 设置函数信号发生器的波形为正弦波，其参数如图 3.31 所示。
3. 图 3.30 所示的电路中的开关用于控制反馈支路的通断。在实验中可以先断开开关，观察实验电路中的输出波形，然后再闭合反馈支路，继续观察输出电压的波形，比较两种情况的波形差别。
4. 单击仿真开关，观察并记录负反馈放大电路输入、输出电压波形，必要时对双踪示波器进行合适的参数设置，如图 3.32 所示。
5. 观察第一级放大电路的电压放大倍数（把示波器的输出连接至 C2 后面即可），并记录下来。

6. 观察第二级放大电路的电压放大倍数（把示波器的输出连接至 C3 后面即可），并记录下来。

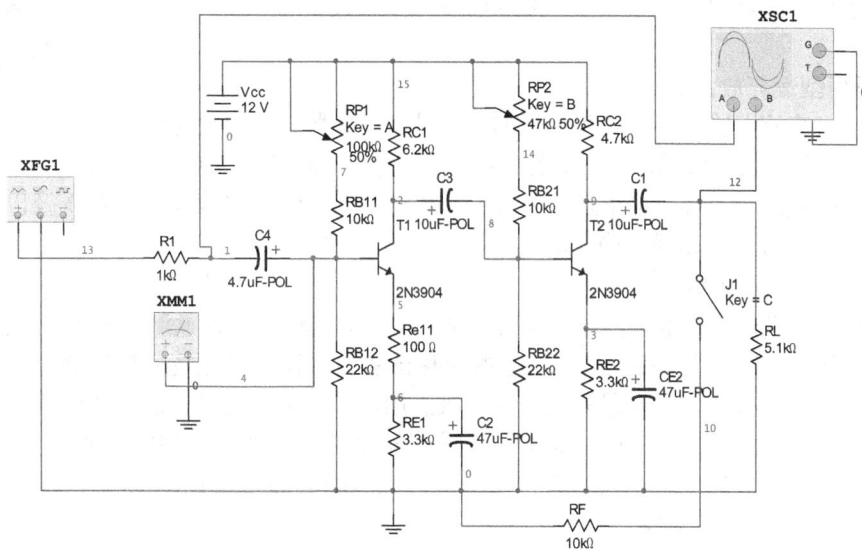

图 3.30　两级负反馈放大器电路

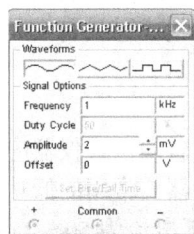

图 3.31　函数信号发生器参数设置　　　　图 3.32　双踪示波器的参数

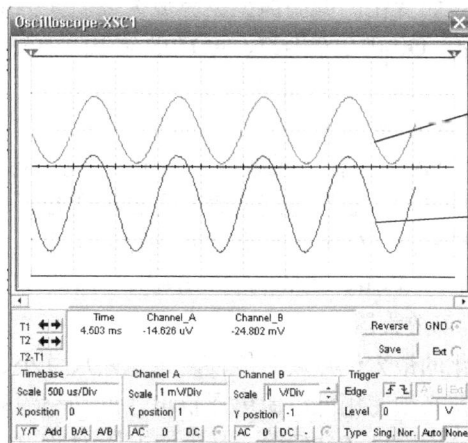

7. 观察两级放大器的输入（红色）、输出（蓝色）在相位上的特点。

四、思考与分析

1. 第一级放大器的电压放大倍数与总电压放大倍数相比如何？
2. 两级放大器的输入、输出电压在相位上有何不同？
3. 如果取消电路中的反馈，会有什么情况发生？

3.6　集成运算放大器及其理想电路模型

目前广泛应用的电压型集成运放是一种高放大倍数的直接耦合放大器，在集成电路的输入和输出之间接入不同的反馈网络，可实现不同用途的电路。例如，利用集成运放可以非常方便地完成信号放大、信号运算、信号处理以及波形的产生与变换。

3.6.1 集成运算放大器的分类

集成运算放大器的种类非常多，按照集成运算放大器的参数不同，可分为如下几类。

1. 通用型运算放大器

通用型运算放大器就是以通用为目的而设计的。这类器件的主要特点是价格低廉、产品量大、应用面广，其性能指标适合在一般情况下使用。通用型集成运算放大器有 μA741（单运放）、LM358（双运放）、LM324（四运放）及以场效应管为输入级的 LF356 等，是目前应用较为广泛的集成运放。

2. 高阻型运算放大器

这类集成运算放大器的特点是差模输入阻抗非常高，输入偏置电流非常小，一般为 $10^9 \sim 10^{12}\Omega$，I_{IB} 为几皮安到几十皮安。实现这些指标的主要方法是利用场效应管高输入阻抗的特点，用场效应管组成运算放大器的差分输入级。用场效应管作为输入级，不仅输入阻抗高，输入偏置电流低，而且具有高速、宽带和低噪声等优点，但输入失调电压较大。常见的集成器件有 LF356、LF355、LF347（四运放）及更高输入阻抗的 CA3130、CA3140 等。

3. 低温漂型运算放大器

在精密仪器、弱信号检测等自动控制仪表中，人们总是希望运算放大器的失调电压尽量小且不随温度的变化而变化。低温漂型运算放大器就是为此而设计的。目前常用的高精度、低温漂运算放大器有 OP-07、OP-27、AD508 及由 MOS 管组成的斩波稳零型低漂移器件 ICL7650 等。

4. 高速型运算放大器

在快速 A/D 和 D/A 转换器、视频放大器中，要求集成运放的转换速率 S_{R} 足够高，单位增益带宽 BW_{G} 要足够大，显然通用型集成运放不适合于高速应用的场合。高速型运算放大器的主要特点是具有较高的转换速率和较宽的频率响应。常见的高速型集成运放有 LM318、μA715 等，其 $S_{\mathrm{R}}=50\sim70\mathrm{V/\mu s}$，$BW_{\mathrm{G}}>20\mathrm{MHz}$。

5. 低功耗型运算放大器

电子电路集成化的最大优点就是能使复杂电路尺寸小、重量轻。随着便携式仪器应用范围的扩大，集成电路必须使用低电源电压供电、低功率消耗的运算放大器。常用的低功耗型运算放大器有 TL-022C、TL-060C 等，其工作电压为±（2～18）V，消耗电流为 50～250μA。目前有的产品功耗已达微瓦级，例如 ICL7600 的供电电源电压为 1.5V，功耗为 10μW，可采用单节电池供电。

6. 高压大功率型运算放大器

运算放大器的输出电压主要受供电电源的限制。在普通的运算放大器中，输出电压的最大值一般仅几十伏，输出电流仅几十毫安。若要提高输出电压或增大输出电流，集成运放外部必须附加辅助电路。高压大电流集成运算放大器外部不需附加任何电路，即可输出高电压和大电流。例如，D41 集成运放的电源电压可达 ±150V，μA791 集成运放的输出电流可达 1A。

3.6.2 集成运算放大器引脚功能及元件特点

因为集成运放总是采用金属或塑料封装，是一个不可拆分的整体，所以也常把集成运放称为器件。作为一个器件，人们首先关心的是它们的外部连

3-20 集成运算放大器的分类

3-21 集成运算放大器引脚的功能

接和使用，对其内部情况仅简单了解即可。因此，本书只重点介绍集成运放的引脚功能和运放的主要特点。

1．集成运算放大器引脚的功能

图 3.33 所示为 mA741（F007C）集成运放的引脚排列图、外部接线图及集成运放的电路图形符号。

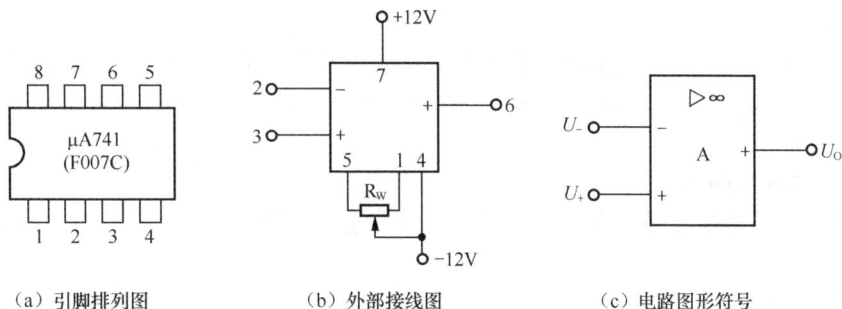

（a）引脚排列图　　　　（b）外部接线图　　　　（c）电路图形符号

图 3.33　mA741（F007C）集成运放的引脚排列图、外部接线图及集成运放的电路图形符号

由图 3.33 可知，单运放 mA741 除了有同相、反相两个输入端，一个输出端外，还有两个±12V 的电源端，两个外接大电阻调零端，所以是多脚元件。

① 引脚 2 为运放的反相输入端，引脚 3 为同相输入端，这两个输入端对于运放的应用极为重要，绝对不能接错。

② 引脚 6 为集成运放输出级的输出端，与外接负载相连。

③ 引脚 1 和引脚 5 是外接调零补偿电位器端，集成运放的电路参数和三极管特性不可能完全对称，因此，在实际应用当中，若输入信号为 0 而输出信号不为 0，就需调节引脚 1 和引脚 5 之间电位器 R_W 的数值，直至输入信号为 0、输出信号也为 0。

④ 引脚 4 为负电源端，接−12V 电位；引脚 7 为正电源端，接+12V 电位。这两个芯片引脚都是集成运放的外接直流电源引入端，使用时不能接错。

⑤ 引脚 8 是空脚，使用时可悬空处理。

2．集成电路元件的特点

与分立元件相比，集成电路元件有以下特点。

（1）单个元件的精度不高，受温度影响也较大，但在同一硅片上用相同工艺制造出来的元件性能比较一致，对称性好，相邻元件的温度差别小，因而同一类元件温度特性也基本一致。

3-22　集成电路元件的特点

（2）集成电阻及电容的数值范围窄，数值较大的电阻、电容占用硅片面积大。集成电阻一般在几十欧至几十千欧范围内，电容一般为几十皮法，电感目前不能集成。

（3）元件性能参数的绝对误差比较大，而同类元件性能参数的比值比较精确。

（4）纵向 NPN 管 β 值较大，占用硅片面积小，容易制造；而横向 PNP 管的 β 值很小，但其 PN 结的耐压高。

3.6.3　集成运算放大器的主要性能指标

由运算放大器组成的各种系统中，应用要求不同，对运算放大器的性能要求也不同。在没有特殊要求的场合，尽量选用通用型集成运放，这样既可降低成本，又容易保证货源。当一个系统中使用多个运放时，尽可能选用多

3-23　集成运算放大器的主要性能指标

运放集成电路，例如 LM324、LF347 等都是将 4 个运放封装在一起的集成电路。而评价一个集成运放性能的优劣，应看其综合性能。

集成运算放大器的技术指标很多，其中一部分与差分放大器和功率放大器相同，另一部分则是根据运算放大器本身的特点设立的。各种主要参数均比较适中的是通用型运算放大器，这类运算放大器的主要性能指标有以下 4 个。

1. 开环电压放大倍数 A_{uo}

开环电压放大倍数 A_{uo} 是指运放在无外加反馈条件下，输出电压与输入电压的变化量之比。一般集成运放的开环电压放大倍数 A_{uo} 很高，可达 $10^4 \sim 10^7$。不同功能的运放，A_{uo} 的数值相差比较悬殊。

2. 差模输入电阻 r_i

差模输入电阻是指电路输入差模信号时运放的输入电阻，其值很高，一般可达几十千欧至几十兆欧。

3. 闭环输出电阻 r_o

大多数运放的输出电阻在几十欧至几百欧。由于运放总是工作在深度负反馈条件下，因此其闭环输出电阻更小。

4. 最大共模输入电压 U_{icmax}

最大共模输入电压 U_{icmax} 是指在保证运放正常工作的条件下，运放所能承受的最大共模输入电压。共模电压若超过该值，输入差分对管子的工作点将进入非线性区，使放大器失去共模抑制能力，共模抑制比显著下降，甚至会造成器件损坏。

3.6.4 集成运算放大器的理想化条件和传输特性

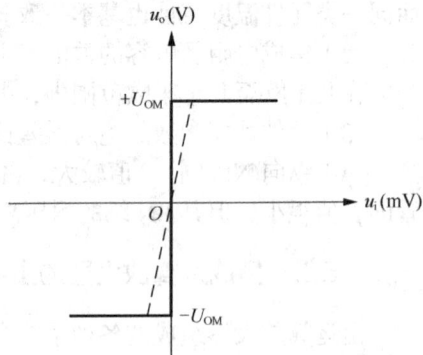

1. 集成运算放大器的理想化条件

为了简化分析过程，同时满足工程的实际需要，通常把集成运放理想化，满足下列参数指标的运算放大器可以视为理想运算放大器。

（1）开环电压放大倍数 $A_{uo}=\infty$，实际上 $A_{uo} \geqslant 80dB$ 即可。

（2）差模输入电阻 $r_i=\infty$，实际上 r_i 比输入端外电路的电阻大 $2 \sim 3$ 个量级即可。

（3）输出电阻 $r_o=0$，实际上 r_o 比输入端外电路的电阻小 $2 \sim 3$ 个量级即可。

（4）共模抑制比足够大，理想化条件下视为 $K_{CMR} \to \infty$。

在分析集成运放的一般性原理时，只要实际应用条件不使运放的某个技术指标明显下降，均可把运算放大器产品视为理想的。这样，根据集成运放的上述理想特性，可以大大简化运放的分析过程。

2. 集成运算放大器的传输特性

图 3.34 所示为集成运放的电压传输特性。

电压传输特性表示开环时输出电压与输入电压之间的关系，图 3.34 中虚线表示实际集成运放的电压传输特性。由实际的电压传输特性可知，平顶部分对应 $\pm U_{OM}$，表示输出正、负饱和状态的情况。斜线部分实际上非常靠近纵轴，说明集成运放的线性区范围很小；输出电压 u_o 和两个输入端之间的电压 U_- 与 U_+ 的函数关系是线性的（斜线范围），可表示为

图 3.34 集成运放的电压传输特性

$$u_o = A_{uo}(U_+ - U_-) = A_{uo} \cdot u_i \qquad (3-7)$$

由于运放的开环电压放大倍数很大，即使输入信号是 μV 量级的，也足以使运放工作于饱和状态，使输出电压保持稳定。当 $U_+>U_-$ 时，输出电压 u_o 将跃变为正饱和值 $+U_{OM}$，接近于正电源电压值；当 $U_+<U_-$ 时，输出电压 u_o 又会立刻跃变为负饱和值 $-U_{OM}$，接近于负电源电压值。根据此特点，可得出集成运放在理想化条件下的电压传输特性，如图 3.34 中的粗实线所示。

3-25 虚短和虚断的概念

根据集成运放的理想化条件，可以在输入端得出以下两条重要结论。

（1）虚短

因为理想运放的开环电压放大倍数很大，因此，当运放工作在线性区时，相当于一个线性放大电路，输出电压不超出线性范围。这时，运算放大器的同相输入端与反相输入端两电位十分接近，在运放供电电压为 ±（12～15）V 时，输出电压的最大值一般在 10～13V。所以运放两输入端的电位差在 1mV 以下，近似等电位，这一特性称为虚短。显然，虚短不是真正的短路，只是分析电路时在允许误差范围之内的合理近似。虚短也可直接由理想化条件导出：在理想情况下，$A_{uo}=\infty$，则 $U_+-U_-=0$，即 $U_+=U_-$，运放的两个输入端等电位，可将它们看作虚假短路。

（2）虚断

差模输入电阻 $r_i=\infty$，因此可认为没有电流能流入理想运放，即 $i_+=i_-=0$。集成运放的输入电流恒为 0，这种情况称为虚断。实际集成运放流入同相输入端和反相输入端的电流十分微小，比外电路中的电流小几个数量级，因此流入运放的电流往往可以忽略不计，这一现象相当于运放的输入端开路，显然，运放的输入端并不是真正断开。

运用虚短和虚断这两个重要概念，对各种工作于线性区的应用电路进行分析，可以大大简化应用电路的分析过程。运算放大器构成的运算电路均要求输入与输出满足一定的函数关系，因此可以应用这两条重要结论。如果运放不在线性区工作，则虚短的概念不再成立，但仍具有虚断的特性。如果在测量集成运放的两个输入端电位时，发现有几毫伏那么高，那么该运放肯定不在线性区工作，或者已经损坏。

思考与练习

1. 集成运算放大器 μA741 和 LM386 哪个属于单运放？哪个属于双运放？
2. 集成运放的理想化条件有哪些？
3. 工作在线性区的理想运放有哪两条重要结论？试说明其概念。

任务训练：验证"虚短"和"虚断"

应用 Multisim 8.0 构建图 3.35 所示电路。

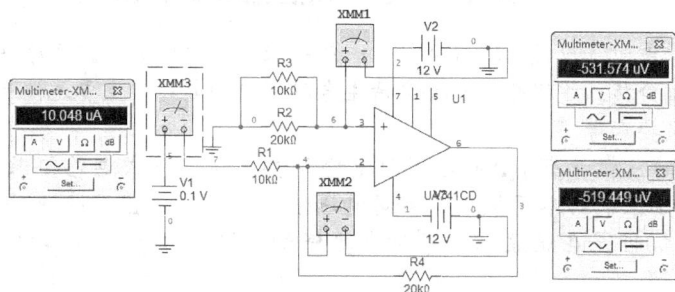

图 3.35 验证"虚短"和"虚断"电路

电路设置好以后，按表 3-1 给定的值，验证 $U_N\approx U_P$，$R_i\approx R_1$，将测量数据填入表 3-2 中。

表 3-2 测量数据

电路形式	输入电压 U_i/V	U_N/V	U_P/V	计算 R_i/kΩ
反相输入	0.1			

注：表格中的输入电阻计算式为 $R_i = U_i I_i / (U_i - U_N)$。

项 目 小 结

1. 差动放大电路利用电路参数的对称性和负反馈作用，能够有效地抑制共模信号、稳定静态工作点，因此广泛应用于直接耦合电路和测量电路的输入级。差动放大电路：按输入输出方式分，有双端输入双端输出、双端输入单端输出、单端输入双端输出和单端输入单端输出 4 种类型。

2. 采用复合三极管的目的是扩大三极管的电流驱动能力。复合三极管合理连接的基本原则有：①对于同为 PNP 管或 NPN 管，前管的 e 极和后管的 b 极相连；对于不同导电类型的复合三极管，前管的 c 极与后管的 b 极相连。只有这样，才能保证两管基极电流的流通。②前管的 ce 结与后管的 bc 结相连，而不能与后管的 be 结相连，否则前管 ce 极受后管的 be 极正向结电压的限制而不能正常工作。

3. 功率放大器按工作状态一般可分为甲类、乙类和甲乙类 3 种。其中甲类放大器具有高保真、效率低的特点；乙类放大器效率高但存在交越失真；甲乙类放大器是在乙类放大器的基础上改造而得，上述二者的优点兼顾。甲乙类功放又分有 OCL 和 OTL 两种类型。

4. 功放电路和小信号放大电路的区别是功放电路工作在大信号下，因此电路参数均为极限应用状态。

5. 放大电路通常都采用负反馈。负反馈就是通过一定的电路形式，把放大电路输出信号的一部分或全部按照一定的方式回送到放大电路的输入端，并对输入信号产生影响，利用负反馈可以提高放大电路的稳定性。

6. 放大电路常用的反馈形式有电压串联负反馈、电压并联负反馈、电流串联负反馈、电流并联负反馈 4 种。

7. 根据集成运算放大器的主要性能指标，提出了与其十分接近的理想化条件：开环电压放大倍数趋于无穷大、差模输入电阻趋于无穷大、输出电阻趋于零和共模抑制比趋近于无穷大。利用集成运放的理想化条件，得出两个重要结论：①虚短，运放工作在线性区时，运放的两个输入端可视为等电位；②虚断，流入运放的电流可视为零值，但输入端并未真正断开。上述两个重要结论是分析集成运放电路的重要手段。

知识拓展：电子电路图的识读方法

识读电子电路图时，应该从输入开始，一级一级地往输出走，按次序把整个电子电路分解开来，逐级细细分析。逐级分析时要分清主电路和辅助电路、主要元件和次要元件，弄清它们的作用和参数要求等。

电子电路中的三极管有 NPN 型和 PNP 型两类，某些集成电路要求双电源供电，所以一个电子电路往往包括不同极性、不同电压值和好几组输出。读图时必须分清各组输出电压的数值和极性。在组装和维修时也要仔细分清三极管和电解电容的极性，防止出错。

一、较为简单的电子电路识图、读图

读电子电路图时，首先要熟悉某些习惯画法和简化画法，还要把整个电路从前到后全面

综合贯通起来。这样才更容易读懂电子电路图。

例如，图3.36所示为电热毯控温电路。开关在"1"的位置是低温挡，220V市电经二极管整流后接到电热毯，因为是半波整流，电热毯两端所加的电压约为100V的脉动直流电，发热量不高，所以在保温或低温状态；开关扳到"2"的位置时，220V市电直接接到电热毯上，所以是高温挡。

图3.37所示为高压电子灭蚊蝇器电路图。此电路利用倍压整流原理得到小电流直流高压电的灭蚊蝇器。

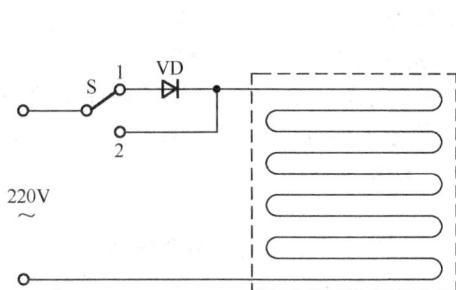

图3.36 电热毯控温电路图

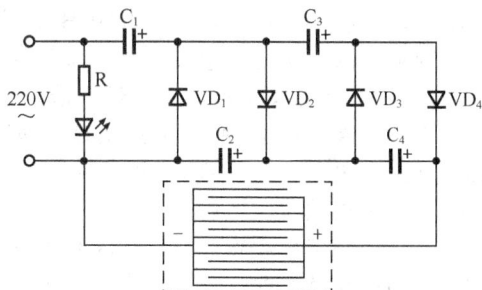

图3.37 高压电子灭蚊蝇器电路图

220V交流市电经过四倍压整流后，输出电压可达1100V，把这个直流高压加到平行的金属丝网上。网下放诱饵，当蚊蝇停在网上时，造成短路，电容器上的高压通过蚊蝇身体放电把蚊蝇击毙。蚊蝇尸体落下后，电容器又被充电，电网又恢复高压。这个高压电网电流很小，因此对人体无害。

另外，由于昆虫夜间有趋光性，因此如在电网后面放一个3W的荧光灯或小型黑光灯，就可以诱杀蚊蝇和其他有害昆虫。

二、较为复杂的电子电路识图、读图

图3.38所示为六管超外差收音机的电路原理图。

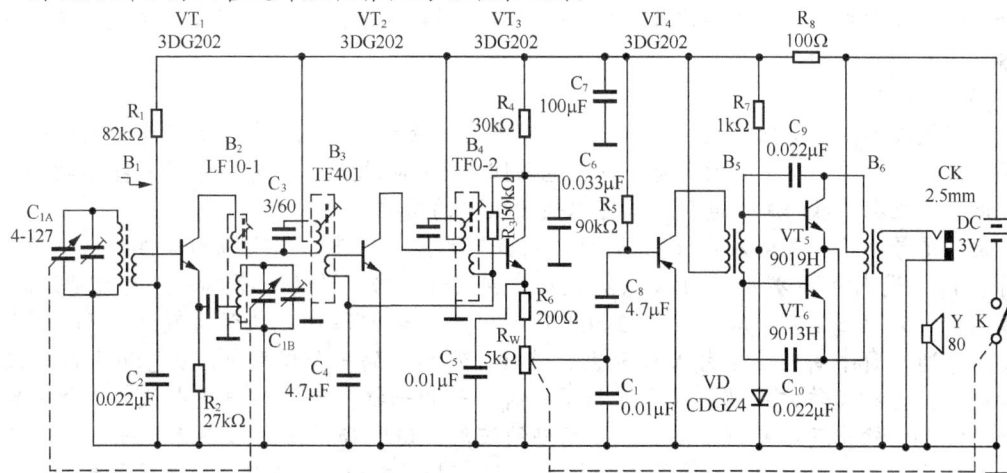

图3.38 六管超外差收音机的电路原理图

六管超外差收音机属于中波段袖珍式半导体收音机，采用可靠的全硅管线路，具有机内磁性天线，体积小巧、音质清晰、携带方便，并设有外接耳机插口。该收音机的频率范围为535~1605kHz，输出功率为50~150mW，扬声器为φ57mm、8Ω，电源为两节5号电池（共3V）。收音机主要由输入回路、变频级、中放级、检波级、低放级、功率输出级组成。此类较为复杂电子电路的识图、读图可从输入回路开始。

1. 六管超外差收音机的识图和读图

（1）输入回路

输入回路由双联可变电容的 C_{1A} 和磁性天线线圈 B_1 组成。B_1 的初级绕组与可变电容 C_{1A}（电容量较大的一联）组成串联谐振回路对输入信号进行选择。转动 C_{1A} 使输入调谐回路的自然谐振频率刚好与某一电台的载波频率相同，这时，该电台在磁性天线中感应的信号电压最强。

（2）变频级

变频级由三极管 VT_1、双联可变电容 C_{1B} 以及振荡线圈 B_2 组成。

输入级接收和感应的电压信号由 B_1 的次级耦合到 VT_1 的基极；VT_1 还和振荡线圈 B_2、双联可变电容 C_{1B}（电容量较少的一联）等元件接成变压器耦合式自激振荡电路，叫作本机振荡器，简称本振。C_{1B} 与 C_{1A} 同步调谐，所以本振信号总是比输入信号高 465 kHz，即中频信号。本振信号通过 C_4 加到 VT_1 的发射极，和输入信号一起经 VT_1 变频后产生了中频，中频信号从第一中频变压器 B_3 输出，再由次级耦合到中放管 VT_2 的基极。

（3）两级中放

中放级由两级中放管 VT_2、VT_3 和两级中频变压器 B_3 和 B_4 组成。两个中放管构成两级单调谐中频选频放大电路，由于中放管采用了硅管，其温度稳定性较好。VT_2 管因加有自动增益控制，静态电流不宜过大，一般取 0.2～0.6mA；VT_3 管主要是提高增益，采用了固定偏置电路以提供低放级所需的功率，故静态电流取得较大些，为 0.5～0.8mA。两级中周均调谐于 465kHz 的中频频率上，以提高整机的灵敏度、选择性和减小失真。第一中周 B_2 加有自动增益控制，以使强、弱信号得以均衡，维持输出稳定；中放管 VT_2 对中频信号进行放大后，由第二中周 B_4 耦合到中放管 VT_3 进一步充分放大。

（4）低放级和检波级

经中频放大级放大了的中频信号送入由前置放大管 VT_4 组成的低放级进一步放大，通常可达到 1V 至几伏的电压，即经过低放级，可将信号电压放大几十到几百倍。经低放级取出的信号送入输入变压器 B_5，由检波二极管 VD 将已调制信号的负半周去掉，然后利用电容将剩余高频信号滤去，留下低频信号，但这一低频信号的带负载能力仍很差，不能直接推动扬声器，还需要放大功率。

（5）功率输出级

功率放大不仅要输出较大的电压，还要能够输出较大的电流。图 3.38 所示的电路采用了变压器耦合、推挽式功率放大电路，这种电路阻抗匹配性能好，对推挽管的一些参数要求也比较低，而且在较低的工作电压下，可以输出较大的功率。

设在信号的正半周输入变压器 B_5 初级的极性为上负下正，则次级的极性为上正下负，这时 VT_5 导通而 VT_6 截止，由 VT_5 放大正半周信号；当信号为负半周时，输入变压器 B_5 初级的极性为上正下负，次级的极性为上负下正，于是 VT_5 由导通变为截止，VT_6 则由截止变为导通，负半周的信号由 VT_6 放大。这样，在信号的一个周期中，VT_5 和 VT_6 轮流导通和截止，这种工作方式就好像两人推磨一样，一推一挽，故称为推挽式放大。放大后的两个半波再由输出变压器 B_6 合成一个完整的波形，送到扬声器发出声音。另外，由 VT_3 的发射极输出到电位器 R_W 的信号成分与开关 K 相接，旋转 R_W 可以改变电位器的阻值，以控制音量的大小。

2. 认识电路原理图上的图形符号和文字符号

（1）根据电路原理图划分出收音机的输入级、变频级、中放级、低放与检波级、功放级。

（2）弄清楚各级的工作原理。

（3）识别电路图上的图形符号和文字符号的含义。

能力检测题

一、填空题

1. 集成运算放大器是一种采用_____耦合方式的放大电路，因此低频性能_____，最常见的问题是_____。

2. 集成运算放大器的输入级通常采用_____放大电路，中间级多采用_____形式的共射放大电路，输出级往往采用_____的功率放大电路，集成运放设置偏置电路的目的是_____。

3. 差动放大电路对_____信号具有放大能力，对_____信号具有抑制能力，而且既能放大_____信号又能放大_____信号。

4. 在甲类、乙类和甲乙类功率放大器中，保真效果最好的是_____类功放，效率最高的是_____类功放，保真效果和效率皆优的是_____类功放。

5. _____类功放电路中存在交越失真，克服交越失真的方法是_____。

6. 复合三极管的电流放大倍数等于单管放大倍数的_____，复合三极管的类型由_____三极管的类型来决定。

7. 电压串联负反馈能够稳定电路的_____，同时使输入电阻_____。

8. 负反馈放大电路的4种基本类型分别是：_____负反馈、_____负反馈、_____负反馈、_____负反馈。

9. 理想运放的4个理想化条件分别是：_____、_____、_____、_____。

10. 理想运放的两个重要概念分别是_____和_____。

11. 集成运放的两个输入端分别为_____输入端和_____输入端，前者的极性与输出端_____，后者的极性与输出端_____。

12. 通用型集成运算放大器的输入级大多采用_____电路。

二、判断正误题

1. 测得两个共射放大电路空载时电压放大倍数均为-100，将它们连成两级放大电路后，其电压放大倍数应为10000。　　　　　　　　　　　　　　　　　　　（　　　）

2. 集成运算放大器只适合于直接耦合方式，可基本上消除零点漂移。　（　　　）

3. 差动放大电路利用对称性有效地抑制了共模信号，但不影响放大差模输入信号。
　　　　　　　　　　　　　　　　　　　　　　　　　　　　　　　（　　　）

4. 阻容耦合的多级放大电路各级的静态工作点相互独立，只能放大交流信号。（　　　）

5. 直接耦合的多级放大电路各级的静态工作点相互影响，只能放大直流信号。（　　　）

6. 互补对称的集成电路输出级应采用共集电极或共漏极接法。　　　　（　　　）

7. 在甲类和乙类功放电路中，均存在交越失真，要获得高保真效果须采用甲乙类功放。
　　　　　　　　　　　　　　　　　　　　　　　　　　　　　　　（　　　）

8. 功放主要考虑的是获得最大交流输出功率，因此对非线性失真没有特别要求。（　　　）

9. OCL甲乙类功放采用的单电源供电方式，其中的电容起负电源作用。　（　　　）

10. 虚短的概念不仅适用于运放的线性应用电路，同样适用于非线性应用电路。（　　　）

三、单项选择题

1. 集成运算放大器中和各级之所以采用直接耦合方式，主要原因是（　　　）。

A. 便于放大直流信号　　　　　　　　B. 不易制作大容量电容以及便于设计

C. 放大交流信号　　　　　　　　　　D. 电路具有最佳性能

2. 直接耦合放大电路存在零点漂移的主要原因是（　　　）。

A. 电阻阻值有误差　　　　　　　　　B. 三极管参数的分散性

C. 电源电压不稳定　　　　　　　　　D. 三极管参数受温度影响

3. 选用差动放大电路作为集成运放输入级的原因是（　　　）。

A. 克服零点漂移　　　　　　　　　　B. 提高输入电阻

C. 稳定放大倍数　　　　　　　　　　D. 提高放大倍数

4. 集成运放的输出级采用射极输出形式是为了使（　　　）。

A. 电压放大倍数的数值大　　　　　　B. 带负载能力强

C. 最大不失真输出电压大　　　　　　D. 改善电路的静态工作点

5. 为了放大变化缓慢的微弱信号，放大电路应采用（　　　）耦合方式。

A. 直接　　　　　B. 阻容　　　　　C. 变压器　　　　　D. 光电

6. 为了实现阻抗变换，放大电路内采用（　　　）耦合方式。

A. 直接　　　　　B. 阻容　　　　　C. 变压器　　　　　D. 光电

7. 根据反馈电路和基本放大电路在输出端的接法不同，可将反馈分为（　　　）。

A. 直流反馈和交流反馈　　　　　　　B. 电压反馈和电流反馈

C. 串联反馈和并联反馈　　　　　　　D. 正反馈和负反馈

8. 理想运放的两个重要结论是（　　　）

A. 虚断（$V_+ \approx V_-$）、虚短（$i_+ = i_- = 0$）　　B. 虚断（$i_+ = i_- = 0$）、虚短（$V_+ \approx V_-$）

C. 虚断（$i_+ = i_- = 0$）、虚短（$i_+ = i_- = 0$）　　D. 虚断（$V_+ \approx V_-$）、虚短（$V_+ = V_- \approx 0$）

9. 因为阻容耦合的多级放大电路各级静态工作点独立，所以这类电路（　　　）。

A. 各级放大电路相互影响　　　　　　B. 放大倍数稳定

C. 能放大直流信号　　　　　　　　　D. 零点漂移小

10. 差动放大电路的差模信号是指它的两个输入端信号的（　　　）。

A. 平均值　　　　　B. 和　　　　　C. 差　　　　　D. 商

四、简答题

1. 零点漂移现象是如何形成的？哪一种电路能够有效地抑制零漂？

2. 何谓交越失真？哪一种功放电路存在交越失真？如何消除交越失真？

3. 恒流源电路在集成运放中的重要作用主要表现在哪几个方面？

4. 简述理想运放的主要性能指标及虚短和虚断两个重要概念。

5. 为消除交越失真，通常要给功放管加上适当的正向偏置电压，使基极存在的微小的正向偏流，让功放管处于微导通状态，从而消除交越失真。那么，这一正向偏置电压是否越大越好？为什么？

6. 放大电路中常见的负反馈组态有哪些？如果要求提高放大电路的带负载能力，增大其输入电阻、减小其输出电阻，应采用什么类型的负反馈？

7. 放大电路引入直流负反馈和交流负反馈后，分别对电路产生哪些影响？

五、分析计算题

1. 在图 3.39 所示的差动放大电路中，已知 $R_C = 20\text{k}\Omega$，$R_L = 40\text{k}\Omega$，$R_B = 4\text{k}\Omega$，$r_{be} = 1\text{k}\Omega$，$\beta = 50$。求差模电压放大倍数 A_{ud}、差模输入电阻 r_{id}、差模输出电阻 r_{od}；若 $u_{i1} = 10\text{mV}$，$u_{i2} = 5\text{mV}$，求此时的输出电压 u_o。

2. 在图 3.40 所示的电路中，设 VT_1、VT_2 两管的饱和压降 $U_{CES}=0$，$I_{CEO}=0$，VT_3 管发射结导通电压为 U_{BE3}。试写出：①电压 U_{AB} 的表达式；②最大不失真功率表达式；③功放管的极限参数；④电路可能产生失真吗？

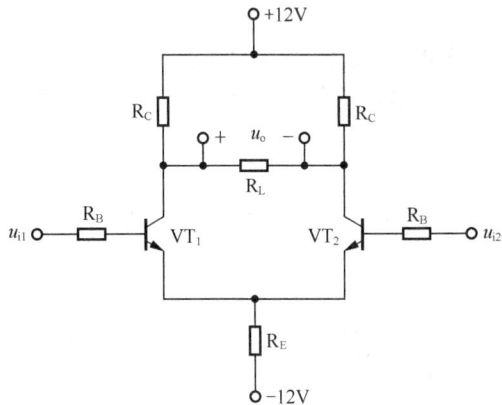

图 3.39 分析计算题 1 电路图   图 3.40 分析计算题 2 电路图

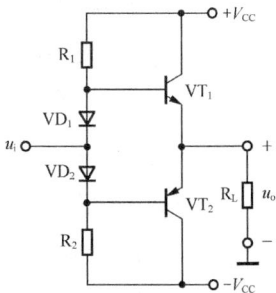

3. 判断图 3.41 所示各电路的反馈类型，估算各电路在深度负反馈条件下的电压放大倍数。

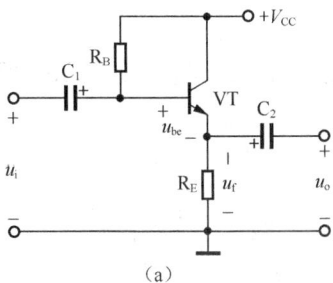

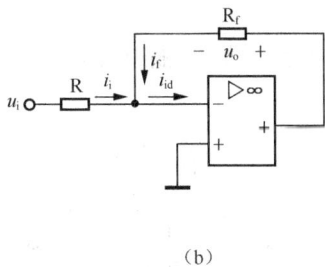

（a）   （b）

图 3.41 分析计算题 3 电路图

4. 判断图 3.42 所示电路的反馈类型。

（1）是直流反馈还是交流反馈？

（2）是电压反馈还是电流反馈？

（3）是串联反馈还是并联反馈？

5. 在图 3.43 所示的电路中，已知 VT_1 和 VT_2 管的饱和管压降 $|U_{CES}|=3V$，$V_{CC}=15V$，$R_L=8\Omega$。回答下列问题。

（1）电路中 VD_1 和 VD_2 管的作用。

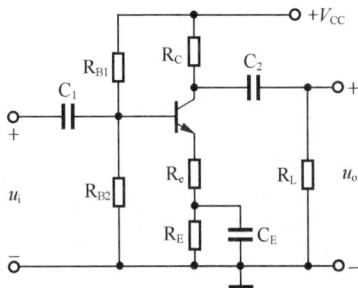

图 3.42 分析计算题 4 电路图   图 3.43 分析计算题 5 电路图

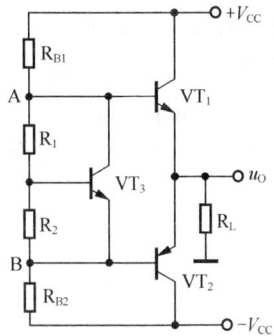

127

（2）静态时，三极管发射极电位 V_{EQ} 的值是多少？

（3）电路最大输出功率 P_{om} 的值是多少？

（4）当输入为正弦波时，若 R_1 虚焊开路，画出此时输出电压的波形。

（5）若 VD_1 虚焊，则 VT_1 管如何？

6．电路如图 3.44 所示，设运算放大器为理想运放。回答下列问题。

（1）为将输入电压转换成与之具有稳定关系的电流信号，应在电路中引入何种组态的交流负反馈？

（2）画出电路图。

（3）若输入电压为 0～10V，与输入电压对应的输出电流为 0～5mA，R_2=10kΩ，那么 R_1 应取多大？

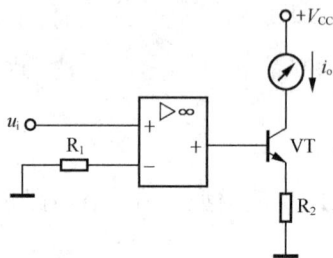

图 3.44　分析计算题 6 电路图

7．图 3.45 所示的两个电路中的集成运算放大器均为理想运放。试分析两个电路的反馈类型。

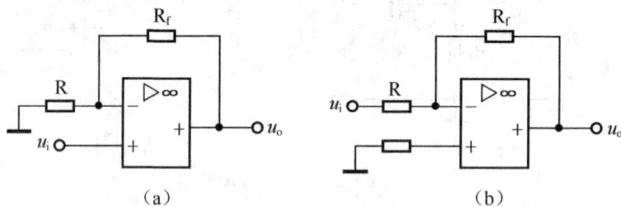

图 3.45　分析计算题 7 电路图

项目四 集成运算放大器的应用

随着电子技术的发展，集成运放的各项指标不断提高，其应用早已超出数学运算的范畴。近年来，集成运放的应用不断拓宽，用它不仅可以完成模拟信号的相加、相减、相乘、相除、相比较等功能，还可用它完成模拟信号的放大、振荡、调制和解调，它还被广泛应用于脉冲电路。

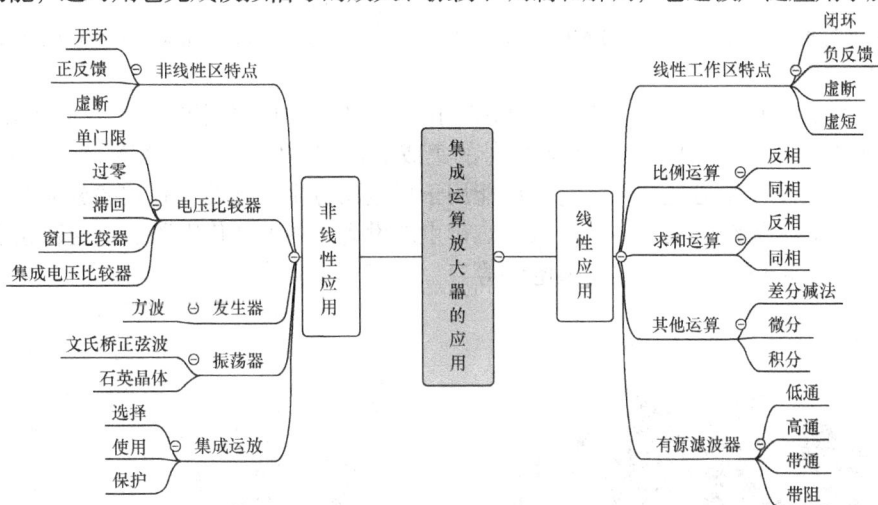

学习目标

知识目标

1. 了解集成运放工作在线性区时的特点，深刻理解虚短和虚断两个重要概念。
2. 了解集成运放的线性应用运算电路的特点，掌握运用虚短和虚断分析线性应用电路的方法。
3. 了解有源滤波器的概念，理解低通、高通、带通、带阻的概念，掌握运放的线性应用。
4. 了解集成运放工作在非线性区时的特点，深刻理解开环、正反馈等概念。
5. 了解电压比较器，理解阈值的概念，掌握单门限电压比较器和滞回电压比较器的原理及其应用。
6. 了解方波发生器，理解和掌握文氏桥正弦波振荡器和石英晶体振荡器的原理和应用。
7. 了解集成运放的选择原则、使用注意事项以及保护措施。

能力目标

1. 具有应用 Multisim 8.0 搭建和检测集成运放应用电路的能力。

2. 具有应用实训室设备及器材对集成运放的线性应用电路进行实验和检测的能力。

3. 具有识读集成运放应用电路图的能力。

素质 目标

培养家国情怀、专业认同感和行业自豪感，养成努力学习、刻苦钻研、成才报国的爱国主义情怀。

项 目 导 入

集成运算放大器最初应用于模拟计算机，对计算机内部信息进行加、减、乘、除、微分、积分等数学运算，并因此而得名。随着半导体集成工艺的飞速发展，集成运算放大器的应用已远远超出了模拟计算机的范畴，主要的应用场景是信号放大、电压比较。集成运算放大器的品种也越来越多，基本的集成运算放大器元件有 LM 系列，如 LM324、LM358、LM386 等。

集成运算放大器在音响方面应用得最多，例如前级放大器、缓冲器，耳机放大器除了有部分使用分立元件、电子管外，绝大部分使用的都是集成运算放大器。图 4.1 所示为集成运放应用电路实例。

图 4.2 所示为 LM386 产品外形和引脚排列图。LM386 外观体积很小，只有 $1cm^3$ 多，对外引出 8 个引脚，是一种用于放大音频信号的集成电路。集成运算放大器芯片本身虽然很小，内部却包含成百上千个分立元件。它不仅能用于低电压应用设计的音频功率放大器，也适合用于调幅、调频、无线电放大器、便携式磁带重放设备、内部通信电路、电视音频系统、线性驱动器、超声波驱动器和功率变换电路等。

图 4.1 集成运放应用电路实例

图 4.2 LM386 产品外形和引脚排列图

学习集成运放的应用，就是在牢固掌握虚短和虚断两个重要概念的基础上，灵活地运用它们去分析和理解各种应用电路原理，这也是学习模拟电子技术的重要部分。

通过对本项目的学习，要求读者能够掌握集成运放线性应用的基本特性，熟悉其工作原理及基本分析方法；了解集成运放在滤波、调制电路中的应用；熟悉和掌握集成运算放大器的非线性应用及其分析方法，理解和掌握电压比较器、文氏桥正弦波振荡器和石英晶体振荡器的原理及分析方法。

知 识 链 接

4.1 集成运算放大器的线性应用电路

当集成运放通过外接电路引入负反馈时，集成运放为闭环状态并且工作于线性区。运放工作在线性区可构成模拟信号运算放大电路、正弦波振荡电路和有源滤波电路等。

4.1.1　反相比例运算电路

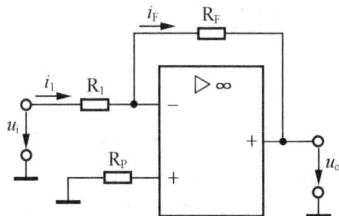

在图 4.3 所示的反相比例运算电路中，R_1 是输入电阻，R_F 是反馈电阻，R_P 是平衡电阻，输入信号 u_i 由反相端输入。

由虚断的概念可分析出 R_P 上电流为 0，因此运放的同相输入端电位在数值上等于地电位。由虚短的概念可知 $V_- = V_+ =$ 地电位。

显然，反相比例运算电路的同相输入端 V_+ 和反相输入端 V_- 并未接地却具有地电位，这种现象称为虚地。

由于 V_- 虚地，所以有

图 4.3　反相比例运算电路

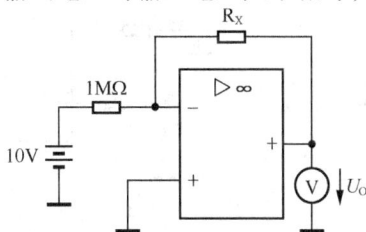

$$i_1 = \frac{u_i}{R_1}, \quad i_F = -\frac{u_o}{R_F}$$

根据理想运放虚断的概念，对反相输入端列 KCL 方程可得

$$i_1 = i_F, \quad \text{即} \frac{u_i}{R_1} = -\frac{u_o}{R_F}$$

由上式可解得反相比例运算电路输出与输入之间的关系为

$$u_o = -\frac{R_F}{R_1} u_i \qquad (4\text{-}1)$$

式中，负号说明输出电压 u_o 与输入电压 u_i 反相。

式（4-1）中的比例系数显然等于运放电路输出电压与输入电压的比值，即反相比例运算电路的闭环电压放大位数 A_{uf}，即

$$A_{uf} = \frac{u_o}{u_i} = -\frac{R_F}{R_1} \qquad (4\text{-}2)$$

为保证运放电路具有一定的精度和稳定性，要求反相输入端等效电阻 R_N 与同相输入端等效电阻 R_P 数值相等，此电路若满足上述条件，显然需 $R_P = R_1 // R_F$。

此反相比例运算电路的输出电压 u_o 与输入电压 u_i 之间的比例关系是由反馈电阻 R_F 和输入电阻 R_1 决定的，与集成运放本身的参数无关。选择外接电阻元件的数值合适，且外接电阻的阻值精度越高，运放的精度和稳定性就越好。

当反相比例运算电路中 $R_1 = R_F$ 时，$A_{uf} = -1$，$u_o = -u_i$，表明输出电压与输入电压大小相等，极性相反，此时运放做一次变号运算，具有此特征的反相比例运算电路称为反相器。

【例4.1】图4.4所示为应用集成运放组成的电阻测量原理电路，试写出被测电阻 R_X 与电压表电压 U_O 的关系，并判断其反馈类型。

图 4.4　例 4.1 电路图

【解】从电路图来看，此电路为反相比例运算电路，由式（4-1）可得

$$U_O = -\frac{R_X}{10^6} \times 10 = -10^{-5} R_X$$

反相比例运算电路的反馈量 $i_F = -\dfrac{u_o}{R_F}$，取自于输出电压，因此为电压反馈；在输入端，反馈量 i_F 对输入量 i_1 产生了影响，造成运放反相端的净输入量 i_- 发生变化，且3个电流在反相输入端是

以电流代数和的形式出现的，为并联反馈，所以此电路的反馈类型为电压并联负反馈。

4.1.2 同相比例运算电路

同相比例运算电路如图4.5所示。

由虚断可知，通过 R_2 的电流为0，因此同相输入端电位 $v_+=u_i$。在电路没有反馈通道时，由虚短的概念可得 $v_-=v_+=u_i$。

因图4.5中存在反馈通道，所以反相输入端电位将发生变化，由虚断可得，加入反馈通道后的反相输入端电位

$$v_- = u_F = u_o \frac{R_1}{R_1 + R_F}$$

因为反馈电压取自于输出电压 u_o，所以电路为电压反馈，反馈量 v_- 的存在改变了运放电路的净输入电压 $u_{id}=v_+-v_-$，且反馈电压 v_-、输入电压 u_i 和运放净输入量 u_{id} 三者在输入端以电压代数和的形式出现，为串联反馈，所以同相比例运算电路的反馈类型为电压串联负反馈。

依据图4.5中各电压、电流的参考方向可得

$$i_1 = -\frac{u_i}{R_1}, \quad i_F \approx -\frac{u_o - u_i}{R_F}$$

由 $i_1=i_F$，可得

$$\frac{u_i}{R_1} = \frac{u_o - u_i}{R_F}$$

整理上式可得，同相比例运算电路输出电压与输入电压之间的关系式为

$$u_o = \left(1 + \frac{R_F}{R_1}\right)u_i = A_{uf}u_i \tag{4-3}$$

式（4-3）表明：同相比例运算电路输出电压与输入电压同相，电路的闭环电压放大倍数（比例系数）恒大于1，而且仅由外接电阻的数值决定，与运放本身的参数无关。电路中的电阻 R_2 的取值应符合平衡关系：$R_2=R_1//R_F$。

当外接电阻 $R_1=\infty$、反馈电阻 $R_F=0$ 时，有 $u_o=u_i$，此状态下的同相比例运算电路构成电压跟随器，电路如图4.6所示。

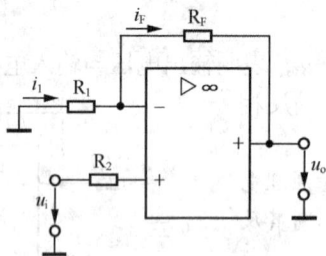

图4.5　同相比例运算电路

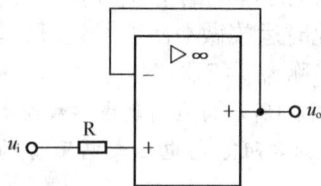

图4.6　电压跟随器电路

4.1.3 反相求和运算电路

在反相比例运算电路的基础上，增加一条输入支路，即构成了反相求和运算电路，如图4.7所示。

反相输入的电路基本上都存在虚地现象，因此有

$$V_- \approx V_+ = 0$$

由图 4.7 中各电流、电压的参考方向可得

$$i_1 = \frac{u_{i1}}{R_1}, \quad i_2 = \frac{u_{i2}}{R_2}, \quad i_F = -\frac{u_o}{R_F}$$

对反相输入端节点列 KCL 方程可得

$$\frac{u_{i1}}{R_1} + \frac{u_{i2}}{R_2} = -\frac{u_o}{R_F}$$

对上式进行整理可得

$$u_o = -R_F\left(\frac{u_{i1}}{R_1} + \frac{u_{i2}}{R_2}\right)$$

如果选取电路中的电阻 $R_1=R_2=R_F$，则

$$u_o = -(u_{i1} + u_{i2}) \tag{4-4}$$

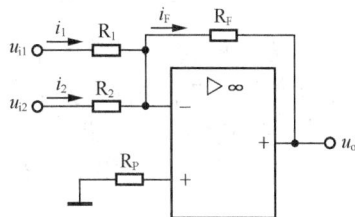

图 4.7　反相求和运算电路

电路实现了输出对输入的反相求和运算。

反相求和运算电路中的平衡电阻 $R_P = R_1 // R_2 // R_F$。

4.1.4　同相求和运算电路

在同相比例运算电路的基础上，增加一条
输入支路和一条 R_3 支路，就构成了图 4.8 所示
的同相求和运算电路。

同相电路不存在虚地现象。因此首先应求
出同相输入端的电压 v_+。

运用弥尔曼定理可列出方程

4-4　同相求和运
算电路

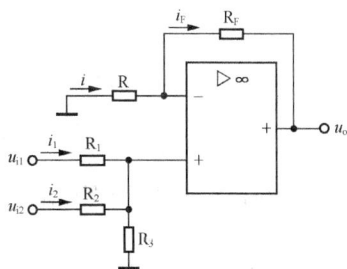

图 4.8　同相求和运算电路

$$v_+ = \frac{\dfrac{u_{i1}}{R_1} + \dfrac{u_{i2}}{R_2}}{\dfrac{1}{R_1} + \dfrac{1}{R_2} + \dfrac{1}{R_3}} = \left(\frac{u_{i1}}{R_1} + \frac{u_{i2}}{R_2}\right) R_1 // R_2 // R_3$$

根据电路平衡条件，有 $R_N=R_P$，其中 $R_P=R_1//R_2//R_3$，而 $R_N=R//R_F$。

利用同相比例运算电路的结果，将输入 u_i 用 v_+ 替换，可得

$$u_o = \left(1 + \frac{R_F}{R}\right)v_+ = \left(1 + \frac{R_F}{R}\right)\left(\frac{u_{i1}}{R_1} + \frac{u_{i2}}{R_2}\right) R_1 // R_2 // R_3 \tag{4-5}$$

将 $1 + \dfrac{R_F}{R} = \dfrac{R+R_F}{R}$，$R_1 // R_2 // R_3 = R_P = R_N = \dfrac{RR_F}{R+R_F}$ 代入式（4-5），有

$$u_o = \frac{R+R_F}{R} \frac{RR_F}{R+R_F}\left(\frac{u_{i1}}{R_1} + \frac{u_{i2}}{R_2}\right) = R_F\left(\frac{u_{i1}}{R_1} + \frac{u_{i2}}{R_2}\right)$$

如果取 $R_1=R_2=R_F$，则上式改写为

$$u_o = u_{i1} + u_{i2} \tag{4-6}$$

电路实现了输出对输入的求和运算。

同相求和运算电路的调节不如反相比例运算电路方便，而且其共模输入信号比较大，因
此，同相求和运算电路的应用并不是很广泛。

4.1.5 双端输入差分运算电路

双端输入差分运算电路如图 4.9 所示。为保证电路的平衡性，要求电路中 $R_N = R_P$，其中 $R_N = R_1 // R_F$，$R_P = R_2 // R_3$。

令电路中的电阻 $R_2 = R_3$，可得同相端电位

$$v_+ = u_{i2}\frac{R_3}{R_2+R_3} = \frac{u_{i2}}{2}$$

4-5 双端输入差分运算电路

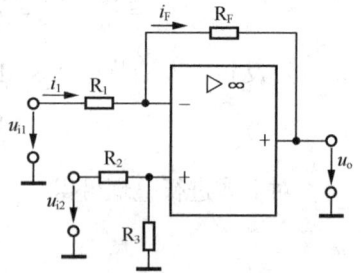

图 4.9 双端输入差分运算电路

根据虚短，则 $v_- = v_+ = \dfrac{u_{i2}}{2}$，根据电路中各电流的参考方向可得：$i_1 = \dfrac{u_{i1} - u_{i2}/2}{R_1}$，$i_F = \dfrac{u_{i2}/2 - u_o}{R_F}$，且 $i_1 = i_F$，因此有

$$\frac{u_{i1} - u_{i2}/2}{R_1} = \frac{u_{i2}/2 - u_o}{R_F} \tag{4-7}$$

对式（4-7）整理可得

$$u_o = \frac{u_{i2}}{2} - \frac{u_{i1}R_F}{R_1} + \frac{u_{i2}R_F}{2R_1} \tag{4-8}$$

如果令电路中电阻 $R_1 = R_F = R_2 = R_3$，则式（4-8）可改写为

$$u_o = u_{i2} - u_{i1} \tag{4-9}$$

实现了输出对输入的差分减法运算。

4.1.6 微分运算电路

把反相比例运算电路中的电阻 R_1 用电容 C 代替，即成为微分运算电路，如图 4.10 所示。

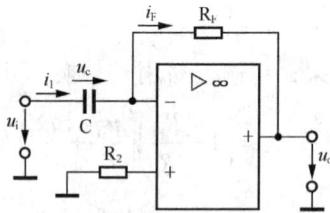

4-6 微分运算电路

图 4.10 微分运算电路

当微分运算电路的输入信号频率较高时，电容 C 的容抗减小，电路电压放大倍数增大，因此微分运算电路对输入信号中的高频干扰非常敏感。

微分运算电路也是反相输入电路，因此同样存在虚地现象。由电路图可看出电路中的输入电压 u_i 在数值上等于电容的极间电压 u_c，根据虚断又可得 $i_1 = i_c = i_F$，即

$$i_1 = C\frac{du_c}{dt} = C\frac{du_i}{dt}, \quad u_o = -i_F R_F = -i_1 R_F$$

可得

$$u_o = -R_F C\frac{du_i}{dt} \tag{4-10}$$

实现了微分运算电路的输出电压正比于输入电压对时间的微分。

注意：电路中的比例常数R_FC称为时间常数，用$\tau=R_FC$表示，它决定了微分运算电路中电容充放电的快慢程度。

微分运算电路最初的作用就是将一个方波信号变为一个尖脉冲信号，如图 4.11 所示。因此微分运算电路的输出可作为电路的触发信号或是作为记时标记，对电路的要求也不高，一般要求前沿要陡、幅度要大、脉冲要尖等。

目前微分运算电路广泛应用于处理一些模拟信号。例如，利用医用电子仪器中测出的生物电信号、阻抗图、肌电图、脑电图、心电图等，就可用微分运算电路求出相应的阻抗微分图、肌电微分图、脑电微分图、心电微分图等，这些生物电流的微分图可反映出生物电的变化速率，在临床诊断上有十分重要的意义。

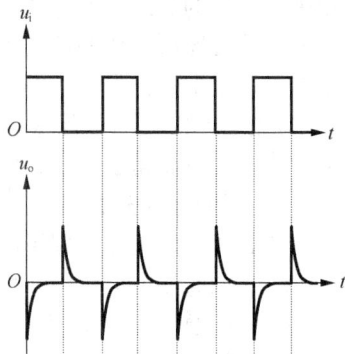

图 4.11 微分电路的波形变换

4.1.7 积分运算电路

只要把微分运算电路中的 R_F 和 C 的位置互换，就构成了最简单的积分运算电路，如图 4.12 所示。注意：积分运算电路作为反相输入电路，同样存在虚地现象。

显然，积分运算电路中有

$$u_o = -\frac{1}{C_F}\int i_F \mathrm{d}t \qquad (4\text{-}11)$$

根据虚断和虚短又可知

$$i_F = i_1 = \frac{u_i}{R_1}$$

代入式（4-11）可得

$$u_o = -\frac{1}{R_1 C_F}\int u_i \mathrm{d}t \qquad (4\text{-}12)$$

4-7 积分运算电路

可见，电路实现了输出电压 u_o 正比于输入电压 u_i 对时间的积分，其比例常数取决于积分时间常数 $\tau=R_1 C_F$，式中的负号表示输出电压与输入电压反相。

积分运算电路广泛应用于工业领域或其他领域，主要作用如下。

（1）波形变换：可以把一个输入的方波转换成一个输出的等腰三角波或斜波。

（2）移相：将输入的正弦电压变换为输出的余弦电压。

（3）滤波：对低频信号增益大、对高频信号增益小，当信号频率趋于无穷大时，增益为 0。

（4）消除放大电路失调电压。

（5）在电子线路中用于延迟。

（6）将电压量变为时间量。

（7）应用于 A/D 转换电路中以及反馈控制中的积分补偿等场合。

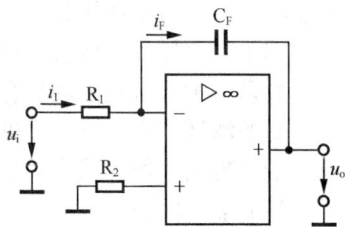

图 4.12 积分运算电路

4.1.8 有源滤波器

在无线电通信、电子测量、信号检测和自动控制系统等领域常采用滤波器进行信号的处理。当传输信号为非正弦波时，可看作是一系列正弦谐波的叠加，滤波器可从传输信号中选出某一波段的有用频率成分使其顺利通过，而将无用或干扰信号波段的频率成分衰减后予以滤除，从而实现对传输信号的"滤波选频"处理。滤波电路不仅应用于信号的处理，而且在数据传输和抗干扰方面也获得了广泛的应用。

1. 滤波器的分类

按其通带内工作频率不同，滤波器可分为如下几种。

（1）低通滤波器（LPF）：只允许低频信号通过，将高频信号衰减和滤除。

（2）高通滤波器（HPF）：只允许高频信号通过，将低频信号衰减和滤除。

（3）带通滤波器（BPF）：只允许通带范围内的信号通过，将通带以外的信号衰减和滤除。

（4）带阻滤波器（BEF）：阻止某一频率范围内的信号通过，而允许此阻带以外的其他信号通过。

滤波器是一种能使有用频率信号通过而同时抑制无用频率信号的电子装置，根据其组成部件的不同，可分为无源滤波器和有源滤波器。

2. 有源滤波器和无源滤波器

利用电阻、电感、电容等无源器件构成的滤波电路称为无源滤波器。无源滤波器的结构简单，易于设计，但它的通带放大倍数及截止频率都随负载而变化，因而不适用于信号处理这种对通带内放大倍数及截止频率精度均要求较高的场合。无源滤波器由于存在电感，所以体积较大，且实际应用中无源滤波器存在电路增益小、带负载能力差等一些实际问题。所以无源滤波器通常用在较大功率的电路中，如直流电源整流后的滤波和大电流负载时的 LC 滤波电路。

采用有源器件集成运放和电阻 R、电容 C 组成的滤波电路称为有源滤波器。因为有源滤波器中的集成运放开环增益大、输入阻抗高、输出阻抗低，所以有源滤波器的带负载能力较强且兼有电压放大作用，加之电路中没有电感和大电容元件，因此体积小、重量轻。因为有源滤波器中含有集成运放，所以只有在合适的直流电源供电的情况下才能使用，有源滤波器不适用于高电压、大电流的场合，但有源滤波器的滤波特性一般不受负载影响，因此可用于信号处理这种要求较高的场合。

有源滤波器也有不足之处，主要是集成运放频率带宽不够理想，使得有源滤波器只能在有限的频带内工作，通常只能使用于几千赫兹以下的频率范围。在频率较高的场合，可采用无源滤波器或固态滤波器。

无源滤波器一般不存在噪声问题，而有源滤波器由于使用了运放，噪声问题较为突显，信噪比很差的有源滤波器实际当中也很常见。为了减少噪声的影响，使用有源滤波器时应注意滤波器中的电阻尽量小一些，电容则要尽量大一些，另外反馈量尽可能大一些，以减小增益，另外运算放大器的开环频率特性要比有源滤波器的通频带宽些。

3. 常用的有源滤波器

根据有源滤波器的特点可知，它的电压放大倍数的幅频特性可以准确地描述该电路属于低通、高通、带通还是带阻滤波器，所以若能定性分析出通带（允许通过的频率范围）和阻带（衰减和滤除的频率范围）在哪一个频段，就可以确定滤波器的类型。

（1）有源低通滤波器（LPF）

有源低通滤波器如图 4.13 所示。电路中同相输入端的电位为

$$\dot{V}_+ = \frac{\frac{1}{j\omega C}}{R + \frac{1}{j\omega C}}\dot{U}_i = \frac{\dot{U}_i}{1 + j\omega CR}$$

图 4.13　有源低通滤波器

根据虚短有

$$\dot{V}_- = \dot{V}_+ = \frac{\dot{U}_i}{1 + j\omega CR}$$

根据电路中标示的电流参考方向可得

$$\dot{I}_1 = \frac{\dot{V}_-}{R_1} = \dot{I}_F = \frac{\dot{U}_o - \dot{V}_-}{R_F}$$

由上述关系式可得

$$\dot{U}_o = \left(1 + \frac{R_F}{R_1}\right)\dot{V}_- = \left(1 + \frac{R_F}{R_1}\right)\frac{\dot{U}_i}{1 + j\omega CR}$$

由上式又可得出电路的传输函数为

$$\dot{A} = \frac{\dot{U}_o}{\dot{U}_i} = \left(1 + \frac{R_F}{R_1}\right)\frac{1}{1 + j\omega CR} = \frac{A_{up}}{1 + j\frac{\omega}{\omega_0}} \tag{4-13}$$

式（4-13）中的 $\omega_0 = \frac{1}{RC}$，是有源低通滤波器通带的截止角频率，式中的 A_{up} 为有源低通滤波器在通频带范围内的通带电压放大倍数，当电路的频率为 f_0 时，有 $|A_u| = 0.707|A_{up}|$。

性能良好的低通滤波器通带内的幅频特性曲线比较平坦，阻带内的电压放大倍数基本为 0。有源低通滤波器的幅频特性如图 4.14 所示。

对于图 4.13 所示的有源低通滤波器，可以通过改变电阻 R_F 和 R_1 的阻值来调节通带内的电压放大倍数。

（2）有源高通滤波器（HPF）

有源高通滤波器如图 4.15 所示，电路的传输信号经 RC 支路从运放的反相端输入，因此电路存在虚地现象，根据线性运算放大器的虚短概念，可得 $v_- = v_+ = 0$。

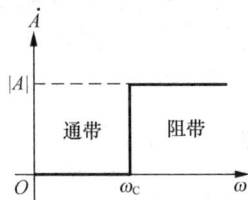

图 4.14　有源低通滤波器的幅频特性

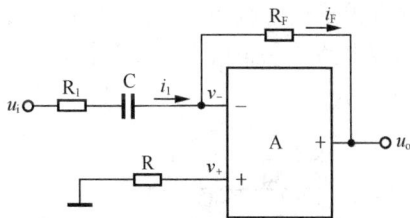

图 4.15　有源高通滤波器

由图 4.15 中各电压、电流参考方向可得

$$\dot{I}_1 = \frac{\dot{U}_i}{R_1 - j\dfrac{1}{\omega C}} \, , \quad \dot{I}_F = \frac{-\dot{U}_o}{R_F}$$

根据虚断概念可得 $\dot{I}_1 = \dot{I}_F$，所以有源高通滤波器的传输函数为

$$\dot{A} = \frac{\dot{U}_o}{\dot{U}_i} = -\frac{R_F\big/R_1}{1 - j\dfrac{\omega_0}{\omega}} = \frac{1}{1 - j\dfrac{\omega_0}{\omega}} A_{up} \qquad (4\text{-}14)$$

式（4-14）中的通带截止角频率为 $\omega_0 = 1/RC$，$A_{up} = -\dfrac{R_F}{R_1}$ 为通带内的电压放大倍数，ω 为外加输入信号的角频率。

由图 4.16 所示的有源高通滤波器的幅频特性可知，当输入信号的频率 f 等于通带截止频率 f_0 时，为高通滤波器的特征频率。

$$f_0 = \frac{1}{2\pi RC} \qquad (4\text{-}15)$$

（3）带通滤波器（BPF）和带阻滤波器（BEF）

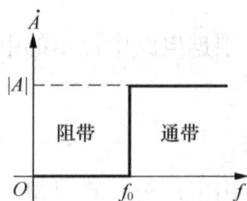

图 4.16　有源高通滤波器的幅频特性

将低通滤波电路和高通滤波电路进行不同组合，即可获得带通滤波器和带阻滤波器，它们的电路图分别如图 4.17 和图 4.18 所示。

① 带通滤波器。可以使某频率段内的有用信号通过，而高于或低于此频段的信号将被衰减和抑制的滤波电路称为带通滤波器。

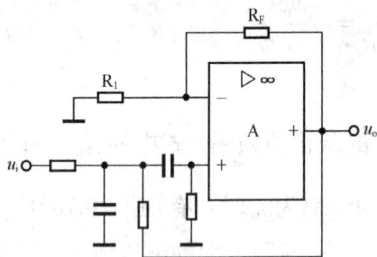

图 4.17　带通滤波器电路图

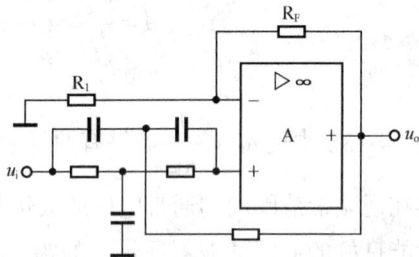

图 4.18　带阻滤波器电路图

带通滤波器可由低通滤波器和高通滤波器串联而成，高通滤波器和低通滤波器同时各覆盖一段频率，只有中间一段信号频率可以通过，其幅频特性如图 4.19 所示。

带通滤波器通带内的选择性较好，通常用于音响电路的音色分频通道中，配合不同音质的扬声器，以提高音质。

② 带阻滤波器。带阻滤波器可以阻止某一段频率内的信号通过，从而达到抑制干扰的目的。它允许干扰信号频率以外的频率通过，因此又称为陷波器。带阻滤波器由低通滤波电路和高通滤波电路并联组成，两个滤波电路对某一频段均不覆盖，形成带阻频段，其幅频特性如图 4.20 所示。

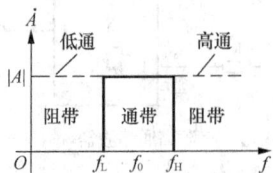

图 4.19　带通滤波器幅频特性

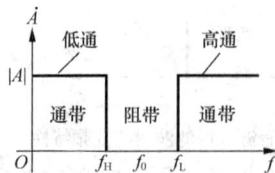

图 4.20　带阻滤波器幅频特性

幅频特性中低通滤波器的上限频率为 f_H，高通滤波器的下限频率是 f_L，而 f_0 是需要抑制的干扰信号频率。

带阻滤波器广泛应用于检测仪表和电子系统中，常用来抑制 50Hz 交流电源引起的干扰信号，这时阻带中心频率选为 50Hz，它使对应于该中心频率的电压放大倍数为 0。

归纳：有源滤波电路主要用于小信号处理，按其幅频特性可分为低通、高通、带通和带阻滤波器 4 种电路。应用时应根据有用信号、无用信号和干扰信号等所占频段来选择合适的滤波器种类。有源滤波电路中的集成运放工作在线性应用状态，因此一般均引入电压负反馈，故分析方法与运放的运算电路基本相同，所不同的是实际应用中有源滤波器通常用传递函数表示滤波电路的输出与输入的函数关系。

4.1.9　集成运算放大器的线性应用举例

1. 测振仪

测振仪用于测量物体振动时的位移、速度和加速度。测振仪的组成框图如图 4.21 所示。设物体振动的位移为 x，振动的速度为 v，加速度为 a，则

$$v = \frac{\mathrm{d}x}{\mathrm{d}t}; \quad a = \frac{\mathrm{d}v}{\mathrm{d}t} = \frac{\mathrm{d}^2 x}{\mathrm{d}t^2}; \quad x = \int v \mathrm{d}t$$

图 4.21 中速度传感器产生的信号与速度成正比，开关 S 在位置 "1" 时，放大器可直接对速度传感器传送过来的信号进行放大测量，测量出振动的速度；开关 S 在位置 "2" 时，速度传感器传送的信号经微分器进行微分运算，之后送入放大器再进行放大测量，可测量加速度 a；开关 S 在位置 "3" 时，速度传感器送来的信号经积分器进行积分运算再一次放大，又可测量出位移 x。在放大器的输出端，可接测量仪表或示波器对所测量信号进行观察和记录。

2. 光电转换电路

光电传感器有光电二极管、光敏电阻、光电三极管和光电池等，它们都是电流型器件。

光电二极管在有光照时产生光生载流子，由光生载流子形成的电流将光信号转换成电信号，经放大后即可进行检测与控制。由光电传感器和集成运放构成的光电转换电路如图 4.22 所示。

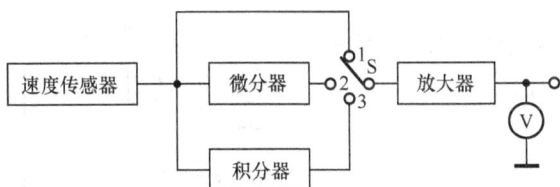

图 4.21　测振仪的组成框图

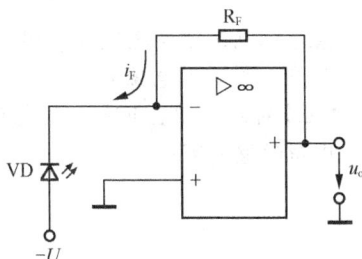

图 4.22　光电转换电路

光电二极管工作在反向状态。无光照时，其反向电流一般小于 0.1μA，常称为暗电流，这时光电二极管的反向电阻高达几兆欧；有光照时，在光激发下，反向电流随光照强度而增大，称为光电流，这时的反向电阻可降至几十欧以下。在图 4.22 中，有光照时产生的光电流为 i_F，其路径为 $u_o \rightarrow R_F \rightarrow VD \rightarrow -U$，这时集成运放的输出电压为 $u_o = i_F R_F$。

3. 线性应用电路例题

【例 4.2】　写出图 4.23 所示两级运算电路的输入、输出关系，并说明该电路运算功能。

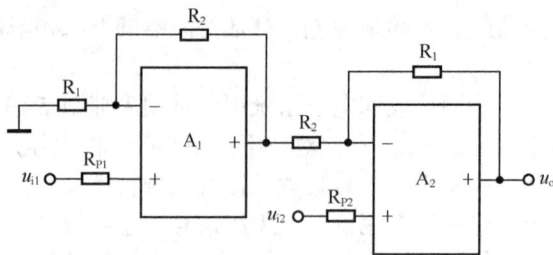

图4.23　例4.2电路

【解】观察图4.23，其中 A_1 为同相比例运算电路，有

$$u_{o1} = \left(1 + \frac{R_2}{R_1}\right) u_{i1}$$

显然 u_{o1} 和 u_{i2} 作为第二级运放的输入，因此 A_2 为双端输入方式。根据虚短可得 A_2 的两个输入端电位：$v_- = v_+ = u_{i2}$，假设 A_2 反相端输入电阻 R_2 上的电流 i_2 参考方向为由左向右，则

$$i_2 = \frac{u_{o1} - u_{i2}}{R_2} = \frac{\dfrac{R_1 + R_2}{R_1} u_{i1} - u_{i2}}{R_2} = \frac{R_1 + R_2}{R_1 R_2} u_{i1} - \frac{u_{i2}}{R_2}$$

假设 A_2 反馈通道电阻 R_1 上的电流 i_F 参考方向也由左向右，则

$$i_F = \frac{u_{i2} - u_o}{R_1}$$

对 A_2 反相输入端节点列 KCL 方程可得 $i_2 = i_F$，即

$$\frac{R_1 + R_2}{R_1 R_2} u_{i1} - \frac{u_{i2}}{R_2} = \frac{u_{i2} - u_o}{R_1} \tag{4-16}$$

对式（4-16）进行整理可得

$$u_o = \frac{R_1 + R_2}{R_2}(u_{i2} - u_{i1}) \tag{4-17}$$

从式（4-17）表示的电路输出、输入关系来看，此电路实现了输出对输入的比例差分运算。

【例4.3】　在工程应用中，为抗干扰、提高测量精度和满足特定要求等，通常需要进行电压信号和电流信号之间的转换。图 4.24 所示的运算电路为电压-电流转换器，试分析电路输出电流 i_o 与输入电压 u_s 之间的函数关系。

【解】观察电路图可知，该电路是一个同相输入电路。根据虚断和虚短的概念可得

$$v_- = v_+ = u_s , \quad i_o = i_1 = \frac{u_s}{R_1}$$

所以 $i_o = \dfrac{u_s}{R_1}$。结果表明该电压-电流转换器的输出电流只与输入电压成正比，与负载 R_L 无关。通过该运放电路，可将输入电压转换成恒流输出。

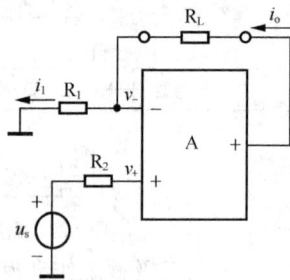

图4.24　例4.3电路

【例4.4】　工程上应用的仪表放大器的主要特点是可将两个输入端电压信号产生的差值小信号进行放大，且具有较强的共模抑制比。利用仪表放大器的上述特点，常把它作为测量温度的仪器，在两个输入端接入一个电阻温度变换器 R，和 R′组成测量桥路，其中 R′是温度敏感电阻器件。其原理电路如图4.25所示。试对电路进行分析。

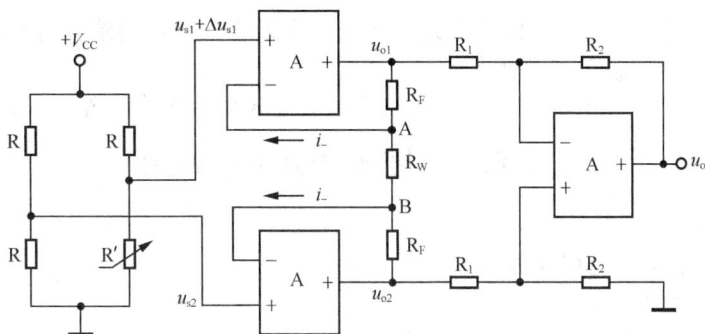

图 4.25 精密温度测量放大器原理电路

【分析】观察电路图可知，电路的两个输入信号均由运放的同相输入端输入，因此具有极高的输入电阻；又因为集成运放的输出级采用了差分电路，因此电路具有较强的共模抗干扰能力。

根据虚短的概念可得 $v_+=v_-$，由虚断结论可得 $i_-=0$，因此，A 点电位 $v_A=u_{i1}$。

u_{o1} 和 u_{o2} 之间的 3 个电阻 R_F、R_W、R_F 可看作是串联，串联的各电阻中的电流相等，因此有

$$\frac{u_{o2}-u_{o1}}{2R_F+R_W}=\frac{v_B-v_A}{R_W}=\frac{u_{i2}-u_{i1}}{R_W} \qquad (4\text{-}18)$$

整理式（4-18）可得

$$u_{o2}-u_{o1}=\frac{2R_F+R_W}{R_W}(u_{i2}-u_{i1})$$

因为最后一级运放是差分输入放大器，所以有

$$u_o=\frac{R_2}{R_1}(u_{o2}-u_{o1})=\frac{R_2}{R_1}\frac{2R_F+R_W}{R_W}(u_{i2}-u_{i1}) \qquad (4\text{-}19)$$

当电路中测量电桥平衡时，有 $u_{s1}=u_{s2}$，相当于共模信号，输出 $u_o=0$，表明测量放大器对共模信号具有较高的共模抑制抗干扰能力；当环境温度发生变化时，测量桥臂的温度敏感电阻器件 R'感受到温度变化的影响，产生与 ΔR 对相应的微小信号变化量 Δu_{s1}，这相当于在两个运放的输入端出现了一个差模信号，放大器对该差模信号进行有效放大，从而测量出温度的变化。

本例中的仪表放大器在微弱信号检测中得到了广泛的应用。此种结构的仪表放大电路已经由美国 ADI 公司制成集成仪表放大器，有 AD520 系列和 AD620 系列，输入电阻高达 1GΩ，共模抑制比可达 120dB，R_W 由几个电阻组成，各有引线接到引脚上，通过外部不同的接线可以方便地改变闭环电压放大倍数。

思考与练习

1. 集成运放构成的基本线性应用电路有哪些？在这些基本电路中，集成运放均工作在何种状态下？

2. 虚地现象只存在于线性应用运放的哪种运算电路中？

3. 举例说明理想集成运放两条重要结论在运放电路分析中的作用。

4. 工作在线性区的集成运放，为什么要引入深度电压负反馈？而且反馈电路为什么要接到反相输入端？

5. 若给定反馈电阻 $R_F=10\text{k}\Omega$，试设计一个 $u_o=-10u_i$ 的电路。

6. 什么是滤波器？什么是无源滤波器？什么是有源滤波器？

7. 若要使某频段内的有用信号通过，而高于或低于此频段的信号将被衰减和抑制，应采用什么滤波器？这种滤波电路由什么组成？

8. 如果要抑制 50Hz 干扰信号，不让其通过，应采用什么滤波器？

任务训练 1：检测反相比例运算电路

一、检测目的

1. 进一步理解反相比例运算电路的工作原理。

2. 注意反馈电阻 R_F 的作用。

3. 掌握运算放大器部分参数的测试方法。

二、检测所需虚拟元件

函数信号发生器	1 台
双踪示波器	1 台
12V 直流电源	2 个
集成运放 μA741	1 只
1kΩ、909Ω、10kΩ电阻	各 1 只
100kΩ可变电阻	1 只

三、检测电路原理图

在 Multisim 8.0 平台上搭建一个反相比例运算电路，如图 4.26 所示。

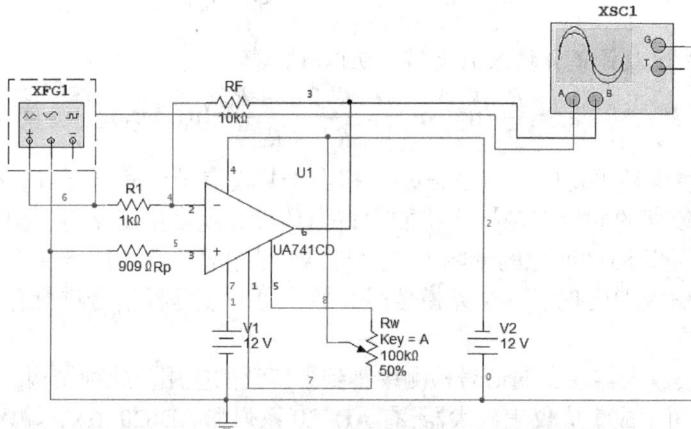

图 4.26　反相比例运算电路

图 4.27 中集成运放的选择：单击实际元件库中的模拟元件系列图标，打开图 4.27 所示的界面。注意，示波器的输入 A 用红色线连接到运放的反相输入端，输出 B 用蓝色线连接到运放的输出端。

在图 4.27 中左侧的"Family"列表框中将集成运放"OPAMP"选中，选择中间"Component"列表框中的"μA741CD"，单击"OK"按钮即可把 μA741 集成运放拖动到界面中。然后选中μA741 集成运放，按"Alt+Y"组合键，即可让 μA741 集成运放竖直翻转为图 4.26 所示的方向。其他元件的选择不再一一赘述。

四、检测内容与步骤

1. 在 Multisim 8.0 的操作界面上构建反相比例运算电路（见图 4.26）。

2. 首先把函数信号发生器的输出信号设为 50Hz、100mV 的正弦波，作为电路的输入信号，其参数设置如图 4.28 所示。

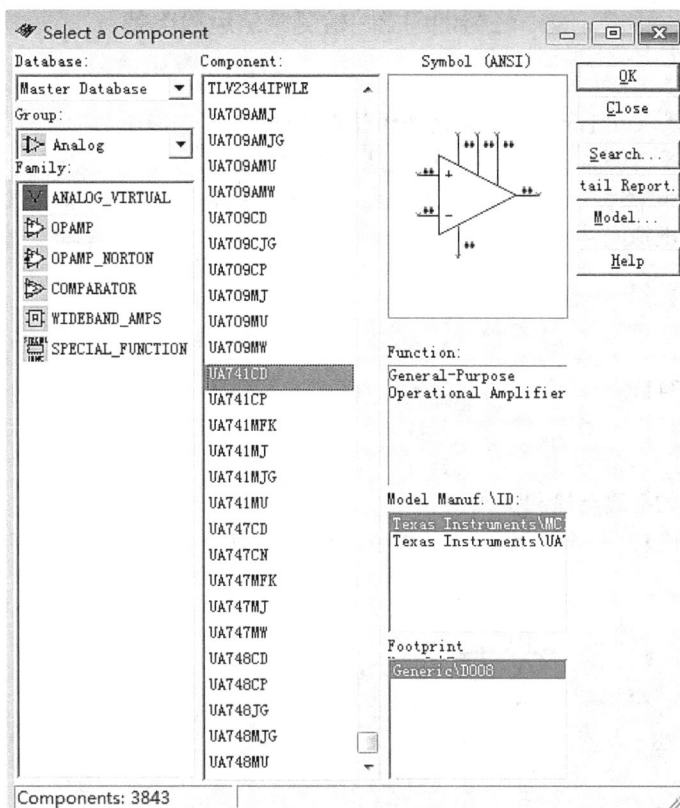

图 4.27 集成运放的选择

注：图中"UA741CD"即"μA741CD"。

3. 接着设置示波器的参数如图 4.29 所示。

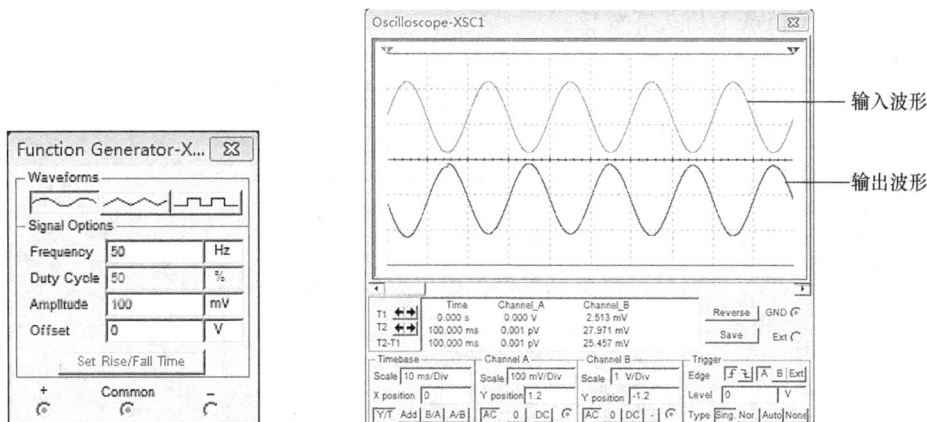

图 4.28 函数信号发生器参数设置

图 4.29 示波器参数设置

4. 单击仿真按钮 ，观察示波器上所显示的输入和输出波形情况，并记录下来。

5. 把检测数据与计算值相比较。

五、思考与分析

1. 反相比例运算电路的输入、输出电压在数值上有何特点？

2. 反相比例运算电路的输入、输出电压波形同相还是反相？

任务训练 2：检测减法运算电路

一、检测目的

1. 进一步熟悉 Multisim8.0 仿真软件的使用方法。
2. 巩固和加深理解集成运放构成的减法运算电路。
3. 通过检测加深对双端输入减法运算电路输入、输出之间的关系的理解。

二、检测所需虚拟元件

正弦交流电压源	2 个
直流电源	2 个
双踪示波器	1 台
集成运放 μA741	1 只
可变电阻	1 只
电阻	若干

三、检测电路的搭建与检测步骤

1. 在 Multisim 8.0 平台上构建检测电路，如图 4.30 所示。

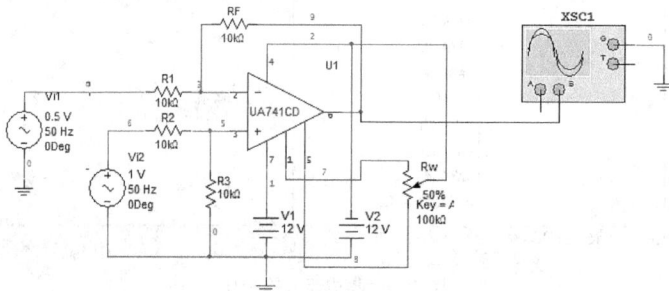

图 4.30　减法运算检测电路

2. 设置双端输入信号，分别为两个正弦波信号，u_{i1} 为 50Hz、0.5V，u_{i2} 为 50Hz、1V，注意参数中的电压值表示的是有效值。

3. 示波器设置如图 4.31 所示。

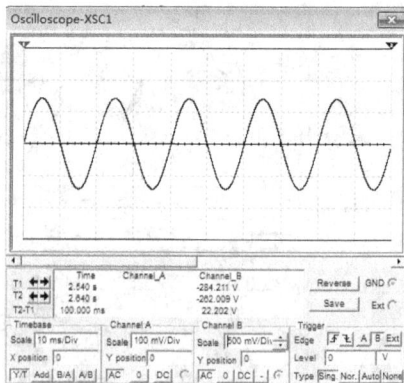

图 4.31　示波器设置示意图

4. 观察示波器的输出波形，看是否符合减法运算规律。

四、思考与分析

1. 双端输入减法运算电路的输入电压、输出电压在数值上有何特点？
2. 双端输入减法运算电路中的电阻 R_F 起什么作用？

4.2　集成运算放大器的非线性应用

集成运放工作在开环或正反馈状态，或运放的线性应用电路中外接有非线性元件稳压管、二极管时，就会导致电路输出与输入之间的非线性关系，此时运放特性将呈非线性。

4.2.1　集成运放应用在非线性区的特点

（1）集成运放应用在非线性电路时，处于开环或正反馈状态下。非线性应用中的运放本身不带负反馈，这一点与运放的线性应用有明显的不同。

（2）运放在非线性应用状态下，同相输入端和反相输入端上的信号电压大小不等，因此虚短的概念不再成立。当同相输入端信号电压 U_+ 大于反相输入端信号电压 U_- 时，输出端电压 U_O 等于$+U_{OM}$，当同相输入端信号电压 U_+ 小于反相输入端信号电压 U_- 时，输出端电压 U_O 等于$-U_{OM}$。

（3）非线性应用的运放虽然两个输入端的信号电压不等，但由于输入电阻很大，所以输入端的信号电流仍可视为零值。因此，非线性应用下的运放仍然具有虚断的特点。

（4）非线性区的运放，输出电阻仍可以视为零值。此时运放的输出量与输入量之间为非线性关系，输出端信号电压或为正饱和值，或为负饱和值。

4.2.2　电压比较器

电压比较器是对输入信号进行鉴别和比较的电路，是组成非正弦波发生电路的基本单元电路。典型的电压比较器有单门限电压比较器、双门限的滞回电压比较器、窗口电压比较器和集成电压比较器等。由于电压比较器的输入信号是连续变化的模拟量，而输出信号可能为数字量，因此可用作模拟电路和数字电路的接口，比较器还广泛应用于波形变换、数字仪表、自动控制、自动检测等技术领域，此外可用于非正弦波形的产生和变换电路等。

4-9　集成运放应用在非线性区的特点

4-10　单门限电压比较器

1. 单门限电压比较器

单门限电压比较器的电路如图 4.32（a）所示，由于电路中无反馈通道，所以单门限电压比较器工作在开环状态。设基准电压 U_R 接在同相端，当输入电压 $u_i < U_R$ 时，$u_o = +U_{OM}$，当 $u_i > U_R$ 时，$u_o = -U_{OM}$，这种电压传输特性曲线如图 4.32（b）所示。

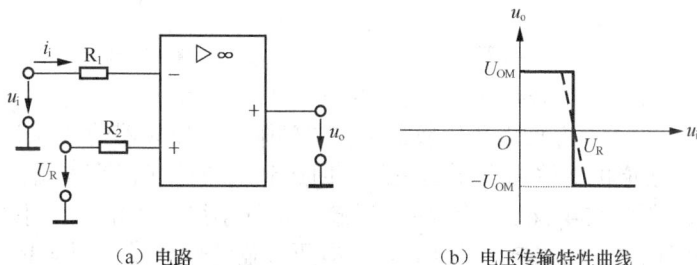

（a）电路　　　　　　　　　　（b）电压传输特性曲线

图 4.32　单门限电压比较器

传输特性曲线中的粗实线为理想传输特性曲线，虚线为实际特性曲线。显然，$u_i = U_R$ 是

电路的状态转换点，因此，基准电压 U_R 又称作门限电压（或阈值电压）。理想情况下，只要单门限电压比较器的输入 u_i 达到门限值 U_R，输出电压 u_o 的状态就会发生跳变。

实际应用中，输入模拟电压 u_i 也可接在集成运放的同相输入端，而基准电压 U_R 作用于运放的反相输入端，此时对应电路的工作特性随之改变为：$u_i > U_R$ 时，$u_o = +U_{OM}$，$u_i < U_R$ 时，$u_o = -U_{OM}$。

单门限电压比较器的基准电压只有一个，当门限电压 $U_R = 0$ 时，输入电压每经过零值一次，输出电压就要产生一次跳变。这种门限电压值为 0 的单门限电压比较器称为过零电压比较器，过零电压比较器的电路与电压传输特性曲线如图 4.33 所示。

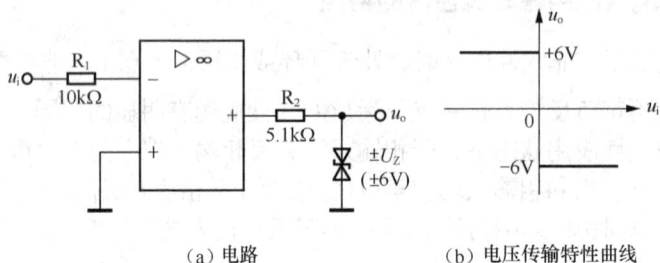

（a）电路　　　　　　　　（b）电压传输特性曲线

图 4.33　过零电压比较器电路及电压传输特性曲线

图 4.33（a）中输出端到"地"端之间连接一个双向稳压二极管，其稳压值 $U_Z = \pm 6\text{V}$，一方面它是过零电压比较器输出状态的数值，另一方面它对电路的输出还起着保护作用。过零电压比较器或其他形式的单门限电压比较器主要应用于波形变换、波形整形和整形检测等电路。

单门限电压比较器的优点是电路简单、灵敏度高，缺点是抗干扰能力较差，当输入信号上出现叠加干扰信号时，输出也随干扰信号在基准信号附近来回翻转。为提高其抗干扰能力，通常采用双门限的滞回电压比较器。

2. 滞回电压比较器

滞回电压比较器是一种能判断出两种控制状态的开关电路，广泛应用于自动控制系统的电路中。滞回电压比较器的电路如图 4.34（a）所示。

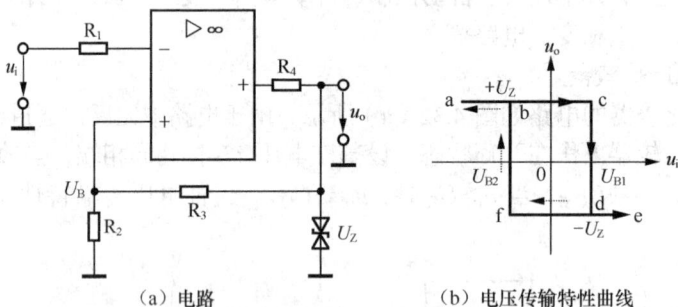

（a）电路　　　　　　　　（b）电压传输特性曲线

图 4.34　滞回电压比较器电路及电压传输特性曲线

由图 4.34（a）可见，滞回电压比较器是在单门限电压比较器的基础上，引入一个正反馈通道，由正反馈通道可将输出电压的一部分回送到运放的同相输入端，作为滞回电压比较器的门限电平，即图 4.34（a）中的 U_B。当输入 u_i 从小往大变化时，门限电平为 U_{B1}；当输入 u_i 从大往小变化时，门限电平为 U_{B2}。其电压传输特性曲线如图 4.34（b）所示。

开环状态下的电压比较器的最大缺点是抗干扰能力较差。由于集成运放的开环电压放大倍数 A_{uo} 极大，只要输入电压 u_i 在转换点附近有微小的波动，输出电压 u_o 就会在 $\pm U_Z$（或 $\pm U_{OM}$）

之间上下跳变从而造成比较器的误翻转,有效解决误翻转的办法就是引入适当的正反馈。

滞回电压比较器采用了正反馈网络,电路输出电压 u_o 经正反馈通道中的电阻 R_3 把输出回送至运放的同相输入端时,由于虚断,R_2 和 R_3 构成串联形式,对输出量 $\pm U_Z$ 分压得到 $\pm U_B$,作为滞回电压比较器的基准电压。正反馈网络中的 R_2 和 R_3 可加速集成运放在高、低输出电压之间的转换,使传输特性跳变陡度增大而接近垂直的理想状态。

观察图 4.34(b),当输入信号电压由 a 点负值开始增大时,输出 $u_o = +U_Z$,直到输入电压 $u_i = U_{B1}$ 时,电路输出状态由 $+U_Z$ 陡降至 $-U_Z$,正反馈的作用过程为:$u_o \downarrow \rightarrow U_B \downarrow \rightarrow (u_i - U_B) \uparrow \rightarrow u_o \downarrow$,电压传输特性由 a→b→c→d→e;输入信号电压 u_i 由 e 点正值开始逐渐减小时,输出信号电压 u_o 等于 $-U_Z$,当输入电压 u_i 减小至 U_{B2} 时,u_o 由 $-U_Z$ 陡升至 $+U_Z$,正反馈的作用过程为:$u_o \uparrow \rightarrow U_B \uparrow \rightarrow (u_i - U_B) \downarrow \rightarrow u_o \uparrow$,电压传输特性由 e→f→b→a。

由于双门限电压比较器在电压传输过程中具有滞回特性,因此称为滞回电压比较器。与单门限电压比较器相比,滞回电压比较器的输入从大往小变化和从小往大变化时存在回差电压,从而大大增强了电路的抗干扰能力,但电路结构相对复杂些。

3. 窗口电压比较器

单门限电压比较器和滞回电压比较器在输入电压单方向变化时,输出电压仅发生一次跳变,因此无法比较在某一特定范围内的电压。窗口电压比较器则具有这项功能。

窗口电压比较器的电路如图 4.35(a)所示,电路中的 U_{RH} 和 U_{RL} 是高、低两个阈值电压。

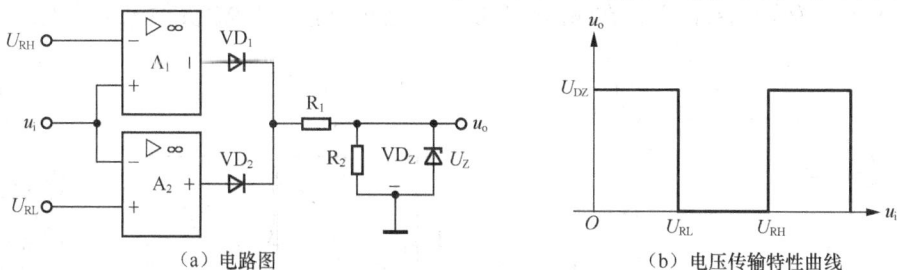

图 4.35　窗口电压比较器电路及电压传输特性曲线

当 $u_i > U_{RL}$ 时,必有 $u_i > U_{RH}$,集成运放 A_1 处反向饱和,输出低电平,集成运放 A_2 处正向饱和,输出高电平,于是二极管 VD_1 截止,VD_2 导通,输出受稳压管 VD_Z 的限制,则 $u_o = +U_Z$。当 $U_{RL} < u_i < U_{RH}$ 时,集成运放 A_1、A_2 都处于反向饱和,输出低电平,于是二极管 VD_1、VD_2 都截止,输出电压 $u_o = 0$。当 $u_i < U_{RH}$ 时,必有 $u_i < U_{RL}$,集成运放 A_1 处于正向饱和,输出高电平,集成运放 A_2 处于反向饱和,输出低电平,于是二极管 VD_1 导通,VD_2 截止,输出受稳压管 VD_Z 的限制,则 $u_o = +U_Z$。其电压传输特性曲线如图 4.35(b)所示。

冰箱报警器电路就是一个窗口电压比较器的典型应用实例。冰箱的正常工作温度设为 0～4℃(0～4℃是一个窗口),在此温度范围时比较器输出高电平以示温度正常;若冰箱温度低于 0℃或高于 4℃,则比较器输出低电平,输出的低电平信号电压连接于微控制器作报警信号,驱动冰箱报警器蜂鸣报警。

4. 集成电压比较器

集成电压比较器按电压比较器的个数可分为:单电压比较器、双电压比较器和四电压比较器。集成电压比较器可将模拟信号转换成二值信号,因此能用于 A/D 接口电路。与集成运放相比较,集成电压比较器开环增益低、

失调电压大、共模抑制比小，但响应速度快、传输时间短，且一般不需要外加限幅电路，可直接驱动 TTL、CMOS 和 ECL 等电路。

集成电压比较器的常用参数如表 4-1 所示。

以通用型集成电压比较器 AD790 为例说明其基本接法。AD790 是具有 8 个引脚的芯片，引脚 1 外接正电源；引脚 2 为反相输入端；引脚 3 为同相输入端；引脚 4 外接负电源；引脚 5 为锁存控制端，当该端子为低电平时，锁存输出信号；引脚 6 是接地端；引脚 7 为输出端；引脚 8 是逻辑电源端，其取值确定负载所需的高电平。

表 4-1　　　　　　　　　　　　　集成电压比较器的常用参数

型号	工作电源/V	正电源电流/mA	负电源电流/mA	响应时间/ns	输出方式	类型
AD790	±5 或±15	10	5	45	TTL/CMOS	通用
LM119	±5 或±15	8	3	80	OC，发射极浮动	通用
MC1414	+16 和−6	18	14	40	TTL，带选通	通用
MXA900	+5 或±5	25	20	15	TTL	高速
TCL374	2～18	0.75		650	漏极开路	低功耗

5. 方波发生器

（1）工作原理和振荡波形

图 4.36 所示为方波信号发生器的电路图及波形图。由图 4.36（a）可看出，方波发生器就是在滞回电压比较器的基础上，在输出端和反相端之间增加一条 RC 充放电反馈支路构成的。

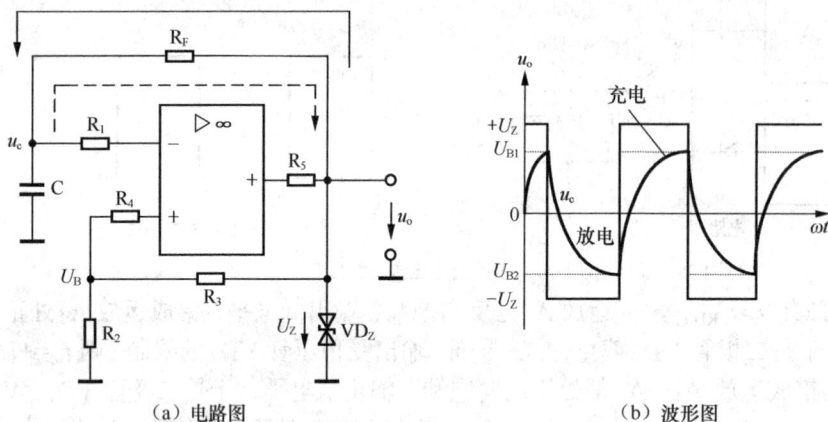

（a）电路图　　　　　　　　　　　　　（b）波形图

图 4.36　方波信号发生器的电路图及波形图

方波发生器输出端连接的双向稳压管对输出双向限幅，使 $u_o=\pm U_Z$。R_2 和 R_3 组成的正反馈电路为同相输入端提供基准电压 U_B；R_F、R_1 和 C 构成负反馈通道，为运放构成的方波发生器的反相输入端提供电压 u_c。集成运放接成滞回电压比较器，将负反馈通道的 u_c 与基准电压值 U_B 进行比较，根据比较结果决定输出电压 u_o 的状态：当 $u_c>U_B$ 时，$u_o=-U_Z$；当 $u_c<U_B$ 时，$u_o=+U_Z$。

工作原理：在运放通电瞬间，电路中存在微弱的冲击电流，由冲击电流造成的电干扰，通过正反馈的积累，可使方波发生器的输出电压迅速达到±U_Z。假设方波发生器开始工作时，$u_o=+U_Z$，此时电容 C 储能为 0。输出通过负反馈通道 R_F 向电容 C 充电，充电电流的方向如图 4.36（a）中的实线箭头所示。随着充电过程的进行，u_c 按指数规律增大；与此同时，通过

正反馈通道，在滞回电压比较器的同相输入端得到基准电压为

$$U_{\mathrm{B}} = U_{\mathrm{B}1} = +\frac{R_2}{R_2 + R_3}U_Z$$

在 u_c 从 0 增大的充电过程中，不断地和基准电压相比较，当充电至数值等于 $U_{\mathrm{B}1}$ 时，滞回电压比较器状态发生翻转，$u_o = -U_Z$。通过正反馈通道，电路的基准电压迅速改变为

$$U_{\mathrm{B}} = U_{\mathrm{B}2} = -\frac{R_2}{R_2 + R_3}U_Z$$

于是滞回电压比较器反相端电位高于同相端基准电压（同时高于输出电压），电容器 C 经 R_F 放电，放电电流的方向如图 4.36（a）中的虚线箭头所示，u_c 按指数规律衰减。当 u_c 按指数规律放电结束为 0 时，u_c 仍高于输出电压和门限电平，因此继续通过 R_F 反向充电，电流方向不变，反向充电到数值等于 $U_{\mathrm{B}2}$ 时，方波发生器的输出 u_o 状态再次翻转，跃变为 $+U_Z$，门限电平通过正反馈通道又变为 $U_{\mathrm{B}1}$，电容通过 R_F 又开始反向放电，反向放电的方向和正向充电的电流方向相同。如此周而复始，在方波发生器的输出端得到了连续的、幅值为 $\pm U_Z$ 的方波电压，其波形图如图 4.36（b）所示。

（2）占空比可调的方波发生器

方波发生器波形中的高电平时间 T_{H} 与周期 T 之比称之为占空比 q，即

$$q = \frac{T_{\mathrm{H}}}{T} \tag{4-20}$$

显然，典型方波的占空比是 50%。在方波发生器电路中调节电容的充放电时间常数，可改变方波占空比的大小，使方波发生器成为矩形波发生器，其电路如图 4.37 所示。

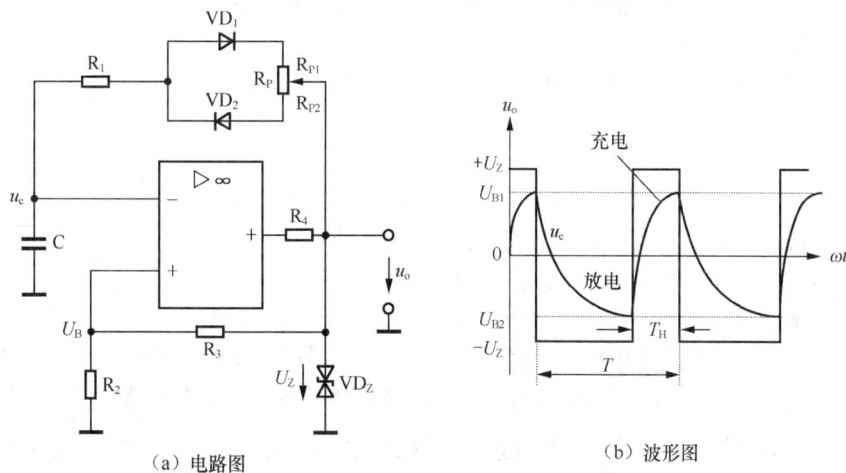

（a）电路图　　　　　　　　　　　（b）波形图

图 4.37　占空比可调的矩形波发生器

调节图 4.37（a）中的电位器 R_P，使 $R_{P1} > R_{P2}$，则电容的充放电时间常数将改变，从反向输入端流向输出端的电流时间常数增大，从输出端流向电容的电流时间常数减小，占空比减小，其输出波形如图 4.37（b）所示。

调节 R_{P1} 和 R_{P2} 的数值，只能改变占空比的大小，振荡频率不会发生变化。

4.2.3　文氏桥正弦波振荡器

文氏桥正弦波振荡器在各种电子设备中均得到广泛的应用。例如，无线

4-15　文氏桥正弦波振荡器

发射机中的载波信号源，接收设备中的本地振荡信号源，各种测量仪器，如信号发生器、频率计、f_T测试仪中的核心部分以及自动控制环节，都离不开文氏桥正弦波振荡器。

正弦波振荡器可分为两大类，一类是利用正反馈原理构成的反馈型振荡器，它是目前应用较多的一类振荡器；另一类是负阻振荡器，它是将负阻器件直接接到谐振回路中，利用负阻器件的负电阻效应抵消回路中的损耗，从而产生等幅的自由振荡，这类振荡器主要工作在微波频段。

1. 文氏桥的自激振荡条件

在放大器的输入端不加任何输入信号，其输出端仍有一定的幅值和频率的输出信号，这种现象称为自激振荡。

文氏桥正弦波振荡器属于通过正反馈连接方式实现等幅正弦振荡的电路。对文氏桥正弦波振荡器的性能要求主要有以下3点。

（1）保证振荡器接通电源后，能够从无到有建立起具有某一固定频率的正弦波输出。

（2）振荡器在进入稳态后能维持一个等幅连续的振荡。

（3）当外界因素发生变化时，电路的稳定状态不受到破坏。

显然，文氏桥正弦波振荡器首先应满足自激振荡的条件，自激振荡器大多由放大器和正反馈电路组成。

2. 文氏桥的 RC 选频网络

正弦波振荡器为获得单一频率的正弦波输出，必须有一个选频网络。文氏桥正弦波振荡器电路中就含有和放大电路合二为一的正反馈选频网络。选频网络通常由 R、C 和 L、C 等电抗性元件组成，文氏桥正弦波振荡器的选频网络是由 RC 串并联电路组成的，如图 4.38 所示。

文氏桥的 RC 串并联选频网络跨接在正弦波振荡器输出的两端，其中由 R_2、C_2 组成的并联部分接在运算放大器的同相输入端形成正反馈。

实际的振荡电路一般不会外加激励信号，而是依据自激振荡产生振荡波。文氏桥正弦波振荡器也没有外加激励，但是在文氏桥中的运算放大器与直流电源相接通的瞬间，电路中必然会产生冲击电压或者冲击电流，这一瞬变过程造成放大电路的输出端出现了一个

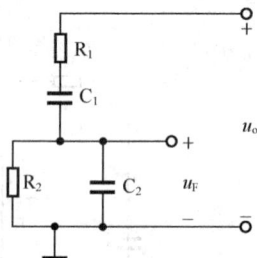

图 4.38 文氏桥的 RC 选频网络

瞬时干扰信号，瞬时干扰信号中包含的频谱范围很广，其中必然包括振荡频率 f_0。如果设置选频网络的参数合适，当这个瞬时干扰信号经过 RC 选频网络选频后，只有 f_0 这一频率分量满足相位平衡条件，f_0 的频率成分就被选中，并通过正反馈送入放大器，将此频率成分的信号放大，建立起增幅振荡，而瞬时干扰信号中除了 f_0 之外，其他频率的分量则因未被选中，而被衰减和抑制掉。

那么，什么是相位平衡条件呢？

如果设置文氏桥正弦波振荡器中的 RC 选频网络的参数为 $R_1=R_2=R$，$C_1=C_2=C$，则选频网络的电路传输系数（反馈系数）为

$$\dot{F} = \frac{\dot{U}_o}{\dot{U}_F} = \frac{R // \dfrac{1}{j\omega C}}{R + \dfrac{1}{j\omega C} + R // \dfrac{1}{j\omega C}} = \frac{1}{3 + j\left(\omega RC - \dfrac{1}{\omega RC}\right)}$$

当选频网络中选择出的信号角频率为 ω_0，且 $\omega_0 = \dfrac{1}{RC}$ 时，上式可改写为

$$\dot{F} = \cfrac{1}{3 + \mathrm{j}\left(\cfrac{\omega}{\omega_0} - \cfrac{\omega_0}{\omega}\right)} \tag{4-21}$$

式（4-21）所示的函数关系称为 RC 串并联选频网络的幅频特性，幅频特性曲线如图 4.39（a）所示。

选频网络的相频特性为

$$\varphi = -\arctan\cfrac{\cfrac{\omega}{\omega_0} - \cfrac{\omega_0}{\omega}}{3} \tag{4-22}$$

相频特性曲线如图 4.39（b）所示。

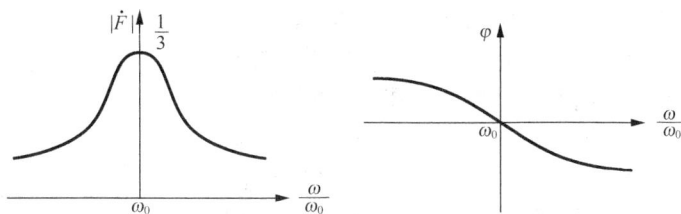

（a）幅频特性曲线　　　　　　　　　　（b）相频特性曲线

图 4.39　RC 串并联选频网络的幅频特性和相频特性

由图 4.39 所示可看出，当信号频率 ω 等于选频网络的振荡频率 ω_0 时，选频网络的幅频特性可达到最大值的 1/3，此时正反馈量与输出量同相，对应的相移 $\varphi = 0$，这就是相位平衡条件。显然，电路产生自激振荡必须同时满足以下两个条件

$$|AF| \geq 1, \quad 即 |A| \geq \cfrac{1}{|F|} = 3 \tag{4-23}$$

$$\varphi_\circ = \varphi_F = 2n\pi \quad (n \text{ 为正整数}) \tag{4-24}$$

式（4-23）称为选频网络的幅度平衡条件，式（4-24）称为选频网络的相位平衡条件。满足上述两个条件，文氏桥的 RC 串并联选频网络即具有选频作用。

幅度平衡条件中的 A 是指集成运算放大器的开环电压放大倍数，其中的 F 是 RC 选频网络的传输函数。由于存在正反馈环节，因此当正弦波振荡电路正反馈量较强时，振荡过程会出现增幅，输出正弦波的幅度越来越大；而当正反馈量不足时，振荡过程又会出现减幅，如果减幅持续进行，必然造成停振。为此，文氏桥正弦波振荡器还必须有一个稳幅电路。

3. 文氏桥正弦波振荡器的组成

文氏桥正弦波振荡器的电路如图 4.40 所示。显然，文氏桥除了有与放大器合二为一的 RC 选频网络组成的正反馈通道外，还有起稳幅作用的负反馈通道。

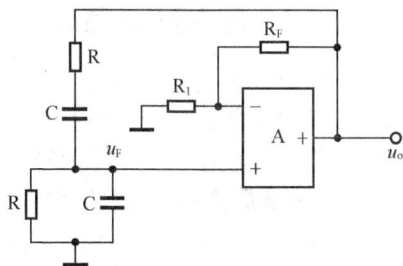

图 4.40　文氏桥正弦波振荡器的电路

集成运算放大器和电阻 R_F、R_1 组成的同相放大器作为基本放大电路，当 $\omega = \omega_0 = 1/RC$ 时，正反馈通道的反馈系数 $F=1/3$。如果 $R_F=2R_1$，则同相放大器的放大倍数 $A_u=3$，可满足自激振荡条件 $A_uF=1$。同时，文氏桥 RC 选频网络中的 u_F 与 u_o 同相位，即 $\varphi_A = 0°$，$\varphi_F = 0°$，$\varphi_A + \varphi_F = 0°$，满足自激振荡的相位条件。所以该电路可以产生自激振荡，输出 u_o 是频率为

$f_0 = \dfrac{\omega_0}{2\pi} = \dfrac{1}{2\pi RC}$ 的正弦波。

上述正弦波振荡器没有外接信号源而自动产生正弦波，那么起始信号是怎么产生的呢？可以这样理解：当接通电源时，电路中会产生冲击电压和电流，因此在同相放大器的输出端会产生一个微小的输出电压信号。这个电压信号就是起始信号，是一个非正弦波，但是这个非正弦波中含有频率为 f_0 的正弦分量。如果这时 $A_u F=1$，即 $A_u>3$，则这个频率为 f_0 的正弦分量就被选频网络选出来并被放大，周而复始，使之幅度越来越大，而其他频率的分量被衰减，因而 u_o 中只含频率为 f_0 的正弦信号。

4. 能自动起振和稳幅的文氏桥正弦波振荡器

根据上述分析，在正弦波振荡器起振时，应使 $A_u>3$；在起振后希望输出幅度稳定，这时应该使 $A_u=3$；若输出幅度过大（如达到饱和），则应使 $A_u<3$。也就是说，放大器的电压放大倍数应该能根据振幅自动调整，这种功能称为自动起振和稳幅，能自动起振和稳幅的电路有许多种，图 4.41 所示为利用二极管自动起振和稳幅的电路。

在图 4.41 中，将反馈电阻 R_F 分为两个电阻 R_{F1} 和 R_{F2}，R_{F1} 并联二极管 VD_1 和 VD_2，将电阻 R_1 换成电位器变成可调电阻。在自激振荡过程中，总有一个二极管处于导电状态，当起振时，u_o 的振幅较小，二极管中的电流也较小，由于二极管是非线性元件，因此对正向电流呈现的电阻 R_D 较大，与 R_{F2} 并联后的电阻较大，放大器的电压放大倍数为

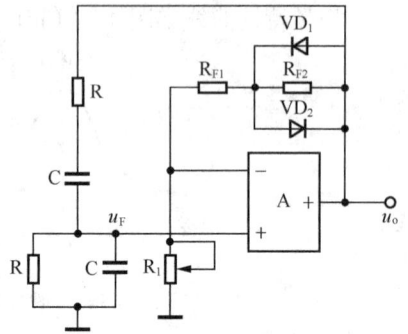

图 4.41 利用二极管自动起振和稳幅的电路

$$A_u = 1 + \frac{R_{F1} + R_{F2} /\!/ R_D}{R_1} > 3 \quad (若不满足要求则调节 R_1)$$

随着 u_o 振幅的增大，二极管中的电流也增大，二极管的正向电阻 R_D 减小，并联电阻 $R_{F2}/\!/R_D$ 减小，因而使放大倍数 A_u 减小，维持 $A_u=3$，使电路等幅振荡。若振幅过大，则 R_D 更小，使 $A_u<3$，又可使振幅减小。因此，该电路可以自动起振和稳幅。

4-16 能自动起振和稳幅的文氏桥正弦波振荡器

4.2.4 石英晶体振荡器

石英晶体振荡器是高精度和高稳定度的振荡器，不仅应用于彩电、计算机、遥控器等各类振荡电路中，还广泛应用于通信系统中的频率发生器，可以为数据处理设备产生时钟信号，为特定系统提供基准信号等。

4-17 石英晶体振荡器

1. 石英晶体振荡器的结构

石英晶体振荡器是利用二氧化硅结晶体的压电效应制成的一种谐振器件，其基本结构、电路图形符号及部分产品外形如图 4.42 所示。

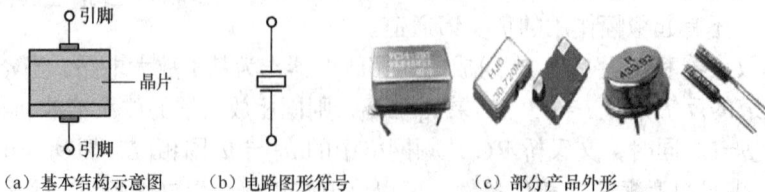

（a）基本结构示意图　　（b）电路图形符号　　（c）部分产品外形

图 4.42 石英晶体振荡器基本结构、电路图形符号及部分产品外形

将二氧化硅结晶体按一定方位角切下正方形、矩形或圆形等薄片，简称为晶片，再将晶片的两个对应表面抛光并涂敷银层作为电极，在两个电极上引出引脚加以封装，就构成石英晶体振荡器。石英晶体振荡器简称为石英晶体或晶体、晶振，其产品一般用金属外壳封装，也有用玻璃壳、陶瓷或塑料封装的。

2. 压电效应和压电振荡

若在石英晶体的两个电极上加一个电场，晶片就会产生机械变形。反之，若在晶片的两侧施加机械压力，则在晶片相应的方向上将产生电场，这种物理现象称为压电效应。

在一般情况下，无论是机械振动的振幅，还是交变电场的振幅都非常小。但当外加交变电压的频率为某一特定值时，振幅骤然增大，比其他频率下的振幅大得多，这种现象称为压电振荡。这一特定频率就是石英晶体的固有频率，也称压电振荡频率，压电振荡频率与LC回路的谐振现象十分相似。

3. 石英晶体的等效电路和振荡频率

石英晶体的等效电路如图 4.43（a）所示。当石英晶体不振动时，可等效为一个平板电容 C_0，称为静态电容，其值取决于晶片的几何尺寸和电极面积，一般为几皮法至几十皮法。当晶片产生振动时，机械振动的惯性用电感 L 来等效，其值为几毫亨至几十毫亨。晶片的弹性可用电容 C 来等效，C 的数值很小，一般只有 $0.0002 \sim 0.1 \text{pF}$。当石英晶体的弹性晶片振动时，因摩擦而造成的损耗用 R 来等效，它的数值约为 100Ω。理想情况下 $R=0$。

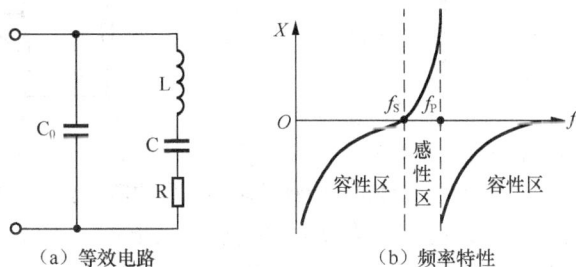

图 4.43 石英晶体的等效电路与频率特性

由于晶片的等效电感很大，而 C 很小，R 也小，因此回路的品质因数 Q 很大，可达 $1000 \sim 10000$。加上晶片本身的谐振频率基本上只与晶片的切割方式、几何形状、尺寸有关，而且可以做得很精确，因此利用石英晶体振荡器可获得很高的频率稳定度。当等效电路中的 L、C、R 支路产生串联谐振时，该支路呈纯电阻性，等效电阻为 R，谐振频率为

$$f_S = \frac{1}{2\pi\sqrt{LC}}$$

在谐振频率下，整个网络的阻抗等于 R 和 C_0 的并联值，因 $R \ll \omega_0 C_0$，故可近似认为石英晶体也呈纯电阻性，等效电阻为 R。

当 $f < f_S$ 时，C_0 和 C 电抗较大，起主导作用，石英晶体呈容性。当 $f > f_S$ 时，L、C、R 支路呈感性，将与 C_0 产生并联谐振，石英晶体又呈纯电阻性，谐振频率为

$$f_P = \frac{1}{2\pi\sqrt{L\dfrac{CC_0}{C+C_0}}} = f_S\sqrt{1+\frac{C}{C_0}}$$

由于 $C < 0$，所以 $f_P \approx f_S$。

当 $f > f_P$ 时，电抗主要取决于 C_0，石英晶体又呈容性。因此，石英晶体阻抗的频率特性如

图 4.43（b）所示。只有在 $f_S<f<f_P$ 的情况下，石英晶体才呈现感性，并且 C_0 和 C 的容量相差越悬殊，f_S 和 f_P 越接近，石英晶体呈感性的频带越狭窄。根据品质因数的表达式为

$$Q \approx \frac{1}{R}\sqrt{\frac{L}{C}}$$

由于 C 和 R 的数值都很小，L 数值很大，所以 Q 值高达 $10^4\sim10^6$。频率稳定度 $\Delta f/f_0$ 可达 $10^{-8}\sim10^{-6}$，采用稳频措施后可达 $10^{-10}\sim10^{-11}$。而 LC 振荡器的 Q 值只能达到几百。频率稳定度只能达到 10^{-5}。

4. 并联型石英晶体正弦波振荡电路

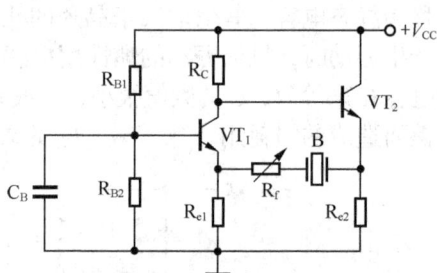

LC 正弦波振荡电路可以产生高频正弦波，广泛用于广播通信电路中。如果用石英晶体取代 LC 振荡电路中的电感，就得到并联型石英晶体正弦波振荡电路，如图 4.44 所示。

电路的振荡频率等于石英晶体的并联谐振频率。

5. 串联型石英晶体振荡电路

图 4.45 所示为串联型石英晶体振荡电路。

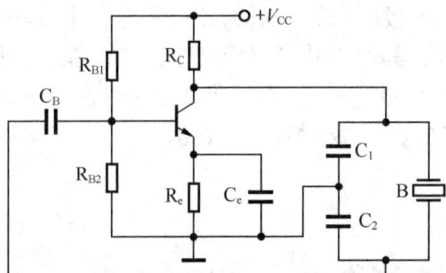

图 4.44　并联型石英晶体正弦波振荡电路　　　　图 4.45　串联型石英晶体振荡电路

电容 C_B 为旁路电容，对交流信号可视为短路。电路的第一级为共基极放大电路，第二级为共集电极放大电路。若断开反馈，给放大电路加输入电压，极性是上"+"下"−"；则 VT_1 管集电极动态电位为"+"，VT_2 管的发射极动态电位也为"+"。只有在石英晶体呈纯电阻性，即产生串联谐振时，反馈电压才与输入电压同相，电路才满足正弦波振荡的相位平衡条件。所以电路的振荡频率为石英晶体的串联谐振频率 f_S。调整 R_f 的阻值，可使电路满足正弦波振荡的幅值平衡条件。

6. 石英晶体振荡器的类型和特点

石英晶体振荡器由品质因数极高的石英晶体谐振器和振荡电路组成，可简称为石英晶振。石英晶体的品质、切割取向、晶体振子的结构及电路形式等，共同决定振荡器的性能。国际电工委员会（IEC）将石英晶体振荡器分为 4 类：普通晶体振荡器（SPXO）、电压控制式晶体振荡器（VCXO）、温度补偿式晶体振荡器（TCXO）和恒温控制式晶体振荡器（OCXO），目前发展中的还有数字补偿式晶体损振荡器（DCXO）等。

4-18　石英晶体振荡器的类型、特点和技术参数

SPXO 可产生 $10^{-5}\sim10^{-4}$ 量级的频率精度，标准频率为 $1\sim100\text{MHz}$，频率稳定度为 $\pm100\times10^{-6}$。SPXO 没有采用任何温度频率补偿措施，价格低廉，通常用作微处理器的时钟器件。封装尺寸范围为 $5\text{mm}\times3.2\text{mm}\times1.5\text{mm}\sim21\text{mm}\times14\text{mm}\times6\text{mm}$。

VCXO 的精度是 $10^{-6}\sim10^{-5}$ 量级，频率范围为 $1\sim30\text{MHz}$。低容差振荡器的频率稳定度为 $\pm50\times10^{-6}$，通常用于锁相环路。封装尺寸为 $14\text{mm}\times10\text{mm}\times3\text{mm}$。

TCXO 采用温度敏感器件进行温度频率补偿，频率精度达到 $10^{-7}\sim10^{-6}$ 量级，频率范围为

$1 \sim 60\text{MHz}$，频率稳定度为 $\pm 1 \times 10^{-6} \sim \pm 2.5 \times 10^{-6}$，封装尺寸为 $11.4\text{mm} \times 9.6\text{mm} \times 3.9\text{mm} \sim 30\text{mm} \times 30\text{mm} \times 15\text{mm}$，通常用于手持电话、蜂窝电话、双向无线通信设备等。

OCXO 将晶体和振荡电路置于恒温箱中，以消除环境温度变化对频率的影响。OCXO 频率精度是 $10^{-10} \sim 10^{-8}$ 量级，对某些特殊应用甚至达到更高。频率稳定度在 4 种类型振荡器中是最高的。

7. 石英晶体振荡器的主要参数

石英晶体振荡器（简称石英晶振）的主要参数有标称频率、负载电容、频率精度、频率稳定度等。

不同的石英晶振标称频率不同，标称频率大都标明在晶振外壳上。例如，常用普通晶振标称频率有：48kHz、500kHz、503.5kHz、$1 \sim 40.50\text{MHz}$ 等，对于特殊要求的晶振频率可达到 1000MHz 以上，也有的没有标称频率，如 CRB、ZTB、Ja 等系列。

负载电容是指晶振的两条引线连接 IC 块内部及外部所有有效电容之和，可看作电路中晶振片的串接电容。负载频率不同时，振荡器的振荡频率也不相同。标称频率相同的晶振，负载电容不一定相同。因为石英晶体振荡器有两个谐振频率，一个是串联谐振晶振的低负载电容晶振，另一个为并联谐振晶振的高负载电容晶振。所以，标称频率相同的晶振互换时必须要求负载电容一致，不能贸然互换，否则会造成电器工作异常。

频率精度和频率稳定度：由于普通晶振的性能基本都能达到一般电器的要求，对于高档设备，还需要有一定的频率精度和频率稳定度。频率精度从 10^{-10} 量级到 10^{-4} 量级不等。稳定度在 $\pm 1 \times 10^{-6} \sim \pm 100 \times 10^{-6}$ 不等。这要根据具体的设备需要选择合适的晶振，如通信网络、无线数据传输等系统就需要更高要求的石英晶体振荡器。因此，晶振的参数决定了晶振的品质和性能。

在实际应用中，要根据具体要求选择适当的晶振，不同性能晶振的价格相差很大，要求越高价格越贵。因此，选择时只要满足要求即可。

思考与练习

1. 集成运放的非线性应用主要有哪些特点？虚断和虚短的概念还适用吗？
2. 画出滞回电压比较器的电压传输特性曲线，说明其工作原理。
3. 改变占空比的大小，振荡频率会随之发生变化吗？
4. RC 串并联选频网络在什么条件下具有选频作用？
5. 试述自激振荡的条件。
6. 何谓石英晶体的压电效应？什么是压电振荡？

任务训练 1：检测电压比较器

一、电路检测目的

1. 进一步了解电压比较器的工作原理。
2. 学习在 Multisim 8.0 平台上搭建和检测典型电压比较器电路的方法。

二、检测电路所需虚拟元件

15V 直流电压源	2 个
函数信号发生器	1 台
双踪示波器	1 台
集成运放 μA741	1 只
调零电位器	1 只
导线	若干

三、搭建电压比较器电路步骤

1. 用运放 μA741 在 Multisim 8.0 平台上搭建一个如图 4.46 所示的过零电压比较器电路。
2. 电路中函数信号发生器的参数设置如图 4.47 所示。
3. 电路中双踪示波器的参数设置如图 4.48 所示。
4. 全部设置完毕后，单击仿真按钮，观察双踪示波器中输入波形 u_i 和输出波形 u_o。

四、思考与分析

1. 通过本次电路搭建和检测，你能说出电压比较器的特点吗？
2. 从示波器观察，你能说出电压比较器的阈值电压吗？与计算值相比较如何？

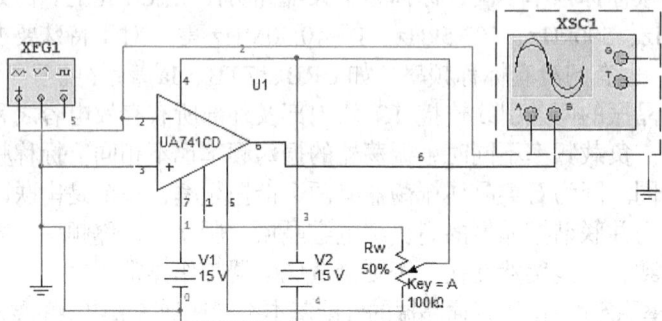

图 4.46　过零电压比较器电路

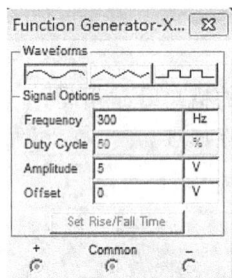

图 4.47　函数信号发生器的参数设置

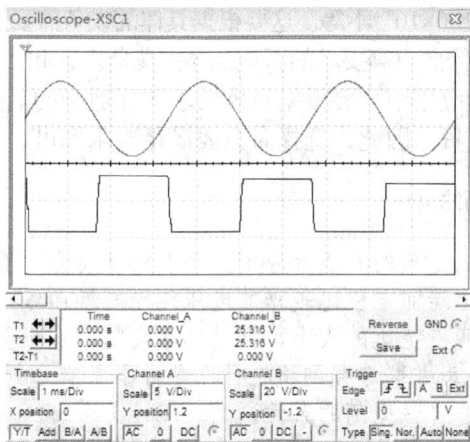

图 4.48　双踪示波器的参数设置

任务训练 2：检测文氏桥正弦波振荡器

一、电路检测目的

1. 观察文氏桥正弦波振荡器产生振荡的过程，并检验谐振是环路增益 $AF=1$。
2. 测量文氏桥正弦波振荡器的振荡频率。
3. 研究决定文氏正弦波桥振荡器振荡频率的因素。
4. 测试文氏桥振荡器的峰值输出电压。
5. 观察振荡输出达到饱和时发生的情况。

二、检测电路所需元件

双踪示波器	1 台
15V 直流电源	2 个
集成运放 μA741	1 只

调零电位器 　　　　　　　　　　　　　　1 只

电阻 15kΩ、20kΩ 　　　　　　　　　　　各 2 个

电阻 27kΩ 　　　　　　　　　　　　　　1 个

电容 0.01μF、0.02μF、 　　　　　　　　各 2 个

1N4001 二极管 　　　　　　　　　　　　2 个

电阻 25kΩ、27kΩ，可变电阻 100kΩ 　　各 1 个

三、检测内容与步骤

1.在 Multisim 8.0 平台上搭建的文氏桥正弦波振荡电路如图 4.49 所示。

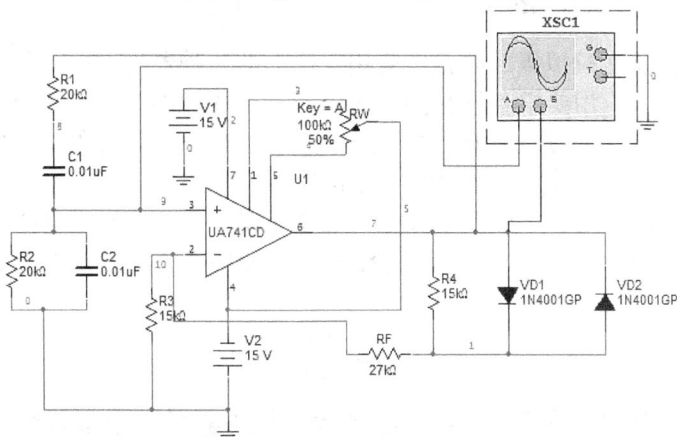

图 4.49　文氏桥正弦波振荡器检测电路

2. 示波器的设置如图 4.50 所示。

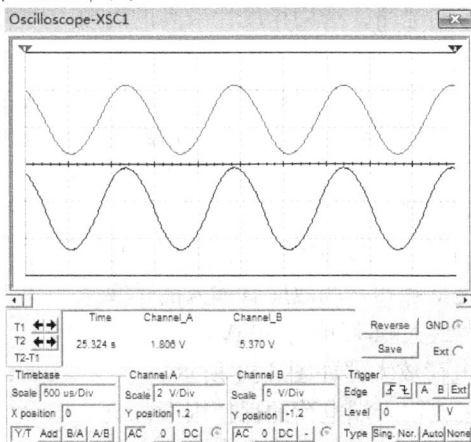

图 4.50　双踪示波器的设置示意图

3. 单击仿真开关运行动态分析，等振荡输出稳定后单击仿真开关暂停。

4. 测量正弦波的周期 T、运放的峰值输出电压 V_{op} 及峰值输入电压 V_{ip}。根据周期 T 的测量值，计算谐振频率 f_0。

5. 将两个电容改为 0.02μF，单击仿真开关运行动态分析，等振荡稳定后单击仿真开关暂停。测量周期 T、峰值输出电压 V_{op} 和峰值输入电压 V_{ip}。

6. 根据步骤 4 测出的振荡周期计算谐振频率 f_0。

四、思考与分析

1. 为什么在振荡建立的过程中，峰值输出电压从 0 增长到稳定值所需要的时间超过 1

个周期 T?

2. 电容 C 改变后振荡频率如何变化？对峰值输出电压有何影响？

3. 稳定振荡时，输出电压的峰值、运放同相端电压峰值、二极管两端电压最大值之间有什么关系？为什么？

4.3 集成运算放大器的选择、使用和保护

4.3.1 集成运算放大器的选择

集成运算放大器是模拟集成电路中应用较广泛的一种器件。在由运放组成的各种系统中，应用要求各不相同，所以对运放的性能要求也不同。在没有特殊要求的场合，尽量选用通用型集成运放，这样不仅能降低成本，还易于保证货源。当一个系统中使用多个运放时，尽可能选用多运放集成电路，例如，LM324、LF347 等都是将 4 个运放封装在一起的集成电路。

评价集成运放性能的优劣，应看其综合性能。一般用优值系数 K 来衡量集成运放的优良程度，其定义为

$$K = \frac{SR}{I_{ib} \cdot V_{OS}}$$

式中，SR 为转换率，单位为 V/s，其值越大，表明运放的交流特性越好；I_{ib} 为运放的输入偏置电流，单位是 nA；V_{OS} 为输入失调电压，单位是 mV。I_{ib} 和 V_{OS} 值越小，表明运放的直流特性越好。所以，对于放大音频、视频等交流信号的电路，选 SR 比较大的运放比较合适；对于处理微弱直流信号的电路，选用精度比较高的运放，即失调电流、失调电压及温漂均比较小的运放比较合适。

实际选择集成运放时，除要考虑优值系数之外，还应考虑其他因素。例如考虑信号源的性质是电压源还是电流源；考虑负载的性质，集成运放的输出电压和电流是否满足要求；考虑环境条件，集成运放允许工作范围、工作电压范围、功耗与体积等因素是否满足要求等。

下面讲解低噪声运放及其典型应用技术的选择，以 AD797 为例进行介绍。它是低噪声、场效应管输入的运算放大器，最大输入电压噪声最大峰-峰值为 50nV。

AD797 组成的低噪声电荷放大器如图 4.51 所示。

电路放大作用取决于运放输入端电荷的保持因素，要求电容 C_S 上的电荷能被传送到电容 C_F，形成输出电压 $\Delta Q/C_F$。在放大器输出端呈现的电压噪声等于放大器输入电压噪声乘以电路的噪声增益 $(1+(C_S/C_F))$。

该电路中存在 3 个重要的噪声源：运放的电压噪声、电流噪声和电阻 R_B 引起的电流噪声。该电路利用"T"形网络增大 R_B 的有效电阻值，改善了低频截止点，但不能改变低频时起支配作用的电阻 R_B 的噪声；须选择足够大的 R_B，尽可能减小该电阻对整个电路的噪声影响。为了达到最佳特性，电路输入端要平衡信号源内阻（即由电阻 R_{B1} 来调整）和信号源电容（由电容 C_{B1} 调整）。当 C_{B1} 值大于 300pF 时，电路噪声能有效减小。

图 4.51 AD797 组成的低噪声电荷放大器

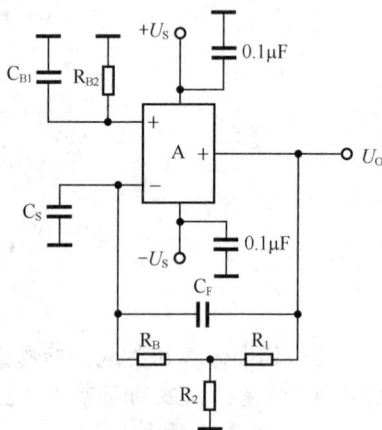

4.3.2 集成运算放大器的使用

1. 集成运放的电源供给方式

集成运放有两个电源接线端$+V_{CC}$和$-V_{EE}$，但有不同的电源供给方式。不同电源供给方式对输入信号的要求不同。

（1）单电源供电方式

单电源供电是将运放的$-V_{EE}$引脚连接到地上。此时为了保证运放内部单元电路具有合适的静态工作点，在运放输入端一定要加入一个直流电位，如图4.52所示。此时运放的输出是在某一直流电位基础上随输入信号变化。对于图4.52中的交流放大器，静态时，运算放大器的输出电压近似为$V_{CC}/2$，为了隔离输出中的直流成分接入电容C_3。

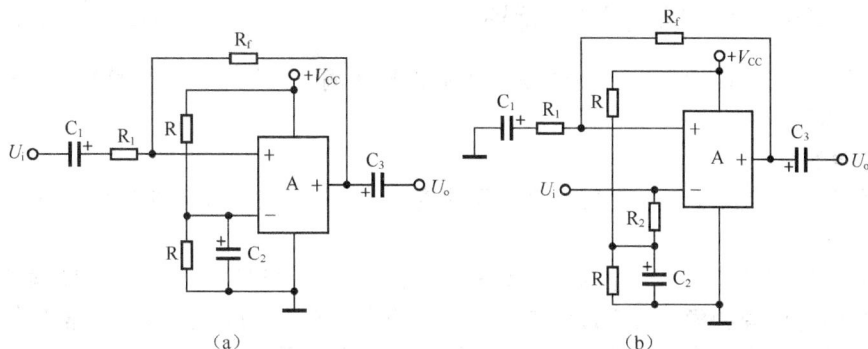

图 4.52 单电源接入方式

（2）对称双电源供电方式

运算放大器大多采用双电源供电方式。相对于公共端（地）的正电源端与负电源端分别接于运放的$+V_{CC}$和$-V_{EE}$引脚上。在这种方式下，可把信号源直接接到运放的输入脚上，而输出电压的振幅可达正负对称电源电压。

2. 集成运放的调零问题

由于集成运放的输入失调电压和输入失调电流的影响，当运算放大器组成的线性电路输入信号为0时，输出往往不等于0。为了提高电路的运算精度，要求对失调电压和失调电流造成的误差进行补偿，这就是运算放大器的调零。常用的调零方法有内部调零和外部调零，而对于没有内部调零端子的集成运放，要采用外部调零方法。下面以集成运放μA741为例进行讲解，图4.53所示为运算放大器的常用调零电路，其中图4.53（a）为内部调零电路，图4.53（b）是外部调零电路。

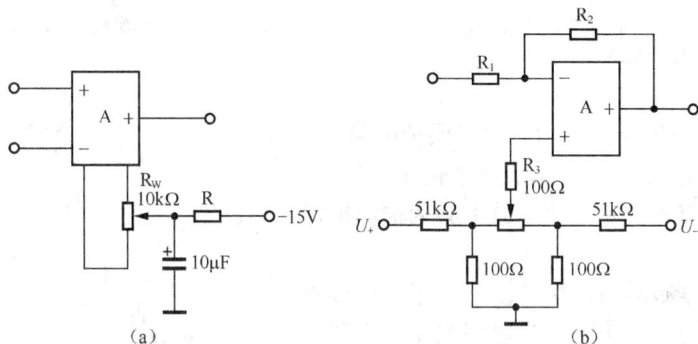

图 4.53 运算放大器的常用调零电路

3. 集成运放的自激振荡问题

运算放大器是一个高放大倍数的多级放大器，在接成深度负反馈条件下，很容易产生自激振荡。为使放大器能稳定地工作，需外加一定的频率补偿网络，以消除自激振荡。图 4.54 所示为消除自激振荡的相位补偿电路。

另外，防止通过电源内阻造成低频振荡或高频振荡的措施是在集成运放的正、负供电电源的输入端对地分别加入一个 10μF 的电解电容和一个 0.01~0.1μF 的高频滤波电容。

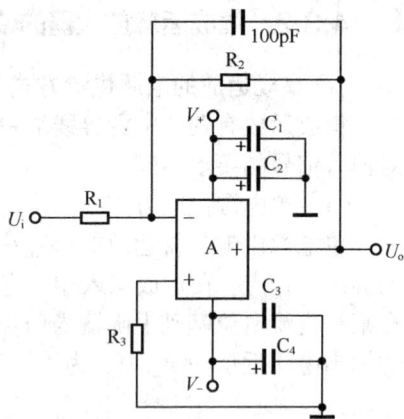

图 4.54　消除自激振荡的相位补偿电路

4.3.3　集成运算放大器的安全保护

集成运放的安全保护分为 3 个方面：电源保护、输入保护和输出保护。

1. 电源保护

电源的常见故障是电源极性接反和电压跳变。集成运放的电源反接保护和电源电压突变保护电路如图 4.55 所示。

对于性能较差的电源，在电源接通和断开瞬间，往往会出现电压过冲。图 4.55（b）中采用场效应管电流源和稳压管钳位保护，稳压管的稳压值大于集成运放的正常工作电压，而小于集成运放的最大允许工作电压。场效应管的电流应大于集成运放的正常工作电流。

2. 输入保护

集成运放的输入差模电压过高或者输入共模电压过高（超出该集成运放的极限参数范围）时，会导致集成运放损坏。图 4.56 所示为典型的集成运放输入保护电路。

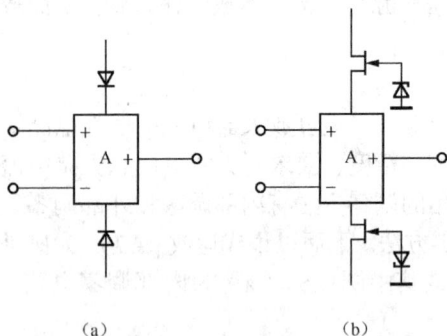

（a）　　　　　（b）

图 4.55　集成运放的电源反接保护和电源电压突变保护电路

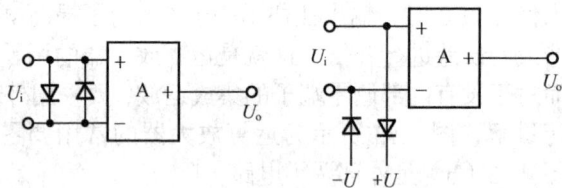

图 4.56　典型的集成运放输入保护电路

3. 输出保护

图 4.57 所示为集成运放输出过流保护电路，因某种原因（如输出短路等）使集成运放输出过流时，保护电路即成恒流源，使集成运放不会因输出电流过大而损坏。

图 4.57 中的场效应管 3DJ7C 接在集成运放输出端，采用近似恒流源接法。当电路工作正常时，场效应管呈现低阻抗，基本不影响电路的输出电压

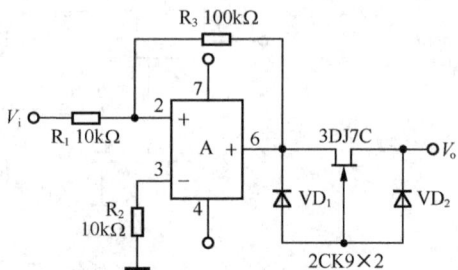

图 4.57　集成运放输出过流保护电路

范围；当电路输出端短路时，场效应管呈现高阻抗，使电路输出电流得到了限制。

二极管 VD_1 的作用是在电能输出负电压时，与场效应管一起构成恒流源；VD_2 的作用与 VD_1 相同，即在电路输出正电压时，与场效应管一起构成恒流源。

场效应管应取其饱和漏源电流 I_{DSS} 略大于集成运放输出电流的管子，因为大多数集成运放的输出电流都不超过±10mA，所以可选用如 3DJ6H、3DJ7G 等管子。I_{DSS} 不能过大或过小，如果 I_{DSS} 过大，则保护作用会减弱；如果 I_{DSS} 过小，在集成运放输出电流稍大时，恒流源阻抗增大，则限制了电路的输出幅度范围。

当电路输出幅度不大、负荷较轻时，用一个 500Ω 左右的电阻代替场效应管，也能取得理想的效果。

思考与练习

1. 实际选用集成运放时，应考虑哪些因素？
2. 使用集成运算放大器时，应注意哪些问题？
3. 集成运算放大器的安全保护包括哪几个方面？

任务训练：分析集成运放故障

查询相关资料，将表4-2填写完整。

表4-2　　　　　集成运算放大器的常见故障及原因

故障名称	故障现象（以 μA741 为例）	故障原因（查资料填写）
无输出	有输入信号，但输出端无输出信号	（1）两个电源端未加直流电压 （2）
不能调零	调整电位调零器，输出无反应	（1）集成电路损坏 （2） （3）
自激振荡	电路自激时，将输入信号调整为零也有信号输出。使用示波器在输出端可观察到交流波形	（1）外部电路反馈极性错误或反馈深度太大 （2） （3）

项目小结

1. 集成运放工作在线性区时，大多引入深度负反馈，以减少运放的净输入，保证输出电压不超出线性范围。运放在线性区的主要特点有两个：一是净输入电压约等于零，即虚短成立；二是运放的净输入电流约等于零，即虚断成立。

2. 在集成运放的线性应用电路中，常见的有比例、求和、减法、微分、积分等运算电路，分析这些闭环的线性应用电路，关键是正确应用虚断和虚短两个重要概念。

3. 有源滤波器是一种重要的信号处理电路，它可以突出有用频段的信号，衰减无用频段的信号，抑制干扰和噪声信号，达到选频和提高信噪比的目的，同时还具有放大作用。实际应用有源滤波器时，应根据具体情况选择低通、高通、带通、带阻滤波器，并确定滤波器的具体形式。

4. 集成运放工作在非线性区时，电路具有的特点是开环或引入正反馈，输出只有高电平和低电平两种状态，虚短的概念不再适用，但虚断的概念仍然成立。

5. 电压比较器是集成运放的非线性应用电路，它将一个模拟输入电压信号与阈值电压进行比较，并将比较的结果输出。单门限电压比较器是开环应用电路，滞回电压比较器是具有正反馈的应用电路，而窗口电压比较器是双门限比较器，需要由两个以上的运放组成。

6. 方波发生器的输出只有高电平和低电平两种状态，所以电压比较器是它的重要组成部分；因为产生振荡，所以电路中引入了 RC 反馈网络，因为输出状态要产生周期性变化，所以 RC 反馈网络又作为延迟环节，通过 RC 充放电实现输出状态的自动转换，以确定每种状态维持的时间。

7. 以 RC 串并联电路作为选频网络和正反馈网络，并引入电压串联负反馈网络，由两个网络构成桥路，一对顶点作为输出电压，一对顶点作为放大电路的净输入电压而构成文氏桥正弦波振荡器，振荡器电路产生的正弦波幅值取决于稳幅电路的特性。

8. 石英晶体振荡器是采用石英晶体谐振器代替 LC 回路构成的 LC 振荡器，其振荡频率的准确性和稳定性非常高，石英晶体振荡电路有并联型和串联型两种。

9. 集成运放在具体应用时，应注意选择的原则、使用时的注意事项以及保护措施。

技能训练：检测集成运算放大器的线性应用电路

一、检测目的

1. 在应用 Multisim 8.0 搭建和检测集成运放线性应用电路的基础上，进一步巩固和理解集成运放线性应用的基本运算电路的功能。

2. 加深对线性应用的运算放大器工作特点的理解。

3. 进一步熟悉单运放各引脚功能，掌握其检测电路的连线技能。

二、检测电路所需仪器设备

模拟电子实验台（或模拟电子实验箱）	1 套
集成运放 μA741	若干只
电阻、导线等其他相关设备	若干

三、检测原理

1. 集成运放引脚排列图的认识。从图 4.58 所示的集成运放 μA741 引脚排列图中，可看出它除了有同相 3、反相 2 两个输入端外，还有 7 和 4 两个正、负电源端，一个输出端 6，另外还留出外接大电阻调零的两个端口 1 和 5，运放的引脚 8 是空脚，使用时可以悬空处理。

图 4.58 集成运放 μA741 引脚排列图

2. 检测电路中，各运算电路在图 4.59 所示的参数设置下，相应运用公式如下。

在图 4.59（a）所示的电路中

$$U_o = -\frac{R_f}{R_1}U_i，\ 平衡电阻\ R_2 = R_1 /\!/ R_f$$

在图 4.59（b）所示的电路中

$$U_o = \left(1 + \frac{R_f}{R_1}\right)U_i，\ 平衡电阻\ R_2 = R_1 /\!/ R_f$$

在图 4.59（c）所示的电路中

$$U_o = -\left(\frac{R_f}{R_1}U_{i1} + \frac{R_f}{R_2}U_{i2}\right)，\ R_3 = R_1 /\!/ R_2 /\!/ R_f$$

若 $R_1 = R_2 = R_f$，则 $U_o = -(U_{i1} + U_{i2})$。

在图 4.59（d）所示的电路中：

当 $R_1=R_2$，$R_3=R_f$ 时，$U_o = \dfrac{R_f}{R_1}(U_{i2}-U_{i1})$；

当 $R_1=R_2=R_3=R_F$ 时，$U_o = (U_{i2}-U_{i1})$。

四、检测电路图

集成运算放大器的线性应用检测电路原理图如图 4.59 所示。

五、检测步骤

1. 认识集成运放各引脚的位置，小心插放在实验台芯片座中，使之插入牢固。切记引脚位置不能插错，正、负电源极性不能接反等，否则将会损坏集成块。

2. 在实验台（或实验箱）直流稳压电源处调出 +12V 和 -12V 两个电压，接入实验电路的芯片引脚 7 和引脚 4，除固定电阻外，可变电阻用万用表欧姆挡调出电路所需数值，与对应位置相连。

3. 按照图 4.59（a）所示的电路连线。连接完毕首先调零和消振：使输入信号为 0，然后调节调零电位器 R_W，用万用表直流电压挡监测输出，使输出电压也为 0。

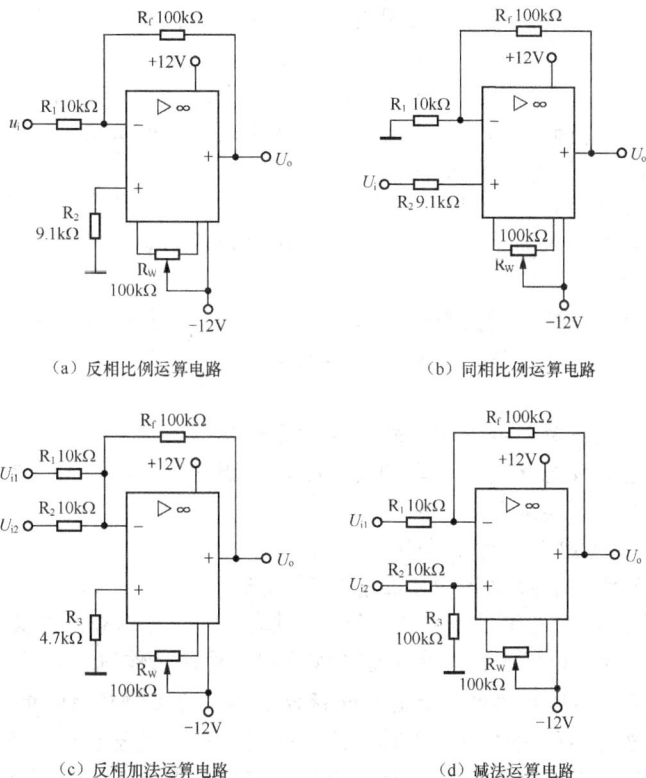

（a）反相比例运算电路　　　　　　（b）同相比例运算电路

（c）反相加法运算电路　　　　　　（d）减法运算电路

图 4.59　集成运算放大器的线性应用检测电路原理图

4. 输入 $U_i=0.5V$ 的直流信号或 $f=100Hz$，$U_i=0.5V$ 的正弦交流信号，连接与固定电阻 R_1 的一个引出端，R_1 的另一个引出端与反相端相连。

5. 观测相应电路输出 U_o 及示波器波形，验证输出是否对输入实现了比例运算，将相关数据记录下来。

6. 分别按照图 4.59（b）、图 4.59（c）和图 4.59（d）连接并观测各实验电路，认真分析电路输出和输入之间的关系是否满足各种运算，逐一记录下来。

六、分析思考题

1. 实验中为何要对电路预先调零？不调零对电路有什么影响？
2. 在比例运算电路中，R_f 和 R_1 的大小对电路输出有何影响？

知识拓展：集成运放应用电路的识图、读图方法

在无线电设备中，集成电路的应用越来越广泛，对集成运放应用电路的识图是电路分析的重点，也是难点之一。

1. 集成电路应用电路图功能

集成电路应用电路图具有以下功能。

（1）表达集成电路各引脚外的电路结构、元件参数等，从而表示整个集成电路的完整工作情况。

（2）有些集成芯片的应用电路中画出了集成芯片的内电路方框图，这对分析集成芯片应用电路而言相当方便，但是这种表示方式不多。

（3）集成芯片应用电路有典型应用电路和实用电路两种，前者在集成电路手册中可以查到，后者出现在实用电路中，这两种应用电路相差不大，根据这一特点，在没有实际应用电路图时，可以用典型应用电路图作参考，这一方法在集成电路维修中经常被采用。

（4）在一般情况下，集成芯片应用电路表达了一个完整的单元电路或一个电路系统，但在实际使用中，一个完整的电路系统常常要用到两个或更多的集成芯片。

2. 集成芯片应用电路图的特点

集成芯片应用电路图具有下列特点。

（1）大部分应用电路不画出内电路方框图，这对识图不利，尤其是初学者在进行电路原理的分析时更为不利。

（2）初学者分析集成芯片的应用电路，要比分析分立元件的电路更为困难，原因是初学者对集成芯片内部电路不太了解。实际上，不论是识图还是修理，集成电路比分立元件的电路更为方便。

（3）在大致了解集成芯片的内部电路和详细了解各引脚作用的情况下，再进行识图比较方便。因为，同类型集成电路具有一定的规律性，掌握它们的共性后，可以比较方便地分析许多同功能、不同型号的集成芯片应用电路。

3. 集成芯片应用电路识图方法和注意事项

分析集成电路的方法和注意事项主要有下列几点。

（1）了解各引脚的作用是识图的关键。了解各引脚的作用可以查阅有关集成电路应用手册。知道了各引脚作用之后，分析各引脚外电路工作原理和元件的作用就方便了。例如，知道①脚是输入引脚，那么与①脚串联的电路是输入端耦合电路，与①脚相连的电路是输入电路。

（2）了解集成电路各引脚作用的3种方法。一是查阅有关资料；二是根据集成电路的内电路方框图进行分析；三是根据集成电路的应用电路中各引脚外电路的特征进行分析。第三种方法要求有比较好的电路分析基础。

（3）电路分析步骤。集成芯片应用电路分析步骤如下。

① 直流电路分析。这一步主要是分析电源和接地引脚外电路。

注意：有多个电源引脚时，要分清这几个电源之间的关系，例如是否是前级、后级电路的电源引脚，或是左、右声道的电源引脚，对多个接地引脚也要这样分清。分清多个电源引脚和接地引脚，对电路故障检修很有帮助。

② 信号传输分析。这一步主要分析信号输入引脚和输出引脚外电路。当集成电路有多个输

入、输出引脚时，要清楚是前级还是后级电路的输出引脚；对于双声道电路还需分清左、右声道的输入和输出引脚。

③ 其他引脚外电路分析。例如，找出负反馈引脚、消振引脚等，这一步的分析是最困难的，初学者要借助引脚作用资料或内电路方框图。

④ 有了一定的识图能力后，要学会总结各种功能集成电路的引脚外电路规律，并掌握这种规律，这对提高识图速度很有帮助。例如，输入引脚外电路的规律是：通过一个耦合电容或一个耦合电路与前级电路的输出端相连；输出引脚外电路的规律是：通过一个耦合电路与后级电路的输入端相连。

⑤ 分析集成电路的内电路对信号的放大、处理过程时，最好查阅该集成电路的内电路方框图。分析内电路方框图时，可以通过信号传输线路中的箭头指示，知道信号经过了哪些电路的放大或处理，最后信号从哪个引脚输出。

⑥ 了解集成电路的一些关键测试点、引脚直流电压规律对检修电路十分有用。OTL 电路输出端的直流电压等于集成电路直流工作电压的一半；OCL 电路输出端的直流电压等于0V；BTL 电路两个输出端的直流电压相等；单电源供电时，等于直流工作电压的一半，双电源供电时，等于0V；等等。当集成电路两个引脚之间接有电阻时，该电阻将影响这两个引脚上的直流电压；当两个引脚之间接有线圈时，这两个引脚的直流电压是相等的，不等时必定是线圈出现开路故障；当两个引脚之间接有电容或接 RC 串联电路时，这两个引脚的直流电压肯定不相等，若相等，则说明该电容已经被击穿。

⑦ 一般情况下不需要分析集成电路的内电路工作原理，这是相当复杂的。

4. 读图训练

（1）自动选曲电路。图 4.60 所示为高档磁带机自动选曲电路，电路中的输入电压是交流选曲信号，K_1 是插棒式继电器，VT_6 是 K_1 的驱动管，只有 VT_6 集电极电流通过线圈 K_1，继电器触点吸合才有电流流过。

仔细阅读电路后回答下列问题。

① 三极管 VT_1 构成什么组态的电路？
② 电阻 R_4 是三极管 VT_2 的基极偏置电阻吗？
③ 二极管 VD_1 有什么作用？

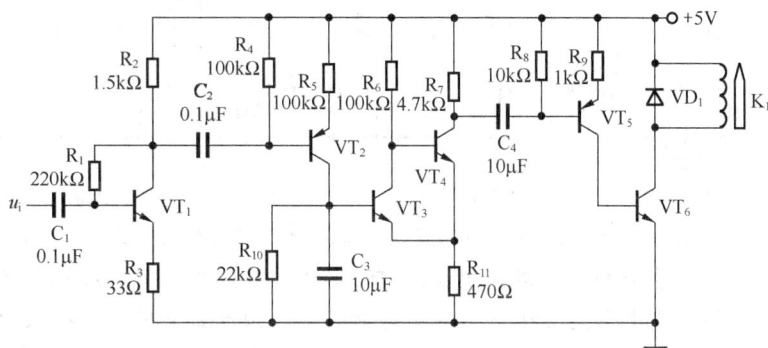

图 4.60　高档磁带机自动选曲电路

④ 如果 VT_5 截止，VT_6 会导通吗？
⑤ 电路工作原理：电路进入选曲状态时，磁头快速搜索在有节目的磁带上，选曲信号 u_i 幅度足够大，电路中 VT_5 和 VT_6 截止，K_1 不动作，机器处于选曲时的快速搜索状态；当磁头搜索到无节目的空白段磁带时，u_i 幅度减小，VT_6 导通，K_1 线圈中有电流流过而动作，释放快进或快退键，终止选曲状态，机器进入自动放音状态，完成自动选曲功能。

（2）具有增益的有源天线。具有增益的有源天线电路如图 4.61 所示。

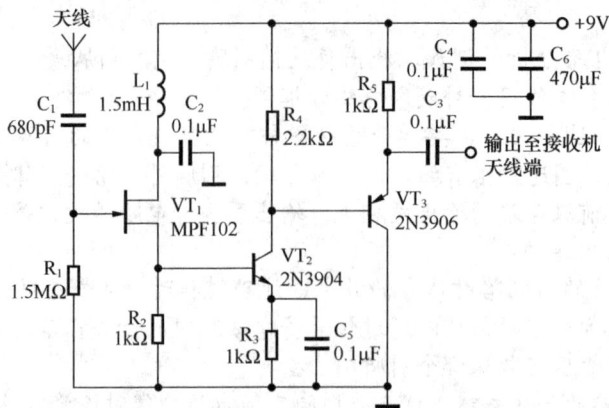

图 4.61　具有增益的有源天线电路

电路频率范围为 100kHz～30MHz，电路的电压增益为 12～18dB。

（3）典型集成运放单元电路实例。图 4.62 所示为第二代双极型通用运算放大器 μA741 单运放的内部原理图。图中用虚线标出了电路的输入级、中间级、输出级和偏置电路等 4 个主要组成部分。仔细阅读电路图，回答下列问题。

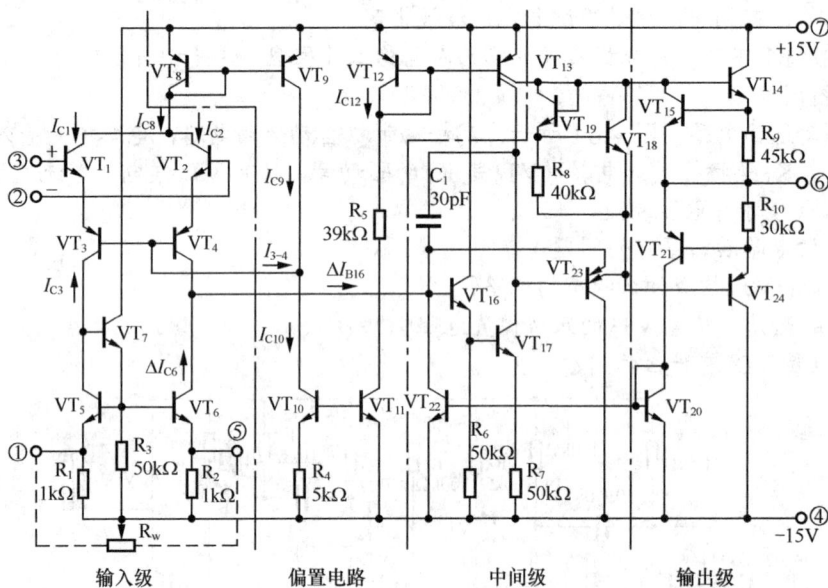

图 4.62　第二代双极型通用运算放大器 μA741 单运放的内部原理图

① 输入级电路主要由哪些三极管组成？何种形式？输入级电路具有哪些特点？

② 中间级电路主要由哪些三极管组成？有何特点？为什么采用这种特点的电路？

③ 输出级主要由哪些三极管组成？电路有何特点？在 VT_{23} 的射极回路接入 VT_{18}、VT_{19} 和 R_8 的作用是什么？

④ 偏置电路主要由哪些三极管组成？

⑤ 该集成电路除了输入级、中间级、输出级和偏置电路 4 部分之外，还具有保护电路部分，试找出电路中起保护作用的三极管。

5. 集成运算放大器国内外型号对照表（见表 4-3）

表 4-3　　　　　　　　　　集成运算放大器国内外型号对照表

名称	型号	相同产品型号		类同产品型号	
		国内	国外	国内	国外
通用Ⅱ型运算放大器	4E304 5G23	F005 F004 DL792			
高速运算放大器	4E321 4E502			F054 F050	μA722
通用Ⅲ型运算放大器	5G24 4E322	F007	μA741	F006	
高精度运算放大器	4E325	FC72		F030	AD508
通用Ⅰ型运算放大器	5G922	BG301 8FC1		F001 7XC1	μA70
低功耗运算放大器	5G26	F012			
高阻抗运算放大器	5G28	F076			

能力检测题

一、填空题

1. 当集成运放处于线性放大状态时，可运用_____和_____的概念。

2. _____比例运算电路中集成运放反相输入端为虚地，而_____比例运算电路中集成运放两个输入端的电位等于输入电压。

3. _____比例运算电路的输入电阻大，而_____比例运算电路的输入电阻小。

4. _____比例运算电路的输入电流等于零，而_____比例运算电路的输入电流等于流过反馈电阻中的电流。

5. _____比例运算电路的比例常数大于 1，而_____比例运算电路的比例常数小于零。

6. _____运算电路可将方波电压转换成三角波电压。

7. 欲实现 $A_u = -100$ 的放大电路，应选用_____运算电路。

8. 典型电压比较器有_____电压比较器、_____电压比较器和_____电压比较器。

9. 典型方波发生器的占空比是_____，调节电路中电容的_____可改变占空比。

10. 文氏桥正弦波振荡器除了有与放大器合二为一的_____组成的_____反馈通道外，还有起稳幅作用的_____反馈通道。

11. 把低通滤波器和高通滤波器_____就能实现带通滤波器，把低通滤波器和高通滤波器_____就能实现带阻滤波器。

12. 为使滤波电路的输出电阻足够小，保证负载变化时滤波特性不变，应选用_____滤波器。

二、判断正误题

1. 凡是属于反相输入的运算电路，均存在虚地现象。　　　　　　　　　　（　　）

2. 单门限电压比较器的阈值电压可以是零或任何数值。　　　　　　　　　（　　）

3. 滤波器只能实现对传输信号进行滤波选频处理，不能用于数据传输和抗干扰。

（　　）

4. 利用电阻、电感、电容等构成的滤波电路称为有源滤波器。　　　　　　（　　）

5. 集成运放的非线性应用电路虚断的概念不再成立，虚短的概念仍然适用。（　　）

6. 开环状态下的电压比较器易产生误翻转，因此应引入适当的负反馈。　　（　　）

7. 同相求和电路与同相比例电路一样，各输入信号的电流几乎等于零。　　（　　）

8. 反相求和电路中集成运放的反相输入端为虚地点，流过反馈电阻的电流等于各输入电流之代数和。　　　　　　　　　　　　　　　　　　　　　　　　　　　　（　　）

9. 集成电压比较器开环增益大，失调电压小，共模抑制比无穷大。　　　　（　　）

10. 文氏桥不仅有正反馈通道，还具有起稳幅作用的负反馈通道。　　　　（　　）

三、单项选择题

1. 集成运放的主要参数中，不包括（　　　）。

    A. 差模输入电阻　　　　　　　　　　B. 开环放大倍数

    C. 共模抑制比　　　　　　　　　　　D. 最大工作电流

2. 集成运放的差模输入信号是双端输入信号的（　　　）。

    A. 和　　　　　　　　　　　　　　　B. 差

    C. 比值　　　　　　　　　　　　　　D. 平均值

3. 精密差分测量三运放电路，对（　　　）能有效放大，对（　　　）可有效抑制。

    A. 差模信号　　　　　　　　　　　　B. 差模和共模信号

    C. 共模信号　　　　　　　　　　　　D. 任何信号

4. 为抑制 100kHz 的高频干扰，应采用（　　　）滤波器。

    A. 低通　　　　　　　　　　　　　　B. 高通

    C. 带通　　　　　　　　　　　　　　D. 带阻

5. 为了能实现对同一种产品的分选，一般选择（　　　）比较器。

    A. 单门限电压　　　　　　　　　　　B. 滞回电压

    C. 窗口电压　　　　　　　　　　　　D. 都可以

6. 差模放大倍数是指（　　　）之比。

    A. 输出变化量和输入变化量　　　　　B. 输出差模量和输入差模量

    C. 输出共模量与输入共模量　　　　　D. 输出直流量与输入直流量

7. （　　　）运算电路可将方波电压转换成三角波电压。

    A. 乘法　　　　　B. 除法　　　　　C. 微分　　　　　D. 积分

8. 欲将方波电压转换成尖顶脉冲波电压，应选用（　　　）运算电路。

    A. 乘法　　　　　B. 除法　　　　　C. 微分　　　　　D. 积分

9. 各种典型比较器电路中，相对来说（　　　）比较器的抗干扰能力最强。

    A. 单门限　　　　B. 滞回　　　　　C. 窗口　　　　　D. 集成

10. 集成运放电路的调零和消振应在（　　　）进行。

    A. 加输入信号前　　　　　　　　　　B. 加输入信号后

    C. 自激振荡时　　　　　　　　　　　D. 上述情况都不行

四、简答题

1. 集成运放一般由哪几部分组成？各部分的作用如何？

2. 集成运放工作在线性区的必要条件是什么？具有什么特点？

3. 集成运放工作在非线性区的必要条件是什么？具有什么特点？

4. 典型反相比例运算电路和典型同相比例运算电路的反馈类型有何相同？有何不同？

5. 简述带通滤波器和带阻滤波器的不同之处。

6. 正弦波振荡电路的起振条件和稳定振荡条件有何异同？当电路不能满足稳定振荡的条件时，电路会产生什么现象？

7. 在输入电压从足够低逐渐增大到足够高的过程中，单门限电压比较器和滞回电压比较器的输出电压各变化几次？

8. 在文氏桥基本放大电路中，当 $\omega = \omega_0 = 1/RC$ 时，反馈回路的反馈系数 F 的值为多少？如果 $R_F = 2R_1$，则同相放大器的电压放大倍数 A_u 为多大时，才可满足自激振荡条件 $A_uF \geqslant 1$？

五、分析计算题

1. 在图 4.63 所示的电路中，已知 $R_1 = 2k\Omega$，$R_f = 5k\Omega$，$R_2 = 2k\Omega$，$R_3 = 18k\Omega$，$U_i = 1V$，求输出电压 U_o。

2. 在图 4.64 所示的电路中，已知电阻 $R_1 = R_2$，$R_F = 5R_1$，输入电压 $U_{i1} = 5mV$，$U_{i2} = 10mV$，求输出电压 U_o，并指出 A_1、A_2 放大器的类型。

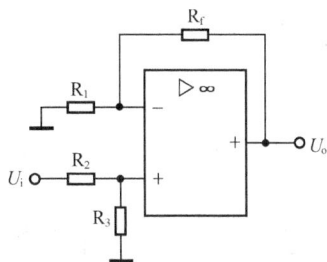

图 4.63　分析计算题 1 电路图

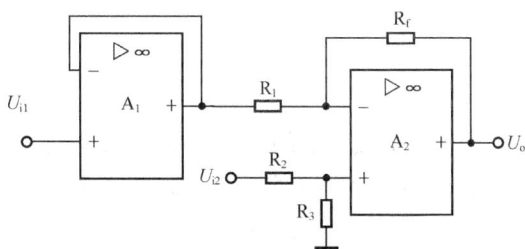

图 4.64　分析计算题 2 电路图

3. 图 4.65 所示为文氏桥 RC 振荡电路，回答以下问题。

（1）C_1、C_2 与 R_1、R_2 在数值上的关系是什么？

（2）R_f、R_3 在数值上的关系是什么？

（3）如何保证集成运放输出正弦波失真最小？

（4）该电路的振荡频率为多少？在实际应用中如何改变频率？

4. 在图 4.66 所示的电路中，已知 $R_F = 2R_1$，$u_i = -4V$，试求输出电压 u_o。

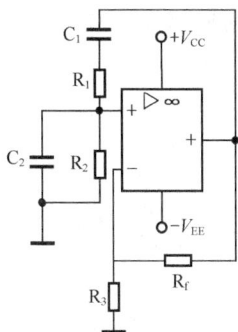

图 4.65　分析计算题 3 电路图

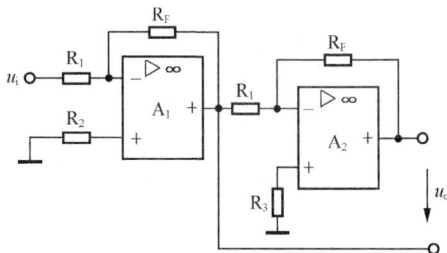

图 4.66　分析计算题 4 电路图

5. 集成运放应用电路如图 4.67 所示，当 $t = 0$，$u_C = 0$ 时，试写出 u_o 与 u_{i1}、u_{i2} 之间的关系式。

6. 电路如图 4.68 所示，用逐级求输出电压的方式写出输出电压 U_o 的表达式。

7. 电路如图 4.69 所示，已知集成运放输出电压的最大幅值为 $\pm 15V$，稳压管 $U_Z = 8V$，若 $U_R = 4V$，$u_i = 10\sin\omega t\,V$，试画出输出电压的波形。

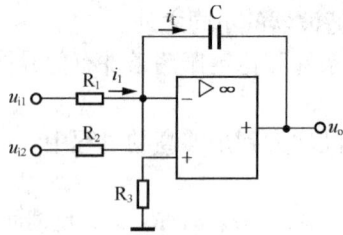

图 4.67 分析计算题 5 电路图

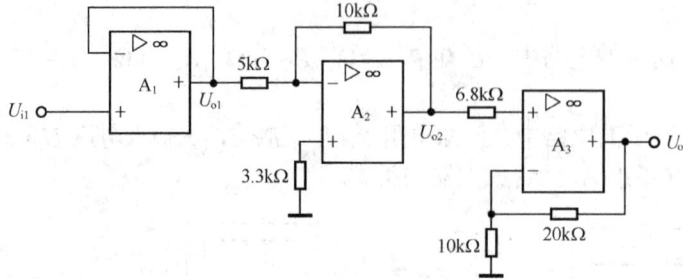

图 4.68 分析计算题 6 电路图

8. 由理想运放组成的电路如图 4.70 所示，试求出输出与输入的关系式。若 $R_1=5\text{k}\Omega$，$R_2=20\text{k}\Omega$，$R_3=10\text{k}\Omega$，$R_4=50\text{k}\Omega$，$u_{i1}-u_{i2}=0.2\text{V}$，求 u_o 的值。

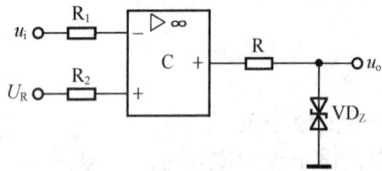

图 4.69 分析计算题 7 电路图

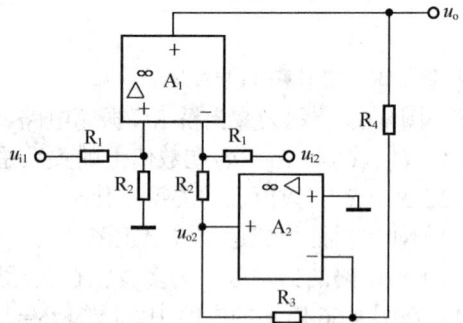

图 4.70 分析计算题 8 电路图

项目五

直流稳压电源

由于电子技术的特性，电子设备对电源电路的要求就是能够提供持续稳定、满足负载要求的直流电能，能为负载提供稳定电能的电子装置称为直流稳压电源。显然，直流稳压电源是一切电子设备的基础，没有电源电路就不会有如此种类繁多的电子设备。

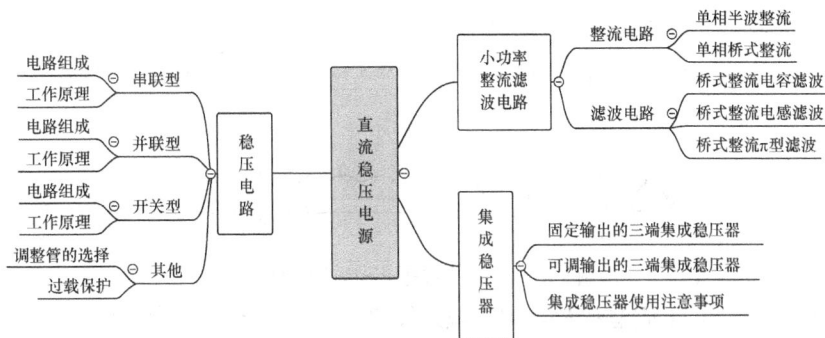

学习目标

知识目标

1. 了解直流稳压电源的结构组成，熟悉直流稳压电源在电子技术领域中所起的作用。
2. 理解整流的概念，掌握各种整流电路的特点及其输出与输入的关系。
3. 理解滤波的概念，掌握电容滤波和电感滤波的特点及输出纹波电压的计算。
4. 理解稳压的概念，掌握并联型、串联型、开关型直流稳压电源的特点及应用。
5. 了解固定输出的三端集成稳压器的工作原理及使用场合，掌握其应用。
6. 理解可调的三端集成稳压器的调压原理，掌握其使用场合及应用。

能力目标

1. 具有应用 Multisim 8.0 平台搭建和检测整流、滤波、稳压电路的能力。
2. 具有应用实训室设备及器材对整流滤波稳压电路进行实验和检测的能力。

素质目标

认识专业本质，培养对科学问题的探索欲望和创新精神。

项目导入

直流稳压电源在电源技术中占有十分重要的地位，很多电子爱好者在初学阶段首先就要解决电源问题，否则电路无法工作，电子制作无法进行，学习也无从谈起。

学习直流稳压电源，首先要了解电子电路中为什么要采用直流稳压电源，然后了解直流稳压电源是如何构成及如何工作的。通过分析整流、滤波，以及并联型、串联型、开关型直流稳压电源的工作原理，这些问题都会得到有效的解答。

学习直流稳压电源，还要掌握测试直流稳压电源性能参数的方法和技能，并能根据测试参数分析直流稳压电源的质量，学会装配简单的直流稳压电源。

知 识 链 接

在电子电路的仪器设备中，一般都需要直流电源供电。直流电源的来源大致分为 3 种：①电池（包括干电池、蓄电池和太阳能电池）；②直流发电机；③利用电网提供的 50Hz 的工频交流电经过整流、滤波和稳压后获得的直流电源。在电子技术的应用电路中，除少数小功率便携式系统采用化学电池作为直流电源外，绝大多数都采用上述第 3 种电源形式，这种电源形式称为直流稳压电源。

图 5.1 所示为小功率直流稳压电源的组成框图。

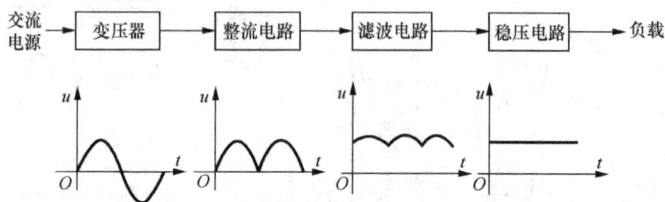

图 5.1 小功率直流稳压电源的组成框图

由直流稳压电源的组成框图及其中的波形图来看，变压器的作用显然是将输入的交流电压变换成幅值合适的电子电路需要的交流电压值；整流电路则是将幅值合适的交流电转换为脉动的直流电；滤波电路的作用是滤除脉动直流电中的高频成分，得到较为平滑的纹波直流电；而稳压电路可稳定输出电压，使之不受电网波动或负载变化的影响。

5.1 小功率整流滤波电路

大功率直流稳压电源的电能一般从三相交流电源获取，小功率的直流电源由于功率比较小，其电能通常从单相交流电源获取。

5.1.1 整流电路

整流电路的功能是将交流电压变换成直流脉动电压。整流电路按分类方式的不同可分为以下几种类型：按电源相线数可分为单相整流和三相整流；按输出波形可分为半波整流和全波整流；按所用器件可分为二极管整流和晶闸管整流；按电路结构可分为桥式整流和倍压整流。本项目主要介绍单相半波整流电路和单相桥式整流电路。

5-1 小功率整流
电路

1. 单相半波整流电路

单相半波整流电路如图 5.2 所示，由变压器 T、整流二极管 VD 和负载电阻 R_L 组成。

设变压器副边电压 $u_2 = \sqrt{2}U_2\sin\omega t$。根据二极管的单向导电性，在 u_2 的正半周，加在电路中电压的极性为上正下负，二极管正向偏置而导通，当 u_2 的幅值 U_{2m} 与二极管的正向压降（取 0.7V）

相比较大时，二极管的正向压降可以忽略，此时输出电压 $u_{o(av)}=u_2$ ，负载电流 $i_{o(av)}=u_{o(av)}/R_L$ ；在 u_2 的负半周，变压器副边极性转变为上负下正，二极管受反向电压而截止，如果忽略二极管的反向饱和电流，则输出电压 $u_o=0$ 。单相半波整流电路的输入、输出波形如图 5.3 所示。

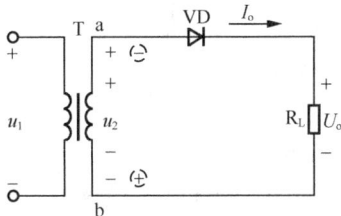

图 5.2　单相半波整流电路

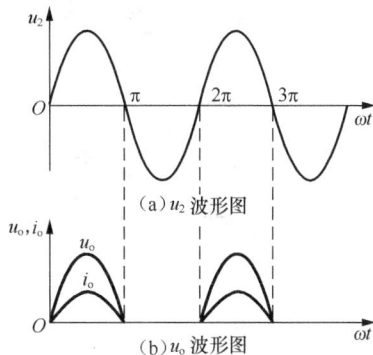

(a) u_2 波形图

(b) u_o 波形图

图 5.3　单相半波整流电路的输入、输出波形图

由图 5.3 可知，单相半波整流电路的输出电压波形是单方向的，但是其大小仍随时间变化，因此称为脉动直流电。

脉动直流电的大小一般用平均值来衡量，单相半波整流电路输出电压的平均值为

$$U_{O(AV)}=\frac{1}{2\pi}\int_0^\pi \sqrt{2}U_2\sin\omega t\mathrm{d}\omega t=\frac{\sqrt{2}}{\pi}U_2\approx 0.45U_2 \qquad (5\text{-}1)$$

流过二极管的平均电流 $I_{D(AV)}$ 与流过负载的平均电流 $I_{L（AV）}$ 相等，即

$$I_{L(AV)}=I_{D(AV)}=0.45\frac{U_2}{R_L} \qquad (5\text{-}2)$$

由波形图可知，二极管在截止时，承受的反向峰值电压 U_{DRM} 为 u_2 的最大值，即

$$U_{DRM}=\sqrt{2}U_2 \qquad (5\text{-}3)$$

构建二极管半波整流电路时，主要根据二极管的最大反向峰值电压和流过二极管的平均电流确定和选购二极管。为使用安全考虑，器件的参数选择需留有一定的余地，因此选择二极管的最大整流电流 I_F 时，至少应等于计算出的二极管中通过的电流平均值的 3 倍，反向峰值电压应为 u_2 最大反向峰值电压的 2 倍左右。

单相半波整流电路使用元件少，电路结构简单，输出电流适中，由于只有半个周期导电，因此输出电压的脉动较大，整流效率低，变压器存在单向磁化等问题。因此，单相半波整流电路常用于整流电流较小、对脉动要求不高的电子仪器和家用电器中。

2. 单相桥式整流电路

为了避免单相半波整流电路的缺点，可采用单相桥式整流电路。单相桥式整流电路由 4 个二极管接成电桥形状，故而称为桥式整流电路。图 5.4 所示为单相桥式整流电路的常见画法。

设图 5.4（a）所示的桥式整流电路中变压器副边的电压 $u_2=\sqrt{2}U_2\sin\omega t$ ，在 u_2 的正半周，变压器副边 a 点为正，b 点为负，VD$_1$ 和 VD$_3$ 导通，VD$_2$ 和 VD$_4$ 截止，导电线路为 a→VD$_1$→R$_L$→VD$_3$→b；在 u_2 的负半周，变压器副边的 b 点为正，a 点为负，VD$_2$ 和 VD$_4$ 导通，VD$_1$ 和 VD$_3$ 截止，导电线路为 b→VD$_2$→R$_L$→VD$_4$→a。于是在负载 R$_L$ 上得到一个全波整流输出。

显然，单相桥式整流电路的输出电压是半波整流电路输出电压的 2 倍，因此，单相桥式整流电路输出电压的平均值为

$$U_{O(AV)}\approx 0.9U_2 \qquad (5\text{-}4)$$

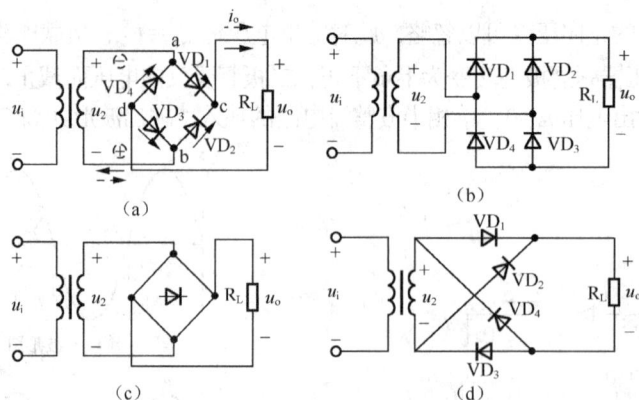

图 5.4　单相桥式整流电路的常见画法

在单相桥式整流电路中，由于每只二极管只导通半个周期，故每只二极管上通过的电流平均值仅为负载电流的一半，即

$$I_{D(AV)} = \frac{I_{L(AV)}}{2} \approx \frac{0.9U_2}{2R_L} = 0.45\frac{U_2}{R_L} \qquad （5-5）$$

在 u_2 的正半周，VD_1 和 VD_3 导通，将它们看作短路，这样 VD_2 和 VD_4 就并联在 u_2 两端，承受的最大反向峰值电压 U_{DRM} 为

$$U_{DRM} = \sqrt{2}U_2 \qquad （5-6）$$

同理，在 u_2 的负半周，VD_2 和 VD_4 导通，将它们看作短路，这样 VD_1 和 VD_3 相当于并联后接在 u_2 两端，承受的最大反向峰值电压 $U_{DRM} = \sqrt{2}U_2$。二极管中通过的电流和它们承受的电压如图 5.5 所示。

单相桥式整流和单相半波整流相比，输出电压提高，脉动成分减小，因此得到了广泛应用。

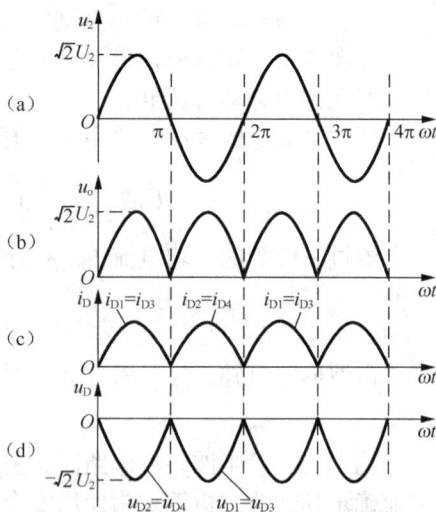

图 5.5　单相桥式整流电路电流、电压波形

3. 常用整流组合器件

集成整流组合器件有半桥堆和全桥堆两种，其中半桥堆由两个二极管组成，对外有 3 根引线，产品外形如图 5.6（a）所示。

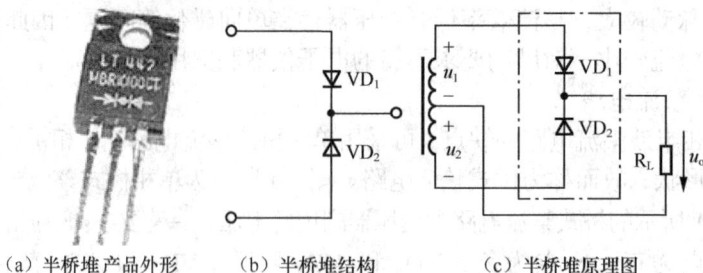

（a）半桥堆产品外形　　（b）半桥堆结构　　　（c）半桥堆原理图

图 5.6　半桥堆产品外形、结构及原理图

由图 5.6（b）所示的结构图可看出，半桥堆是将两个整流二极管制作在一起封装而成的。由图 5.6（c）所示原理图可看出，两个二极管的阴极中间引线通过负载 R_L 与电源变压器副边的中间抽头相连，两个二极管的阳极引线分别接在变压器副边的两端。在 u_2 正半周，二极管 VD_1 导通、VD_2 截止，电流自上而下流过负载 R_L；在 u_2 负半周，二极管 VD_2 导通、VD_1 截

止，电流仍能自上而下流过负载 R_L，使负载得到了全波整流。

全桥堆的内部由 4 个二极管构成，封装成一个整流桥，用环氧树脂浇灌密封、塑料密封或金属密封。密封后的全桥堆有交流输入端子和直流输出端子共计 4 根外引线，其产品外形及结构组成如图 5.7 所示。

全桥堆的散热器通常与壳体成为一体，有的全桥堆则另加装散热器。

图 5.7（a）所示的全桥堆，其两侧的"+""−"标志，是在连接电路时与负载相连接的引线，中间"AC"标志处的 2 根引线则要与电源变压器的副边相连，这 4 根外引线不能接错。全桥堆具有体积小、使用方便、装配简单等优点，缺点是其中的个别器件损坏时难以更换。

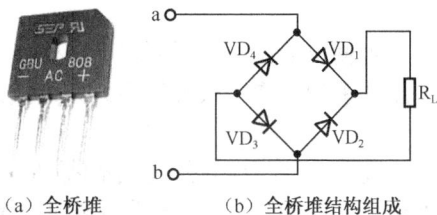

（a）全桥堆　　　（b）全桥堆结构组成

图 5.7　全桥堆产品外形及结构组成

5.1.2　滤波电路

整流电路的输出是脉动的直流电压，含有较大的谐波成分，不适合电子电路使用。为减小整流输出的脉动性，需要采用滤波电路将整流输出中的高频成分滤除，以改善输出直流电压的平滑性。

直流电源常用的滤波电路有电容滤波、电感滤波和 π 型滤波等多种形式。

1. 桥式整流电容滤波电路

在桥式整流电路的输出端与负载之间并联一个较大容量的电解电容，即构成一个桥式整流电容滤波电路，如图 5.8 所示。

桥式整流电容滤波电路适用于滤电流负载电路，其滤波原理可用充放电原理说明。

5-2　小功率整流滤波电路

桥式整流电容滤波电路的输出电压为 u_c，且 $u_o=u_c$。当电容极间电压小于整流电路输出时，电容被充电，电容的极间电压按指数规律增加，增加的快慢程度由时间常数 $\tau = R_L C$ 决定，u_c 随时间增加；而桥式整流电路的输出脉动整流增至最大开始减小时，电容电压 u_c 大于脉动全波整流，于是电容开始放电，输出电压按指数规律下降。

桥式整流电容滤波电路的电压、电流波形如图 5.9 所示。图中上边为正弦波 u_2 的波形，中间虚线所示的脉动直流电是桥式整流的输出波形，实线是滤波电路的输出波形。显然，经过滤波电路，输出波的平滑性变好了。

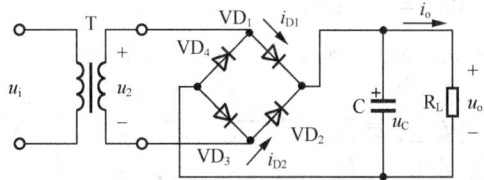

图 5.8　桥式整流电容滤波电路

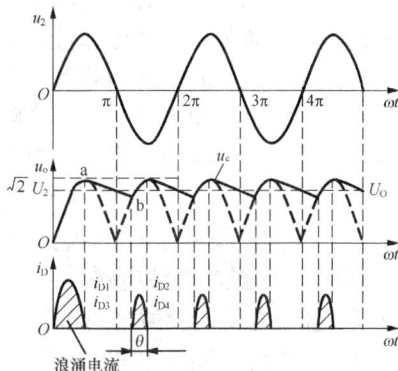

图 5.9　桥式整流电容滤波电路的电压、电流波形

电容滤波电路为使滤波效果良好，一般把时间常数的值取大一些，通常取 $\tau = R_L C \approx$

$(3 \sim 5)T/2$，式中 T 为交流电压 u_2 的周期，即

$$C = \frac{(3 \sim 5)T/2}{R_L} \qquad (5\text{-}7)$$

由输出电压的波形可以看出，经滤波后的输出电压变为较为平直的纹波电压，因此输出电压的平均值得到很大提高，如果按式（5-7）选择滤波电容，则输出电压可近似为

$$U_{O(AV)} \approx 1.2U_2 \qquad (5\text{-}8)$$

在含有滤波电容的桥式整流电路中，由于滤波电容 C 充电时的瞬时电流很大，形成了浪涌电流，如图 5.9 最下边所示波形。浪涌电流极易损坏二极管，因此，在选择二极管时，必须留有足够的电流裕量。一般可按 3 倍以上的输出电流来选择二极管。

【例 5.1】 单相桥式整流电容滤波电路如图 5.10 所示。若 $u_2 = 100\sin 314t\,\text{V}$，负载电阻 $R_L = 50\Omega$，则：

（1）选取滤波电容 C 的大小；

（2）估算输出电压和输出电流的平均值；

（3）选择二极管参数。

【解】（1）变压器输出电压为工频电压，因此周期 $T=0.02\text{s}$，应选择滤波电容为

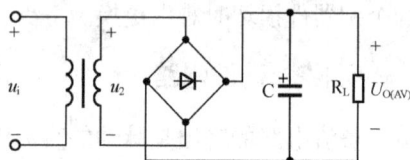

图 5.10　单相桥式整流电容滤波电路

$$C \geqslant \frac{(3 \sim 5)0.02}{2R_L} = 600 \sim 1000\mu\text{F}$$

由于滤波电容的数值越大，时间常数越大，滤波效果就越好，通常可取 $1000\mu\text{F}$ 的电解电容作为电路的滤波电容。

（2）输出电压的平均值为

$$U_{O(AV)} \approx 1.2U_2 = 1.2 \times 0.707 \times 100 \approx 84.8(\text{V})$$

输出电流的平均值为

$$I_{O(AV)} = U_{O(AV)}/R_L = \frac{84.8}{50} \approx 1.70(\text{A})$$

（3）二极管承受的反向电压应等于变压器副边电压的最大值，即 100V。二极管的平均电流应等于输出电流平均值的二分之一，即 $I_{D(AV)}=1.7/2=0.85(\text{A})$。

选择二极管参数时，要留有余量，将上述计算值再乘以一个安全系数，一般取二极管的反向峰值电压为二极管反向电压的 2 倍，即 200V。

桥式整流电路加入滤波电容后，二极管只在电容充电时才导通，导通时间不足半个周期，导致平均值加大，且滤波电容越大，二极管的导通时间越短。在很短的时间内流过一个很大的电流，即前面讲到的浪涌电流，为防止二极管由于浪涌电流而损坏，选择二极管的最大整流电流为二极管中通过的平均电流的 3 倍，即选择二极管的平均电流

$$I_F = 3I_{D(AV)} = 3 \times 0.85 = 2.55(\text{A})$$

因此，本例应选择 $U_{DRM}=200\text{V}$，$I_F=2.55\text{A}$ 的整流二极管（如型号为 2CZ56D 的硅整流二极管）。

2. 桥式整流电感滤波电路

在桥式整流电路与负载之间串联一个电感线圈 L，就构成一个含有电感滤波环节的单相桥式整流电感滤波电路，如图 5.11 所示。

在桥式整流电感滤波电路中，若忽略电感线圈的电

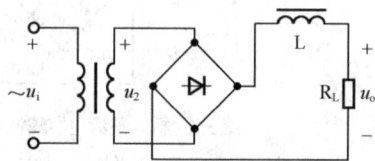

图 5.11　单相桥式整流电感滤波电路

阻，根据电感的频率特性可知，频率越高，电感的感抗值越大，对整流电路输出电压中的高频成分压降就越大，而全部直流分量和少量低频成分则降在负载电阻上，从而起到了滤波作用。

当忽略电感线圈的直流电阻时，桥式整流电感滤波电路输出的平均电压为

$$U_{O(AV)} \approx 0.9U_2 \tag{5-9}$$

电感滤波的特点是峰值电流很小，输出纹波电压比较平滑，但是由于线圈铁心的存在，体积大而笨重，所以只适用于低电压、大电流的负载电路。

3. 桥式整流 π 型滤波电路

为了进一步减小负载电压中的纹波，可采用的电路如图 5.12 所示。

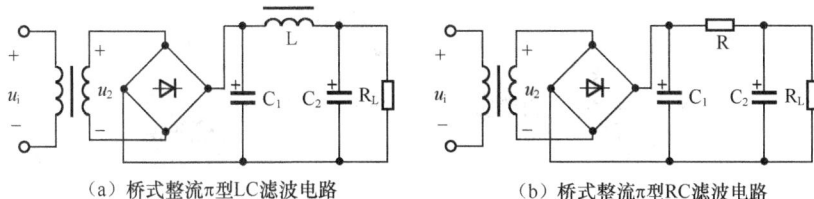

（a）桥式整流π型LC滤波电路　　　　　（b）桥式整流π型RC滤波电路

图 5.12　桥式整流 π 型 LC、RC 滤波电路

图 5.12（a）所示为桥式整流 π 型 LC 滤波电路，由于电容对交流的阻抗很小，电感对交流的阻抗很大，因此，负载上的谐波电压很小；当负载电流比较小时，也可采用图 5.12（b）所示的桥式整流 π 型 RC 滤波电路，但 π 型 RC 滤波电路由于其电阻消耗功率，所以会增加电源的功率损耗，致使电路效率较低，因此实际采用不多。

思考与练习

1. 什么是直流稳压电源？由哪几部分组成？
2. 整流的主要作用是什么？主要采用什么元件实现？最常用的整流电路是哪一种？
3. 滤波电路的主要作用是什么？滤波电路的重要元件有哪些？

任务训练1：检测桥式全波整流电路的输入与输出

一、检测目的

1. 学习用二极管整流桥将交流电转换为直流电的方法。
2. 比较全波整流电路的输入和输出电压波形。
3. 用全波整流桥直流输出电压峰值计算输出电压的平均值，并比较计算值与测量值。

二、检测所需虚拟元件

交流电源	1个
降压变压器	1台
整流管 1N4001	4只
200V、50Hz 交流电源	1个
100Ω 电阻	1个
双踪示波器	1台
交、直流电压表	各1个

三、检测内容与步骤

1. 在 Multisim8.0 上搭建一个桥式全波整流检测电路，如图 5.13 所示。
2. 示波器参数设置以及观测到的输入、输出电压波形如图 5.14 所示（将双踪示波器的

A 输出点的连线设置为玫红色，把示波器 B 输出点的连线设置为蓝色）。

3. 单击仿真开关，激活桥式整流电路进行动态分析。在示波器屏幕上，玫红色曲线为输入电压波形，蓝色曲线为输出电压波形。

4. 计算桥式整流电路的输出电压平均值。检测 U_O 是否等于 $0.9U_2$。

5. 由输出曲线测算输出的脉动电压周期和频率，记录下来。

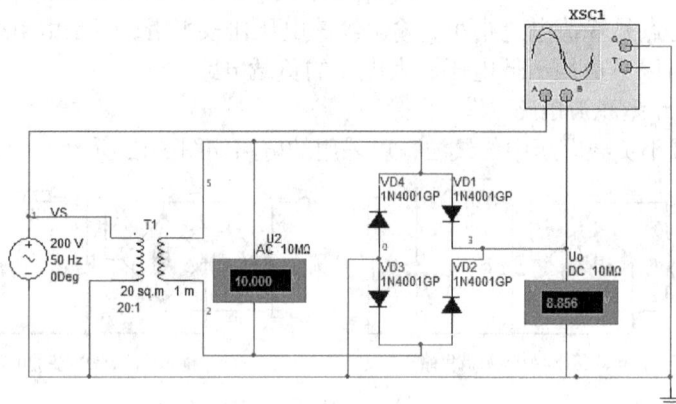

图 5.13　桥式全波整流检测电路

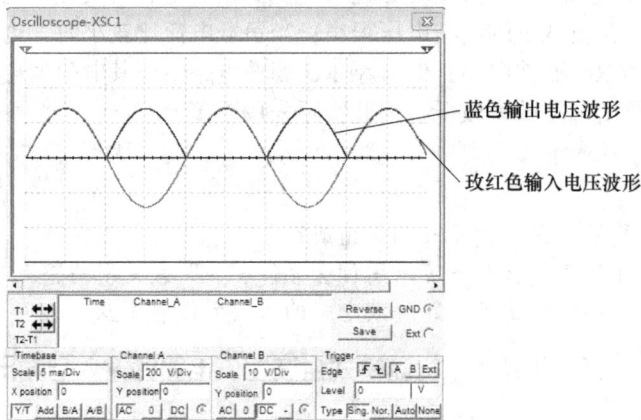

图 5.14　示波器参数设置以及观测到的输入、输出电压波形

四、思考与分析

1. 全波整流电路的输出电压和半波整流输出电压有什么不同？为什么？

2. 全波整流的输入电压波形与电路输出波形有什么不同？试解释它们不同的原因。

3. 全波整流和半波整流相比，直流输出电压的平均值有何不同？

任务训练2：检测桥式整流滤波电路

一、检测目的

1. 考查电容滤波器在全波整流电路中的滤波效果。

2. 测量整流滤波电路输出脉动电压的峰—峰值。

3. 比较全波整流滤波电路的输入和输出电压波形。

二、检测所需虚拟元件

10：1 降压变压器　　　　　　　　　1 台

100V、50Hz 正弦交流电源　　　　　1 个

整流管 1N4001   4 只

1.2kΩ 电阻   1 只

双踪示波器   1 台

交、直流电压表   各 1 个

100μF 电解电容   1 只

三、原理电路与检测步骤

1. 在 Multisim 8.0 平台上构建图 5.15 所示的检测电路。

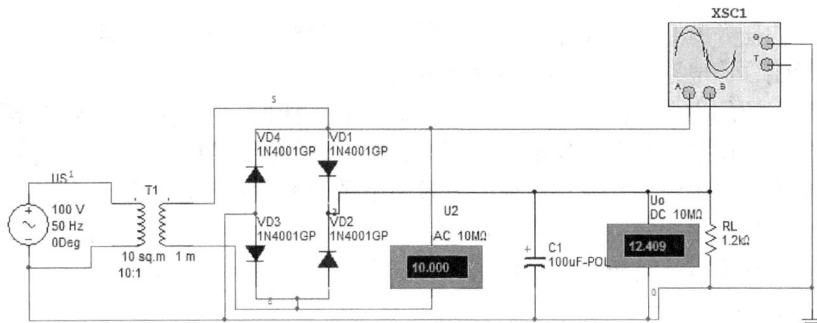

图 5.15　全波整流电容滤波检测电路

2. 示波器设置以及观测到的输入、输出电压波形如图 5.16 所示（将双踪示波器的 A 输出点的连线设置为玫红色，把示波器 B 输出点的连线设置为蓝色）。

3. 单击仿真开关，观测表示波器中电路的输入、输出波形如图 5.16 所示。

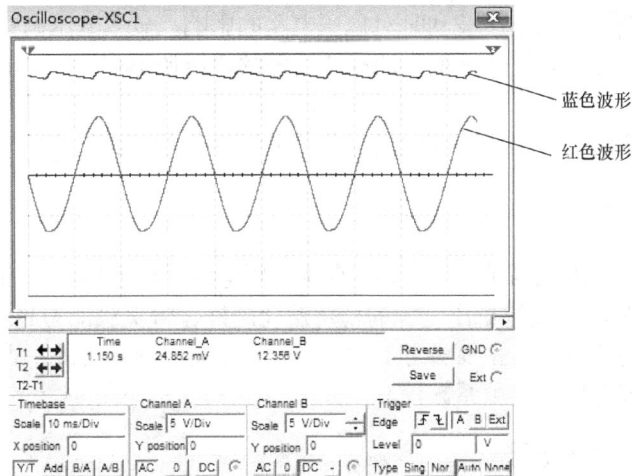

图 5.16　示波器的设置及其观测的电路输入、输出波形

4. 对滤波后的输出波形和滤波前的输出波形进行对比分析。

四、思考与分析

1. 与全波整流电路相比较，说明滤波电路的输出波形和未经滤波的波形有何区别。

2. 全波整流的输出电压平均值与滤波后输出电压的平均值相同吗？为什么？

5.2　稳压电路

交流电压经过整流和滤波后，虽然变为直流电压，但输出中仍存在较小的交流分量，这

使得输出的直流电压并不稳定，而且会随电网电压的波动、温度的变化而变化，当电路中的负载电阻变化时，输出的纹波电压也会随之变化。显然，只具有整流、滤波环节的直流电源，在要求电源稳定性较高的电子设备和电子电路中是不适用的。

电子设备中的直流稳压电源和电子电路的供电直流电源一般要在滤波电路和负载之间加接稳压环节，以达到稳压供电的目的，使电子设备和电子电路能够稳定可靠地工作。

5.2.1 直流稳压电源的主要性能指标

稳压电路的任务就是进一步稳定滤波后的电压，使输出电压基本上不受电网电压波动和负载变化的影响，让电路的输出具有足够高的稳定性。

直流稳压电源的主要性能指标包括特性指标和质量指标。特性指标主要规定了直流稳压电源的适用范围，反映了直流稳压电源的固有特性。特性指标包括直流稳压电源允许的输入电压、输入电流，输出电压和输出电流及其调节范围。特性指标通常标示在直流稳压电源的铭牌数据上，用户可根据实际需要合理选择。

质量指标反映了直流稳压电源的优劣，包括电压调整率、输出电阻等。

1. 电压调整率 S_γ

电压调整率 S_γ 也称为稳压系数，其定义为：负载不变时，输出电压相对变化量和整流滤波电路输入电压的相对变化量之比，即

$$S_\gamma = \frac{\Delta U_O / U_O}{\Delta U_I / U_I}\bigg|_{R_L=常数} \qquad (5-10)$$

电压调整率反映了电网电压波动时对稳压电路的影响。显然电压调整率 S_γ 越小，直流稳压电源的输出电压稳定性越好。一般直流稳压电源的电压调整率 S_γ 为 $10^{-2} \sim 10^{-4}$。

2. 输出电阻

当输入电压不变时，输出电压变化量与负载电流变化量之比称为输出电阻，即

$$R_O = \frac{\Delta U_O}{\Delta I_O}\bigg|_{\Delta U_I=常数} \qquad (5-11)$$

输出电阻的大小反映了当负载变动时，直流稳压电源保持输出电压稳定的能力。显然，R_O 越小，直流稳压电源的稳定性能越好，带负载能力越强。

直流稳压电源的质量优劣主要参考上述两个性能指标。除此之外，质量指标还包括最大纹波电压和温度系数等。

5-3 并联型稳压电路

5.2.2 并联型稳压电路

稳压电路可分为二极管稳压电路和晶体管稳压电路，其中二极管稳压电路又称为并联型稳压电路。并联型稳压电路如图 5.17 所示。

1. 电路组成

并联型稳压电路因稳压管与负载相并联而称为并联型稳压电路。电路中的电阻 R 用来限制通过稳压管 VD_Z 的电流，对稳压管起限流保护作用。

图 5.17 并联型稳压电路

为了保证硅稳压管正常工作，稳压管必须反向偏置，且反向电流 I_Z 应满足

$$I_{Zmin} \leqslant I_Z \leqslant I_{Zmax}$$

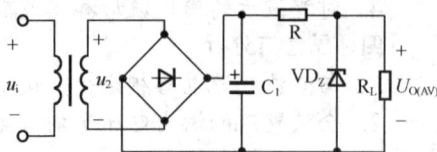

式中，I_{Zmin} 是使稳压管稳压的最小电流，I_{Zmax} 是使稳压管正常工作的最大极限电流。在元件手册中查到的 I_Z 即为 I_{Zmin}。

2. 工作原理

设电网电压上升或负载电阻增加造成输出电压增加时，通过稳压管 VD$_Z$ 的电流将急剧增加，造成限流电阻 R 上压降增加，R 上压降的增加又会使输出电压下降，于是调整了输出电压保持基本稳定不变。稳压过程为：$U_I\uparrow$（或 $R_L\uparrow$）$\rightarrow U_O\uparrow\rightarrow I_Z\uparrow\rightarrow U_R\uparrow\rightarrow U_O\downarrow$。

当电网电压下降或负载电阻减小造成输出电压减小时，通过稳压管 VD$_Z$ 的电流将随之减小，致使限流电阻 R 上压降减小，R 上压降的减小又会使输出电压上升，于是调整了输出电压保持基本稳定不变。稳压过程为：$U_I\downarrow$（或 $R_L\downarrow$）$\rightarrow U_O\downarrow\rightarrow I_Z\downarrow\rightarrow U_R\downarrow\rightarrow U_O\uparrow$。

可见，电路能稳定输出电压，是并联型稳压电路中的稳压管和限流电阻起决定作用，利用硅稳压管反向击穿电流的变化，稳定了输出电压。

并联型稳压电路具有电路结构简单、使用元件少的优点，但稳压电路的稳压值取决于稳压管的稳压值，不能调节，因此这种稳压电路适用于电压固定、负载电流小、负载变动不大的场合。

【例 5.2】电路如图 5.18 所示。

（1）分别说明电路中Ⅰ、Ⅱ、Ⅲ、Ⅳ 4 部分的作用。

（2）变压器副边电压有效值 $U_2=20V$，则电容两端电压 $U_{C(AV)}$ 为多少？

（3）说明电阻 R 的作用。

【解】（1）电路中第Ⅰ部分的作用是将市电变换成适合负载需要的交流电压值；第Ⅱ部分的作用是将交流电通过桥式全波整流为脉动直流电；第Ⅲ部分的作用是滤波，去除脉动直流电中的高频成分，使之成为纹波电压；第Ⅳ部分的作用是使输出的直流电压基本不受电网电压波动和负载变动的影响，获得稳定性较高的输出电压。

（2）电容两端电压平均值 $U_{C(AV)}\approx 1.2U_2=1.2\times20=24$(V)。

（3）电路中 R 的作用是使稳压管中的电流不会过大，以保证稳压管的正常工作。

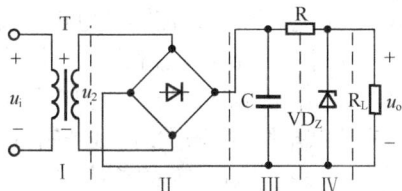

图 5.18　例 5.2 电路图

5.2.3　串联型稳压电路

晶体管稳压电路包括串联型稳压电路和开关型稳压电路两种类型。所谓串联型稳压电路就是根据晶体管与负载相串联而得名。

1. 电路组成

串联型稳压电路的结构组成框图和电路原理图如图 5.19 所示。

图 5.19 中 U_I 是整流滤波后的电压，该电压的纹波往往较大，因此还须经过稳压电路，才能使输出电压在一定的范围内稳定不变。由图 5.19（a）所示的框图可看出，串联型反馈式稳压电路由调整管 VT、比较放大电路 A、由稳压管 VD$_Z$ 与限流电阻 R$_3$ 构成的基准电压及取样电路 4 部分组成。

5-4　串联型稳压
电路

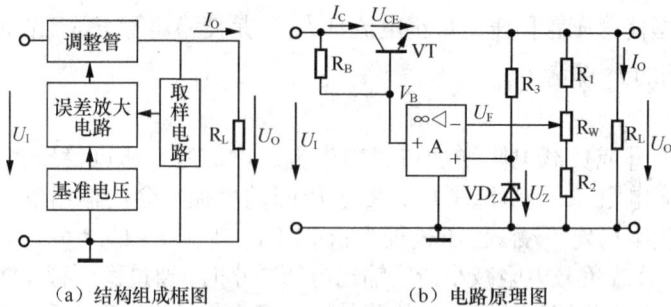

（a）结构组成框图　　　　　　　（b）电路原理图

图 5.19　串联型稳压电路的结构组成框图和电路原理图

由 5.19（b）所示电路原理图可看出，串联型反馈式稳压电路中调整管 VT（有时采用复合管作为调整管，以获得较大的输出电流）的发射极与负载电阻相串联，正常工作是在线性放大区，故又称串联型稳压电路为线性稳压电路；电路中的 R_3 和稳压管 VD_Z 组成基准电压源，为比较放大器 A 的同相输入端提供基准电压；R_1、R_2 和电位器 R_W 组成取样电路，取样电路把稳压电路的输出电压 U_O 的部分 U_F 回送到比较放大器 A 的反相输入端形成负反馈；比较放大器 A 对取样电压 U_F 与基准电压 U_Z 进行比较，若输出不变，比较放大器 A 的输入差值不变，调整管基极电位 V_B 不变，则 U_{CE} 也不变，因此电路输出 U_O 维持不变。当输入电压 U_I 变化或负载 R_L 变化而使输出 U_O 增大（或减小）时，反馈到比较放大器 A 反相端的输出采样 U_F 就会使比较放大器 A 的输入差值发生变化，这个差值经 A 放大后送到调整管 VT 改变了 VT 的基极电位，基极电位的改变使得 VT 的基极电流 I_B、集电极电流 I_C、输出电压 U_{CE} 相应改变，从而起到了调整输出电压、使之保持稳定的作用。

注意： 为使调整管 VT 工作在放大区，输入电压 U_I 至少要比输出电压 U_O 高 2～3V。

2. 工作原理

当输入电压 U_I 增大或负载电阻 R_L 减小时，必将引起输出电压 U_O 的增加，这时取样电压 U_F 随之增大，基准电压 U_Z 和取样电压 U_F 的差值减小，经比较放大器 A 比较放大后，调整管的基极电位 V_B 减小，基极电流 I_B 随之减小，控制集电极电流 I_C 减小，致使管压降 U_{CE} 增大，输出电压 U_O（$U_O=U_I-U_{CE}$）减小，使稳压电路的输出电压 U_O 的上升趋势得到抑制，起到了当输入电压 U_I 增大或负载电阻 R_L 减小时，稳定输出电压 U_O 的作用。

同理，当输入电压 U_I 减小或负载电阻 R_L 增大时，必将引起输出电压 U_O 的减小，这时取样电压 U_F 随之减小，基准电压 U_Z 和取样电压 U_F 的差值增大，经比较放大器 A 比较放大后，使调整管的基极电位 V_B 增大，基极电流 I_B 随之增大，控制集电极电流 I_C 增大，致使管压降 U_{CE} 减小，输出电压 U_O（$U_O=U_I-U_{CE}$）增大，使稳压电路的输出电压 U_O 的下降趋势得到抑制，起到了当输入电压 U_I 减小或负载电阻 R_L 增大时对输出电压 U_O 的稳定作用。

串联型反馈式稳压电路输出电压的调整范围：由虚短可知 $U_F=U_Z$，有

$$U_F = \frac{R_2'}{R_1 + R_2' + R_W} U_O = U_Z \qquad （5\text{-}12）$$

整理式（5-12）可得

$$U_O = \frac{R_1 + R_2 + R_W}{R_2'} U_Z \qquad （5\text{-}13）$$

式（5-12）中的 R_2' 是指电位器箭头以下部分与 R_2 的串联组合。由式（5-13）可知：串联型反馈式稳压电路通过调节电位器 R_W 的可调端，即可改变输出电压的大小。该电路由于运放 A 调节方便，电压放大倍数很高，输出电阻较低，低噪声、低纹波、负载调整率良好、高

稳定度、高准确度，因此稳压特性十分优良，实际应用非常广泛。

但是串联型反馈式稳压电路也存在不足之处，即该稳压电路调压范围有限，效率较低。

【例 5.3】在图 5.20 所示的串联型直流稳压电路中，稳压管型号为 2CW14，其稳压值 U_Z=7V，输入电压 U_I=20V，采样电阻 R_1=3kΩ，R_2=3kΩ，R_W=2kΩ，R_L=0.2kΩ，试估算输出电压的调节范围，以及输出电压最小时，调整管承受的功耗。

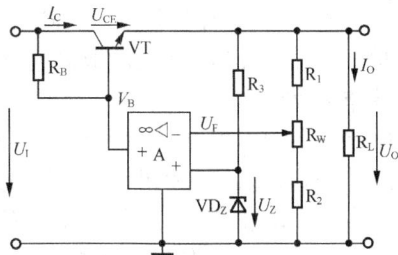

图 5.20　例 5.3 电路图

【解】根据式（5-13）可得

$$U_{Omin} = \frac{R_1 + R_2 + R_W}{R_2 + R_W} U_Z = \frac{3+3+2}{3+2} \times 7 = 11.2(V)$$

$$U_{Omax} = \frac{R_1 + R_2 + R_W}{R_2} U_Z = \frac{3+3+2}{3} \times 7 \approx 18.7(V)$$

该串联型直流稳压电路输出电压的调节范围是 11.2～18.7V。

当输出电压最小时，调整管某电极和发射板之间的压降

$$U_{CE}=U_I-U_{Omin}=21-11.2=9.8(V)$$

通过调整管的电流近似为 VT

$$I_C \approx \frac{U_{Omin}}{R_L} = \frac{11.2}{0.2} = 56(mA)$$

因此，此时调整管承受的管耗为

$$\Delta P_C=U_{CE} \times I_C=9.8 \times 0.056 \approx 0.55(W)$$

5.2.4　开关型直流稳压电路

开关型稳压电路是根据稳压电路中的晶体调整管工作在开关状态而得名。开关型直流稳压电源依靠调节调整管 VT 的导通时间实现对电路输出的稳压效果。开关型直流稳压电路中的调整管的管耗很低，因此电路效率较高，一般可达 80%～90%，且不受输入电压大小的影响，稳压范围较宽。这些突出优点使得开关型直流稳压电路被广泛应用于计算机、电视机中作为直流供电电源。

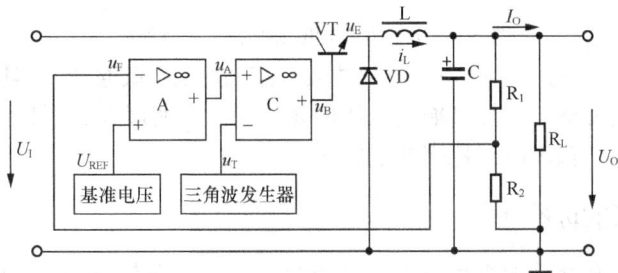

5-5　开关型直流稳压电路

1．开关型直流稳压电路的组成

开关型直流稳压电路的原理图如图 5.21 所示。

图 5.21　开关型直流稳压电路的原理图

图 5.21 中输入电压 U_I 来自整流滤波电路的输出，开关型直流稳压电路由调整开关管、取样电路、LC 滤波电路、续流二极管和控制电路组成。其中开关管用来调整输出电压；取样电路用来将输出电压的变化取出送到开关调整管的控制电路；LC 滤波电路用来平滑输出电压；续流二极管的作用是当开关调整管截止时，提供滤波电感 L 中自感电动势的释放通路，维持负载 R_L 中有电流通过；控制电路包括基准电压源、误差放大器 A、比较放大器 C 和三角波发生器，用

来产生方波电压，使调整管工作在开关状态，同时取样电压送入误差放大器 A 中进行比较放大，改变控制电路输出方波电压的占空比，使调整管的开通与关断时间按输出电压的变化进行调节。

2. 工作原理

当图 5.21 所示电路中的输出电压 U_O 由于输入电压的变化或者负载的变化而出现不稳定时，通过 R_1 和 R_2 组成的取样电路就可把输出变化量的部分回送到误差放大器 A 的反相输入端作为反馈量 U_F，U_F 和基准电压 U_{REF} 形成的差值电压由 A 放大，A 的输出量为 u_A，作为电压比较器的门限电平。而电压比较器的反相端连接的三角波发生器产生一个三角波，在三角波从小到大或从大到小变化的过程中，均与门限电平 u_A 相比较，达到门限电平时，比较器的输出由正饱和值（或负饱和值）发生一次翻转。当比较器的输出 u_B 为正饱和值时，开关调整管饱和导通，u_E 为高电平呈开态，此时续流二极管反偏处于截止状态，电感器中的电流 i_L 在 u_E 作用下由 0 开始增大，其中的高次谐波同时被线圈 L 和电容 C 滤除（L 和 C 构成低通滤波器），剩余少量低频成分和直流量形成 I_O 向负载供电；当比较器的输出 u_B 为负饱和值时，开关调整管截止，u_E 为低电平呈关态，由于电感电流 i_L 不能发生跃变，只能连续变化，因此 i_L 开始减小，只要 L 和 C 值选择合适，i_L 中的少量低频成分和直流量形成的 I_O 可保证持续向负载供电，此时二极管 VD 正偏处于导通状态，对负载输出电流起续流保护作用。

在电路工作过程中，控制环节中误差放大器的输出 u_A 送到单门限电压比较器 C 的同相输入端。三角波发生器产生一个固定频率的电压 u_T，电压比较器的输出 u_B 控制开关调整管 VT 的导通和截止（u_T 和 u_A 决定了调整管的开关频率）。u_A、u_T、u_B、u_E、i_L 和 u_o 的波形如图 5.22 所示。

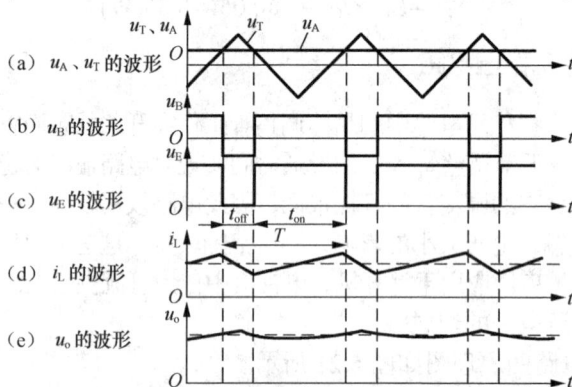

图 5.22 开关型稳压电路的电压、电流波形

由于调整管的输出电压 u_E 仍是一个脉冲波，需采用 LC 低通滤波器进行滤波，以获得平滑的输出，再加入负反馈环节控制输出电压的相对稳定，所以开关型直流稳压电路是一种可以利用电压负反馈调节输出电压稳定的电路。

5.2.5　调整管的选择

调整管是串联型和并联型直流稳压电路的重要组成部分，担负着调整输出电压的重任。调整管不仅需要根据外界条件的变化随时调整本身的管压降，以保持输出电压的稳定，而且要提供负载要求的全部电流，因此调整管的功耗比较大，通常采用大功率的三极管作为调整管。为了保证调整管的安全，在选择调整管的型号时，应初步估算用作调整管的三极管主要参数。

5-6　调整管的选择

1. 集电极最大允许电流 I_{CM}

流过调整管集电极的电流除了负载电流外，还有采样电阻中通过的电流，因此，选择调

整管时，应使其集电极最大允许电流为

$$I_{CM} \geqslant I_{Lmax} + I_R \qquad (5-14)$$

式（5-14）中的 I_{Lmax} 是负载中通过的最大电流，I_R 是采样电阻中通过的电流。

2. 集电极和发射极之间的最大允许反向击穿电压 $U_{(BR)CEO}$

稳压电路正常工作时，调整管上的电压降为几伏，当负载出现短路时，整流滤波电路的输出电压将全部加在调整管两端。在电容滤波电路中，输出电压的最大值可能接近于变压器副边电压的峰值，即 $u_{imax} \approx \sqrt{2}U_2$，考虑到电网上近 ±10% 的电压波动，调整管有可能承受的最大反向击穿电压为

$$U_{(BR)CEO} \geqslant u_{imax} = 1.1 \times \sqrt{2} U_2 \qquad (5-15)$$

式（5-15）中，u_{imax} 是空载时整流滤波电路的最大输出电压，也是开关型直流稳压电路的输入电压最大值。

3. 集电极最大允许耗散功率 P_{CM}

当电网电压达到最大值，输出电压达到最小值，同时负载电流也达到最大值时，调整管的功耗最大，所以其最大允许耗散功率为

$$P_{CM} \approx (1.1 \times 1.2 U_2 - U_{Omin}) \times I_{Emax} \qquad (5-16)$$

式（5-16）中，$1.1 \times 1.2 U_2$ 是满载时整流滤波电路的最大输出电压，即开关型直流稳压电源的输入电压最大值（在电容滤波电路中，如滤波电容的容量足够大，就可以认为其输出电压近似等于 $1.2 U_2$），U_{Omin} 是稳压电路的输出电压最小值。

为了保证串联型直流稳压电路的调整管工作在放大状态，管子两端的电压降不宜过大，通常使 $U_{CE} = 3 \sim 8V$，则稳压电路的输入直流电压为

$$U_I = U_{Omax} + (3 \sim 8) \text{ V} \qquad (5-17)$$

5.2.6 稳压电路的过载保护

使用稳压电路时，输出端过载甚至发生短路时，通过调整管的电流将急剧增大，如果电路中没有适当的保护措施，就会造成调整管损坏，所以只有采取过载保护或短路保护措施，方能保证稳压电路安全可靠地工作。

保护电路的作用是保护调整管在电流增大时不被烧毁。其基本方法是，当输出电流超过某一数值时，调整管处于反向偏置，即截止状态，过载电流或短路电流将自动切断。

5-7 稳压电路的过载保护

1. 限流保护电路

保护电路的形式很多，如采用二极管作为限流元件的保护电路，如图 5.23 所示。

电路中，二极管 VD 和电阻 R_O 组成二极管保护环节。正常工作时，二极管 VD 处于反向截止状态。当负载电流增大且达到一定数值时，电阻 R_O 上的压降随之增大，增大到一定程度时，使二极管导通（二极管的管压降 $U_D = U_{be1} + R_O I_{E1}$）。二极管导通后，管压降 U_D 一定，因此 R_O 上的压降增大将迫使 U_{be1} 减小，从而使 I_{B1} 减小，I_{E1} 减小并限制在一定数值，达到保护调整管的目的。显然，二极管限流保护时，其 U_D 越大，限流保护作用越好。

限流保护电路也有使用三极管作为保护元件。限流保护的目的就是在稳压器输出电流超过额定值时，将调整管的发射极电流限制在某一数值以内，从而保护调整管。

2. 三极管截流保护电路

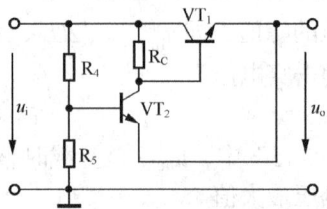

图 5.24 所示为三极管截流保护电路。电路中的三极管保护环节由 VT_2 和分压电阻 R_4、R_5 组成。电路正常工作时，通过 R_4 与 R_5 的分压作用，使 VT_2 的基极电位比它自身的发射极电位高，VT_2 的发射结因承受反向电压而处于截止状态（相当于开路），即电路输出正常时，保护环节对稳压电路没有影响。

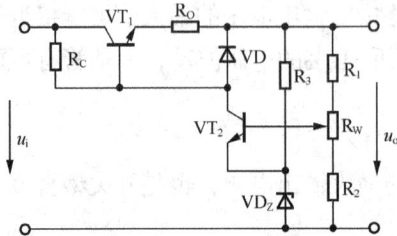

图 5.23　二极管限流保护电路　　　　　　　　图 5.24　三极管截流保护电路

当稳压电路的输出发生短路故障时，输出电压 $u_o=0$，此时 VT_2 的发射极相当于接地，VT_2 处于饱和导通状态（相当于短路），迫使调整管 VT_1 的基极和发射极近于短路而处于截止状态，从而切断短路电流，达到保护稳压电路的目的。

思考与练习

1. 稳压电路的主要作用是什么？稳压电路的两个主要性能指标是什么？
2. 试述串联型稳压电路的特点。串联型稳压电路通常应用于哪些场合？
3. 试述并联型稳压电路的特点。并联型稳压电路通常应用于哪些场合？
4. 试述开关型稳压电路的主要特点。开关型稳压电源的输出电压是平滑波吗？
5. 在选择调整管的型号时，应主要考虑调整管的哪些主要参数？
6. 二极管的限流保护和三极管的截流保护有何不同？

任务训练：检测整流滤波稳压电路

一、检测目的

1. 理解用二极管整流桥将交流电转换为直流电的方法。
2. 比较整流滤波电路和稳压电路输入和输出电压波形的不同。
3. 了解稳压电路的组成和稳压作用。

二、检测所需虚拟元件

100V 工频交流电压源	1 个
10 : 1 降压变压器	1 台
整流桥 MDA920A5	1 只
1kΩ 电阻	1 只
双踪示波器	1 台
直流电压表	1 个
200mH 电感	1 只
稳压管 2CW54	1 只
470μF 电容	1 只

三、检测内容及步骤

1. 在 Multisim 8.0 平台上搭建一个如图 5.25 所示的整流滤波稳压检测电路。

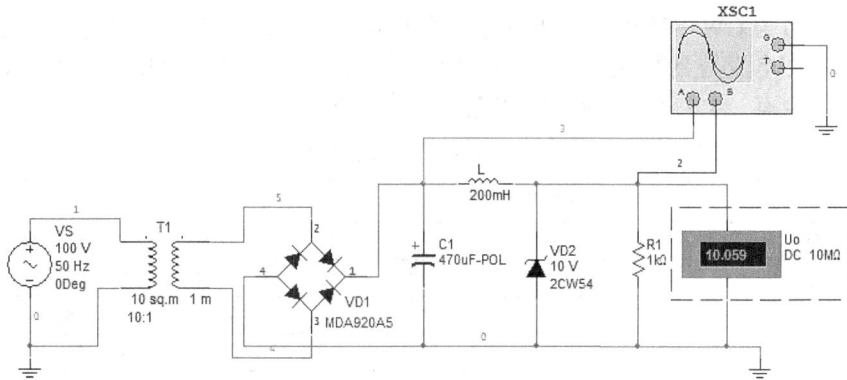

图 5.25　整流滤波稳压检测电路

2. 单击仿真开关，观察示波器中输出电压的波形，示波器参数设置如图 5.26 所示。

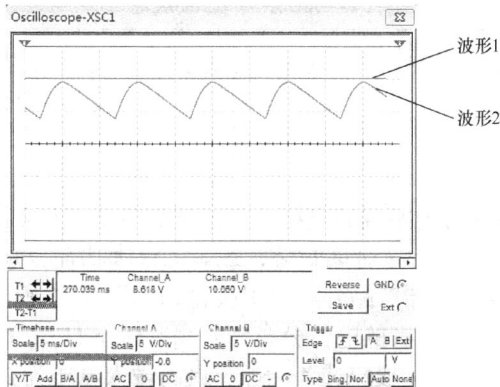

图 5.26　示波器参数设置及波形显示

3. 图 5.26 中波形 1 为稳压后的输出波形，波形 2 是整流滤波后的输出波形，说明它们为什么有这么大差别。

四、思考与分析

1. 稳压管在检测电路中起什么作用？

2. 稳压电路和滤波电路的输出波形有何不同？哪一个输出波形更平滑？

5.3　集成稳压器

集成电路的发展促使了集成稳压器的产生，把调整管、采样电路、基准稳压源、比较放大器、比较器和保护电路等全部集成在一个硅片上，即构成集成稳压器。

5.3.1　固定输出的三端集成稳压器

固定输出的三端集成稳压器包含 CW7800 和 CW7900 两大系列，CW7800 系列是三端固定正输出稳压器，CW7900 系列是三端固定负输出稳压器。它们的最大特点是稳压性能良好，外围元件简单，安装调试方便，价格低廉，现已成为集成稳压器的主流产品。CW7800 系列按输出电压分为 5V、6V、9V、12V、15V、18V、24V 共 7 种；最大输出电流有 6 个挡位。CW7800 系列稳压器规格如表 5-1 所示。

5-8　固定输出的三端集成稳压电路

例如，型号为 CW7805 的三端集成稳压器表示输出电压为 5V，输出电流可达 1.5A。注意所标注的输出电流是要求稳压器在加入足够大的散热器条件下得到的。同理 CW7900 系列的三端稳压器也有 -24～-5V 共 7 种输出电压，输出电流有 3 挡，如表 5-2 所示。

表 5-1　　　　　　　　　　　　　CW7800 系列稳压器规格

型号	输出电流/A	输出电压/V
78L00	0.1	5、6、9、12、15、18、24
78M00	0.5	5、6、9、12、15、18、24
7800	1.5	5、6、9、12、15、18、24
78T00	3	5、12、18、24
78H00	5	5、12
78P00	10	5

表 5-2　　　　　　　　　　　　　CW7900 系列稳压器规格

型号	输出电流/A	输出电压/V
79L00	0.1	-5、-6、-9、-12、-15、-18、-24
79M00	0.5	-5、-6、-9、-12、-15、-18、-24
7900	1.5	-5、-6、-9、-12、-15、-18、-24

CW7800 系列的输出端对公共端的电压为正。根据集成稳压器本身功耗的大小，其封装形式分为 TO-220 塑料封装和 TO-3 金属封装，二者的最大功耗分别为 10W 和 20W（加散热器）。固定输出的三端集成稳压器产品外形及引脚排列如图 5.27 所示。U_I 为输入端，U_O 为输出端，GND 是公共端（地），三者的电位分布为：$U_I > U_O > U_{GND}$（0V）。输入电压至少要比输出电压高 2V，为可靠起见，一般应选 4～6V，最高输入电压为 35V。

CW7900 系列属于负电压输出，输出端对公共端呈负电压。CW7900 与 CW7800 的外形相同，但引脚排列顺序不同，塑料封装和金属封装的固定输出的三端集成稳压器产品外形及其引脚排列如图 5.27 所示。

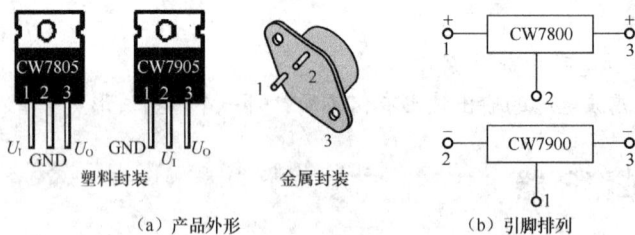

（a）产品外形　　　　　　　　　（b）引脚排列

图 5.27　固定输出的三端集成稳压器产品外形及引脚排列

CW7900 的电位分布为：U_{GND}(0V) > $-U_O$ > $-U_I$。另外在使用 CW7800 与 CW7900 时要注意：采用 TO-3 封装的 CW7800 系列集成电路的金属外壳为地端，而同样封装的 CW7900 系列稳压器的金属外壳是负电压输入端。因此，在由二者构成多路稳压电源时，若将 CW7800 的外壳接印制电路板的公共地，CW7900 的外壳及散热器就必须与印制电路板的公共地绝缘，否则会造成电源短路。

固定输出的三端集成稳压器具有过热、过流和过压保护功能，其基本应用电路如图 5.28 所示。

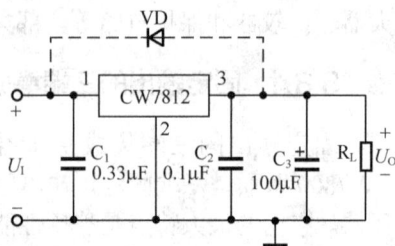

图 5.28　固定输出的三端集成稳压器的基本应用电路

由于输出电压取决于集成稳压器，所以输出电压为12V，最大输出电流为1.5A。为使电路正常工作，要求输入电压 U_I 比输出电压 U_O 至少高 2.5～3V。在靠近三端集成稳压器输入、输出端处，一般要接入 $C_1=0.33\mu F$ 和 $C_2=0.1\mu F$ 的电容，其目的就是使稳压器在整个输入电压和输出电流变化的范围内，提高稳压器的工作稳定性和改善瞬变响应。为了获得最佳的效果，电容器应选用频率特性好的陶瓷电容或钽电容为宜。另外，为了进一步减小输出电压的纹波，一般在集成稳压器的输出端并入一个一百微法至几百微法的电解电容。

电路中的 VD 是续流保护二极管，用来防止在输入端短路时，输出电容 C_3 所存储电荷通过稳压器放电而损坏器件。稳压器正常工作时，该续流二极管处于截止状态，当输入端突然短路时，二极管为输出电容 C_3 提供泄放通路。

基本应用电路中的 3 个电容均为滤波电容，其值在具体应用时可根据负载电阻的大小按下式选取

$$R_L C \geqslant (3\sim5)\,T/2 \qquad (5\text{-}18)$$

式（5-18）中，T 为电容的充放电周期。

利用固定输出的三端集成稳压器来提高输出电压的电路，如图 5.29 所示。实际需要的直流稳压电源，如果超过集成稳压器的输出电压数值，可外接一些元件来提高输出电压。电路能使输出电压高于固定电压，图 5.29 中的 U_{XX} 是 CW78×× 系列稳压器的固定输出电压值，显然 $U_O=U_{XX}+U_Z$。

也可以采用图 5.30 所示的电路提高输出电压。这种电路中的电阻 R_1 和 R_2 为外接电阻，R_1 两端的电压为三端集成稳压器的额定输出电压 U_{XX}，R_1 上流过的电流为 $I_{R1}=U_{XX}/R_1$，三端集成稳压器的静态电流为 I_Q，等于两个电阻上的电流之和。

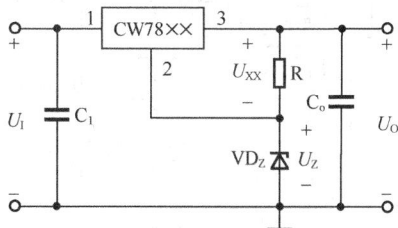

图 5.29　提高输出电压的应用电路之一　　　　图 5.30　提高输出电压的应用电路之二

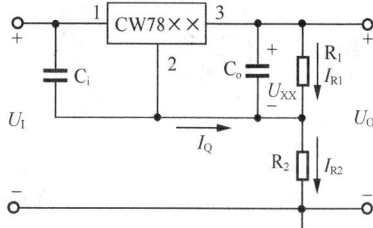

稳压电路的输出电压在忽略集成稳压器静态电流的情况下，有

$$U_O \approx \left(1+\frac{R_2}{R_1}\right)U_{XX} \qquad (5\text{-}19)$$

可见，提高两个外接电阻的比值，即可提高输出电压。只是这种电路存在输入电压变化时，静态电流随之变化的缺点，造成电路精度下降。

5.3.2　可调输出的三端集成稳压器

可调输出的三端集成稳压器是在固定输出的三端集成稳压器的基础上发展起来的，集成芯片的输入电流几乎全部流到输出端，流到公共端的电流非常小，因此可以用少量的外部元件方便地组成精密可调的稳压电路，应用更为灵活。

固定输出的三端集成稳压器主要用于固定输出标准电压值的稳压电源中。虽然通过外接电路元件，也可构成多种形式的可调稳压电源，但稳压性能指标有所降低。可调输出的三端集成稳压器的出现，可以弥补固定输出的三端集成稳压器的不足。它不仅保

5-9　可调输出的三端集成稳压电路

留了固定输出稳压器的优点，而且在性能指标上有很大的提高。它分为正电压输出和负电压输出两大系列，每个系列又有 100mA、0.5A、1.5A、3A 等品种，应用十分方便。CW317 系列与 CW7800 系列产品相比，在同样的使用条件下，静态工作电流 I_Q 从几十毫安下降到 50μA，电压调整率 S_γ 由 0.1%/V 达到 0.02%/V，电流调整率 S_I 从 0.8% 提高到 0.1%。可调输出的三端集成稳压器的产品分类及规格如表 5-3 所示。

表 5-3　　　　　　　　　　可调输出的三端集成稳压器产品分类及规格

特点	国产型号	最大输出电流/A	输出电压/V	对应国外型号
正压输出	CW117L/CW217L/CW317L	0.1	1.2～37	LM117L/LM217L/LM317L
	CW117M/CW217M/CW317M	0.5	1.2～37	LM117M/LM217M/LM317M
	CW117/CW217/CW317	1.5	1.2～37	LM117/LM217/LM317
	CW117HV/CW217HV/CW317HV	1.5	1.2～57	LM117HV/LM217HV/LM317HV
	W150/W250/W350	3	1.2～33	LM150/LM250/LM350
	W138/W2138/W338	5	1.2～32	LM138/LM238/LM338
	W196/W296/W396	10	1.25～15	LM196/LM296/LM396
负压输出	CW137L/CW237L/CW337L	0.1	−37～−1.2	LM137L/LM2137L/LM337L
	CW137M/CW237M/CW337M	0.5	−37～−1.2	LM137M/LM237M/LM337M
	CW137/CW237/CW337	1.5	−37～−1.2	LM137/LM237/LM337

集成稳压器的产品外形及组成框图如图 5.31 所示。

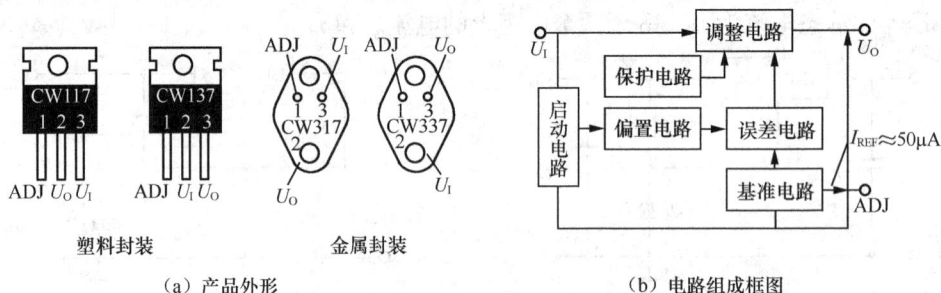

（a）产品外形　　　　　　　　　　（b）电路组成框图

图 5.31　集成稳压器的产品外形及组成框图

可调输出的三端集成稳压器输入电压范围为 4～40V，输出电压可调范围为 1.2～37V，要求输入电压比输出电压至少高 3V。例如，型号为 CW317 的可调输出的三端集成稳压器的输入电压若为 40V，则输出电压为 1.2～37V 连续可调，最大输出电流为 1.5A；又如 CW337L 的输入电压若为−18V，则输出电压为−37～−1.2V 连续可调，最大输出电流为 0.1A。

CW317、CW337 系列集成稳压器的使用非常方便，只要在输出端上外接两个电阻，即可获得要求的输出电压值。图 5.32 所示为可调输出的三端集成稳压器的典型应用电路。

在 CW317 系列正电压输出的标准电路中：C_1 为输入滤波电容，可起到抵消电路的电感效应和滤除输入线上干扰脉冲的作用，通常取 0.33μF；C_2 是为了减小 R_2 两端纹波电压而设置的，一般取 10μF；C_3 是为了防止输出端负载呈感性时可能出现的阻尼振荡，取值为 1μF。VD_1 和 VD_2 是保护二极管，可选用整流二极管 2CZ52。

图 5.32 所示的电路的输出电压为

$$U_O = 1.25 \times \left(1 + \frac{R_2}{R_1}\right) + 50 \times 10^{-6} \times R_2 \approx 1.25 \times \left(1 + \frac{R_2}{R_1}\right) \text{V} \qquad （5-20）$$

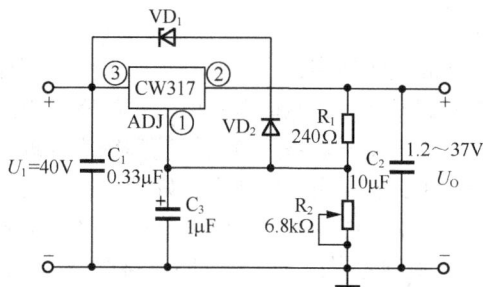

图 5.32　可调输出的三端集成稳压器的典型应用电路

式（5-20）中第二项 $50×10^{-6}×R_2$ 是 CW317 的调整端流出电流在电阻 R_2 上产生的压降。由于电流非常小（仅为 50μA），故第二项可忽略不计。式中电阻 R_1 不能过大，一般取 $R_1=100\sim120\Omega$，当 $R_2=0$ 时，相当于调整端引脚 1 接地，输出电压最小约为 1.2V；电位器 R_2 处于最大值时，输出电压约为 37V，即可调电位器调节 R_2 选取不同值时，可得到不同的输出电压。

【例 5.4】　电路如图 5.33 所示，图 5.33（a）中的 $I_W=2mA$，图 5.33（b）中的 I_{ADJ} 很小，可忽略不计，CW117 可提供的基准电压 $U_{REP}=1.25V$。试分别求出各电路输出电压 U_O。

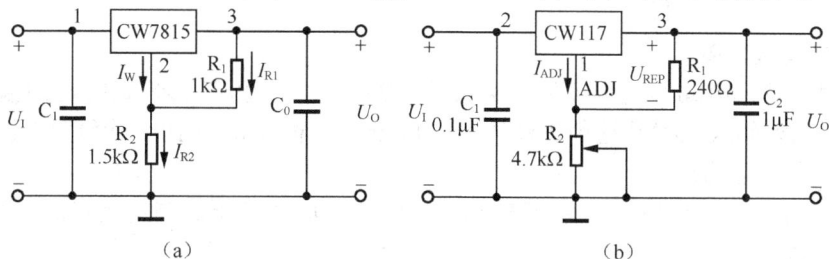

图 5.33　例 5.4 电路图

【解】　图 5.33（a）为固定输出的三端稳压器电压扩展电路，其输出端 3 与公共端 2 之间的电压即为电路提供的基准电压。电路输出电压即电容 C_0 两端的电压等于 R_1 和 R_2 上的电压之和，改变 R_2 的大小，可以调节输出电压的大小。图 5.33（a）的输出电压为

$$U_O = U_{R1} + U_{R2} = U_{R1} + (I_{R1} + I_W)R_2 = 15 + \left(\frac{15}{1} + 2\right) \times 1.5 = 40.5(\text{V})$$

图 5.35（b）为可调输出的三端集成稳压器的应用电路，集成稳压器的输出端 3 与调整端 1 之间的电压始终等于基准电压 U_{REP}。图 5.33（b）的输出电压为

$$U_O = U_{R1} + U_{R2} = U_{REP} + \frac{U_{REP}}{R_1}R_2 = 1.25 + \frac{1.25}{0.24} \times 4.7 \approx 25.73(\text{V})$$

固定输出的三端集成稳压器扩展电路虽然可以扩展输出电压，但主要缺点是公共端电流 I_W 较大，一般为几十微安至几百微安，当公共端电流 I_W 变化时将影响输出电压；可调输出的三端集成稳压器调整端电流 I_{ADJ} 很小，约等于 50μA，其大小不受供电电压的影响，非常稳定，只需在可调输出的三端集成稳压器外接两个电阻 R_1 和 R_2，当输入电压在 2~40V 范围内变化时，就可得到所需的输出电压。

5.3.3　使用三端集成稳压器时的注意事项

三端集成稳压器虽然应用电路简单，外围元件很少，但若使用不当，同样会出现稳压器被击穿或稳压效果不良的现象，所以在使用中必须注意以下几个问题。

1. 要防止产生自激振荡

三端集成稳压器内部电路放大级数多，开环增益高，工作于闭环深度负反馈状态。虽然市电经整流后由容量很大的电容进行滤波，但铝电解电容器的寄生电感和电阻都较大，频率特性差，仅适用于 50～200Hz 的电路。稳压电路的自激振荡频率都很高，因此只用大容量电容难以对自激信号起到良好的旁路作用，需要用频率特性良好的电容与之并联才行，若不采取适当补偿移相措施，则在分布电容、电感的作用下，电路可能产生高频寄生振荡，从而影响稳压器的工常工作。图 5.34 所示的电路中的 C_1 及 C_2 就是为防止自激振荡而必须加的防振电容。

2. 要防止稳压器损坏

虽然三端稳压器内部电路有过流、过热及调整管安全工作区等保护功能，但在使用中应注意以下几个问题以防稳压器损坏。

① 防止输入端对地短路。

② 防止输入端和输出端接反。

③ 防止输入端滤波电路断路。

④ 防止输出端与其他高电压电路连接。

⑤ 稳压器接地端不得开路。

3. 防止调整管损坏

当集成稳压器输出端加装防自激电容时，万一输入端发生短路，该电路的放电电流将会使稳压器内的调整管损坏。为防止这种现象发生，可在输出、输入端之间接一个续流保护二极管。

4. 减小输出电压纹波

在使用可调式稳压器时，为减小输出电压纹波，应在稳压器调整端与地之间接入一个 $10\mu F$ 的电容器。

5. 提高稳压性能

为了提高稳压性能，应注意电路的连接布局。一般稳压电路不要离滤波电路太远，另外，输入线、输出线和地线应分开布设，采用较粗的导线且要焊牢。

6. 采取散热措施

三端集成稳压器是一个功率器件，它的最大功耗取决于内部调整管的最大结温。因此，要保证集成稳压器能够在额定输出电流下正常工作，还必须为集成稳压器采取适当的散热措施。稳压器的散热能力越强，它所承受的功率也就越大。

7. 三端集成稳压器的选用

选用三端集成稳压器时，首先要考虑输出电压是否要求调整。若不要求调整输出电压，则可选用输出固定电压的稳压器；若要调整输出电压，则应选用可调式稳压器。还要选择稳压器的参数，其中最重要的参数就是需要输出的最大电流值，这样大致可确定集成稳压器的型号，最后检查所选稳压器的其他参数能否满足使用要求。

思考与练习

1. 固定输出的三端集成稳压器内部采用串联型稳压电路结构还是并联型稳压电路结构？具有哪些保护？

2. 固定输出的三端集成稳压器为使调整管工作在放大区，输入电压比输出电压至少应高多少伏？为可靠起见，一般应选多少伏？

3. 可调输出的三端集成稳压器为使电路可靠工作，输入电压比输出电压至少应高多少伏？

4. 在使用可调输出的三端集成稳压器时，为减小输出电压纹波，应在稳压器调整端与地之间接入一个多少微法的电容?

5. 三端集成稳压器是一个功率器件,它的最大功耗取决于什么?

任务训练:检测固定输出的三端集成稳压器

一、检测目的

1. 了解固定输出的三端集成稳压器接地端的判断方法。

2. 掌握判断固定输出的三端集成稳压器电路好坏的方法和步骤。

二、检测内容及步骤

1. 固定输出的三端集成稳压器接地端的判断

(1)指针式万用表 1 个,固定输出的三端集成稳压器一个。

(2)万用表打在 R×1k 的欧姆挡位。

(3)用万用表的红表笔接稳压器的散热板,用黑表笔分别测稳压器 1、2、3 三个端子,测量值为 0Ω 的即为接地端,如图 5.34 所示。

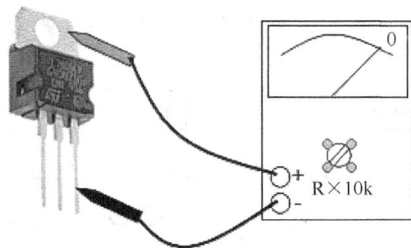

图 5.34 检测稳压器接地端示意图

2. 判断固定输出的三端集成稳压器电路的好坏

(1)构建检测电路如图 5.35 所示。

(2)在输入允许的范围内,调整 U_i 数值,若 U_o 数值始终为 6V,则集成块是好的,否则是坏的。

(3)如集成电路输入、输出端接反时,U_o 数值不为定值,会随着 U_i 数值的变化而变化。

(4)测试时,应接上负载 R_L,并注意负载的额定功率应满足电路要求。

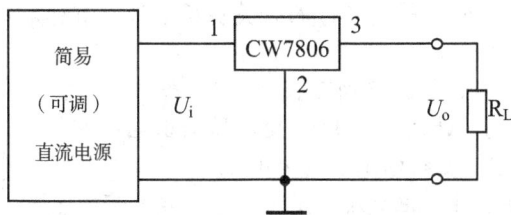

图 5.35 检测固定输出的三端集成稳压器电路好坏示意图

项 目 小 结

1. 直流稳压电源应用广泛,是电子设备中的重要组成部分。小功率直流稳压电源一般包括变压器、整流电路、滤波电路、稳压电路几部分。

2. 整流部分的作用是利用二极管的单向导电性,将工频交流电压变换为单方向的脉动直流电压,目前应用较最广泛的整流电路是整流桥构成的桥式整流电路。

3. 滤波部分的作用是利用电感、电容的频率特性构成直流稳压电源中的滤波环节,从而减小脉动直流电压的脉动,把脉动直流电压转换为脉动性较小的纹波电压。

4. 稳压电路的作用是将滤波后的纹波电压进一步平直化，从而获得负载需要的稳恒直流电。常见的稳压电路有并联型稳压电路、串联型稳压电路和开关型稳压电路。

5. 随着集成工艺的不断提高和技术的日益成熟，目前用户大多使用集成稳压器作为稳定的直流电源，其中小功率的三端式串联型稳压器的应用较为广泛。

技能训练：检测整流、滤波、稳压电路

一、检测目的

1. 掌握单相半波整流电路的工作原理。
2. 熟悉常用整流、滤波电路的特点。
3. 了解稳压电路的工作原理。
4. 进一步熟悉示波器的使用方法。

二、检测原理

电子设备一般都需要直流电源供电，且大多数采用把交流电（市电）转变为直流电的直流稳压电源供电。直流稳压电源由电源变压器、整流电路、滤波电路和稳压电路4部分组成，直流稳压电源框图如图 5.36 所示。

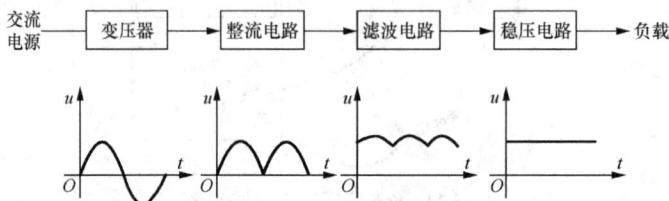

图 5.36 直流稳压电源框图

电网供给的 220V 交流电压经电源变压器降压后，得到符合电路需要的交流电压，然后由整流电路变换成方向不变、大小随时间变化的脉动电压，再用滤波器滤去其交流分量，就可得到比较平直的直流电压。但这样的直流输出电压会随交流电网电压的波动或负载的变动而变化，还需要稳压电路，以保证输出直流电压更加稳定。

常用的直流电源根据其工作原理的不同，可分为直流稳压电源和开关稳压电源。直流稳压电源具有输出精度高、纹波小等优点，而开关稳压电源具有体积小、效率高等优点。

1. 半波整流电路

半波整流滤波实验电路如图 5.37 所示。

图中 VD 是整流二极管，选用 1N4001，变压器输出电压为 15V，电容 C 为 1000μF，负载电阻 R 为 470Ω。

利用二极管的单向导电性，把交流电变换为直流电，可得到没有滤波情况下，负载上的输出电压应为

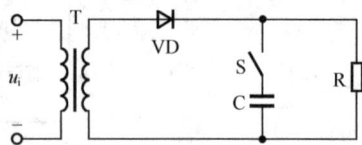

图 5.37 半波整流滤波实验电路

$$U_{O(AV)}=0.45U_2$$

2. 桥式整流滤波电路

桥式整流滤波实验电路如图 5.38 所示。

用 4 只 1N4001 二极管接成桥式整流电路，设置电容滤波电路为以下情况。

（1）未闭合开关 S 时，在无滤波情况下，$U_{O(AV)}=0.9U_2$。

（2）闭合开关 S 时，在有滤波情况下，$U_{O(AV)}=1.2U_2$。

3. 桥式整流滤波稳压电路

在桥式整流滤波实验电路的基础上加入固定输出的三端集成稳压器 CW7809 稳压块，就构成了桥式整流滤波稳压实验电路，如图 5.39 所示。

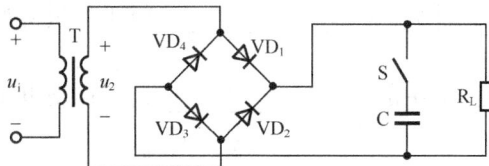

图 5.38 桥式整流滤波实验电路

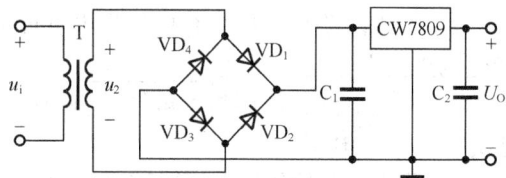

图 5.39 桥式整流滤波稳压实验电路

电路中的 C_1 为 $0.33\mu F$，C_2 为 $0.1\mu F$，其他参数同 "2. 桥式整流滤波电路" 中的参数。

三、检测步骤

1. 按图 5.37 所示的电路接线，经检查无误后，与 220V 交流电源相接通，电路中 S 断开，用示波器观测输入、输出电压波形，记录结果。

2. 闭合开关 S，用示波器观测输入、输出电压波形，记录结果，并与开关断开的情况比较。

3. 改变滤波电容的大小，再进行上述步骤。

4. 按图 5.38 所示的电路接线，经检查无误后，与 220V 交流电源接通，电路中 S 断开，用示波器观测输入、输出电压波形，记录结果。

5. 闭合开关 S，用示波器观测输入、输出电压波形，记录结果，并与开关断开的情况比较。

6. 按图 5.39 所示的电路接线，经检查无误后，用示波器观测稳压后的输出电压，并与稳压前的输出电压波形比较，记录结果。

四、检测前的预习及检测要求

1. 检测前应认真阅读本实训全部内容。

2. 复习整流电路、滤波电路及稳压电路的工作原理。

3. 掌握运用示波器观察检测电压波形的方法。

4. 独立设计检测数据表格。

5. 认真完成检测报告。

五、检测报告

检测报告应包括以下几方面内容。

1. 检测目的。

2. 检测所用主要设备。

3. 检测原理及检测接线图。

4. 检测步骤。

5. 检测数据表格（包括观测到的波形，并比较 3 种检测电路输出电压的波形）。

6. 回答思考题。

7. 检测心得及对检测的意见和建议。

六、检测思考题

1. 如何选用整流二极管？二极管的参数应如何计算？

2. 选用滤波电容时，应注意哪些方面？

3. 在第 3 种检测电路中，当负载发生变化时，负载的端电压是否也随之变化？流过负载的电流呢？

能力检测题

一、填空题

1. 直流稳压电源一般由_____、_____、_____和_____4 部分组成。

2. 整流电路是利用具有单向导电性能的整流元件如_____或_____将正、负交替变化的正弦交流电压变换成_____。

3. 滤波电路的作用是尽可能地将单向脉动直流电中的脉动部分_____，使输出电压成为_____电压。

4. 稳压电路的作用是将滤波后的_____电压平直化，成为理想的直流电。

5. 串联型稳压电路通常由_____、_____、_____、_____4部分组成。

6. 并联型稳压电路中的稳压关键器件是_____，串联型稳压电路中的稳压关键器件是_____。

7. 串联反馈型稳压电路的调整管工作在_____状态，开关稳压电源的调整管工作在_____状态下。

8. 固定输出的三端集成稳压器主要有：_____系列，输出为正电源；_____系列，输出为负电源。固定输出的三端集成稳压器要求输入电压至少要比输出电压高_____，为可靠起见，一般应选_____，最高输入电压为_____。

9. 稳压电源主要是要求在_____和_____发生变化时，输出电压保持基本不变。

10. 可调输出的集成稳压器分为_____的正电压输出和_____的负电压输出两大系列，可调输出的三端集成稳压器输入电压的范围是_____V，输出电压可调范围为_____V，要求输入电压比输出电压至少高_____。

二、判断正误题

1. 稳压电源的输出电阻越小，意味着输入电源电压的变化对输出电压的影响越小。
（　　）

2. 由硅稳压管构成并联稳压电路必须在与输入电压组成的回路中串接限流电阻。
（　　）

3. 无论是半波整流电路还是全波整流电路，其输出电压的平均值均为 $0.9U_2$。（　　）

4. 因为串联型稳压电路引入了深度负反馈，因此有可能产生自激振荡。（　　）

5. 在稳压管稳压电路中，稳压管的最大稳定电流必须大于最大负载电流。（　　）

6. 因桥式整流的输出电流是半波整流输出电流的 2 倍，所以它们的整流管平均电流之比为 2∶1。
（　　）

7. 因串联型稳压电路的调整管工作在线性放大区，所以其效率高于开关型稳压电路。
（　　）

8. 当输入电压和负载电流发生变化时，不可能使稳压电路的输出电压发生变化。
（　　）

9. 三端集成稳压器通常要求其输出电压应比输入电压高一些来保持电路的稳定。
（　　）

10. 同一桥式整流电容滤波电路中，滤波电压平均值高于整流电压平均值。（　　）

三、单项选择题

1. 为得到单向脉动较小的电压，在负载电流较小且变化不大的情况下，可选用（　　）。
　　A. LC 滤波　　　　B. RCπ 型滤波　　　C. LCπ 型滤波　　D. 不需要滤波

2. 并联型稳压电路中的稳压管工作在（　　）。
　　A. 正向导通区　　B. 反向截止区　　　C. 反向击穿区　　D. 死区

3. 整流电路的目的是（　　）。
　　A. 将高频变为低频

B. 将交流变为直流

C. 将交直流混合量中的交流成分滤掉

D. 将交流变为稳恒直流电

4. 滤波的目的是（　　　）。

A. 将高频变为低频

B. 将交流变为直流

C. 将交直流混合量中的交流成分滤掉

D. 将交流电变为稳恒直流电

5. 在单相桥式整流电路中，若 VD_1 开路，则输出（　　　）。

A. 无波形且变压器损坏　　　　　　B. 波形不变

C. 变为全波整流波形　　　　　　　D. 变为半波整流波形

6. 在单相桥式整流电路中，如果电源变压器副边电压为 100V，则输出电压是（　　　）。

A. 90V　　　　　B. 45V　　　　　C. 100V　　　　　D. 120V

7. 串联型稳压电路中的放大环节所放大的对象是（　　　）。

A. 基准电压　　　　　　　　　　　B. 取样电压

C. 基准电压和取样电压之差　　　　D. 输出电压

8. 固定输出的三端集成稳压器使用时要求输入电压比输出电压绝对值至少（　　　）。

A. 大 2V　　　　B. 小 2V　　　　C. 大 8V　　　　D. 相等

9. CW7809 的（　　　）。

A. 输出电压为 9V，安装散热器时最大输出电流可达 1.5A

B. 输出电压为−9V，安装散热器时最大输出电流可达 1.5A

C. 输出电压为 9V，安装散热器时最大输出电流可达 3A

D. 输出电压为−9V，安装散热器时最大输出电流可达 3A

10. 开关型稳压电源比串联型稳压电源效率高的原因是（　　　）。

A. 输出端有 LC 滤波电路　　　　　B. 可以不用电源变压器

C. 调整管的管耗很低　　　　　　　D. 内部元件较少

四、简答题

1. 带放大环节的三极管串联型稳压电路是由哪几个部分组成的？其中稳压管的稳压值对输出电压有何影响？

2. 单相全波桥式整流电路如图 5.40 所示，若出现下列几种情况，会有什么现象？

（1）二极管 VD_1 未接通。

（2）二极管 VD_1 短路。

（3）二极管 VD_1 极性接反。

（4）二极管 VD_1、VD_2 极性均接反。

（5）二极管 VD_1 未接通，VD_2 短路。

3. 分别说明在下列各种情况下，直流稳压电源要采取什么措施。

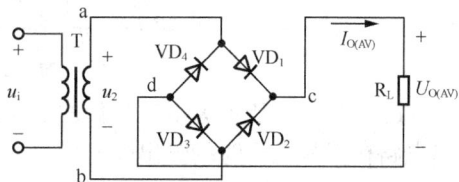

图 5.40　简答题 2 及分析计算题 1 电路图

（1）电网电压波动大。

（2）环境温度变化大。

（3）负载电流大。

（4）稳压精度要求较高。

五、分析计算题

1. 单相桥式整流电路如图 5.40 所示，已知变压器副边电压有效值 U_2=60V，负载 R_L=2kΩ，二极管正向压降忽略不计，试求：输出电压平均值 U_O，二极管中的电流 I_D 和最高反向工作电压 U_{RAM}。

2. 在图 5.41 所示的桥式整流电容滤波电路中，U_2=20V，R_L=40Ω，C=1000μF，试问：

（1）正常情况下 $U_{O(AV)}$ 为多少？

（2）如果有一个二极管开路，$U_{O(AV)}$ 为多少？

（3）如果测得 U_O 为下列数值，可能出现了什么故障？

①$U_{O(AV)}$=18V ②$U_{O(AV)}$=28V ③$U_{O(AV)}$=9V

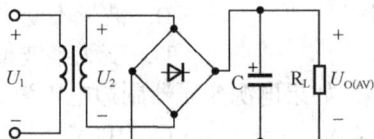

图 5.41 分析计算题 2、3、4 电路图

3. 在图 5.41 所示的桥式整流电容滤波电路中，已知工频交流电源电压的有效值为 220V，R_L=50Ω，要求输出直流电压为 12V，试求每只二极管的电流 I_D 和最大反向电压 U_{RAM}，选择滤波电容 C 的容量和耐压值。

4. 在图 5.41 所示的桥式整流电容滤波电路中，设负载电阻 R_L=1.2kΩ，要求输出直流电压 $U_{O(AV)}$=30V，试选择整流二极管和滤波电容，已知交流电源频率为工频 50Hz。

5. 在图 5.42 所示的单相整流滤波电路中，变压器二次线圈中带有抽头，二次电压有效值为 U_2，试回答：

① 负载电阻 R_L 上电压 $U_{O(AV)}$ 和滤波电容 C 的极性如何？

② 分别画出无滤波电容和有滤波电容两种情况下，输出电压 u_o 的波形，并说明输出电压平均值 $U_{O(AV)}$ 与变压器副边电压有效值 U_2 的数值关系。

③ 在无滤波电容的情况下，二极管上承受的最高反向电压为多大？

④ 二极管 VD_2 脱焊、极性接反、短路时，电路分别会出现什么现象？

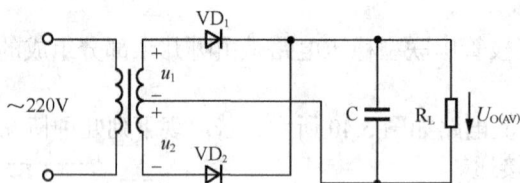

图 5.42 分析计算题 5 电路图

6. 图 5.43 所示为由三端集成稳压器组成的直流稳压电路，试说明各元件的作用，并指出电路在正常工作时的输出电压值。

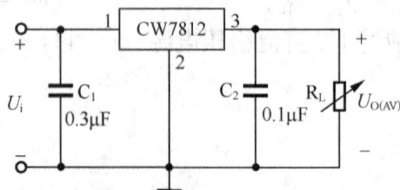

图 5.43 分析计算题 6 电路图

7. 某直流稳压电源如图 5.44 所示。此电路所选元件及参数均合适，但接线存在错误。已知 CW7812 的 1 端为输入端，3 端为输出端，2 端为公共端。试找出图中的错误并改正，使之能正常工作。

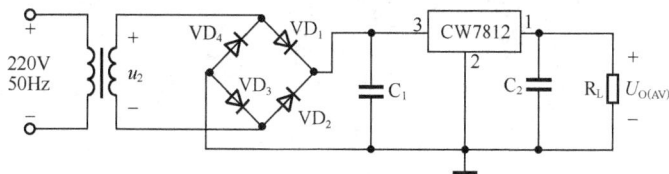

图 5.44　分析计算题 7 电路图

参考文献

[1] 曾令琴，陈维克. 电子技术基础[M]. 4 版. 北京：人民邮电出版社，2019.

[2] 孔凡才，周良权. 电子技术综合应用创新实训教程[M]. 北京：高等教育出版社，2009.

[3] 曲昀卿，杨晓波，李英辉. 模拟电子技术基础[M]. 北京：北京邮电大学出版社，2012.

[4] 廖先芸. 电子技术实践与训练[M]. 2 版. 北京：高等教育出版社，2005.

[5] 康华光. 电子技术基础[M]. 5 版. 北京：高等教育出版社，2011.

[6] 陈斗. 电子技术[M]. 北京：化学工业出版社，2011.